# 周 期 表（長周期型）

| 10 (8) | 11 (1B) | 12 (2B) | 13 (3B) | 14 (4B) | 15 (5B) | 16 (6B) | 17 (7B) | 18 (0) |
|---|---|---|---|---|---|---|---|---|
| | | | | | | | | 2 **He** ヘリウム |
| | | | 5 **B** ホウ素 | 6 **C** 炭素 | 7 **N** 窒素 | 8 **O** 酸素 | 9 **F** フッ素 | 10 **Ne** ネオン |
| | | | 13 **Al** アルミニウム | 14 **Si** ケイ素 | 15 **P** リン | 16 **S** 硫黄 | 17 **Cl** 塩素 | 18 **Ar** アルゴン |
| 28 **Ni** ニッケル | 29 **Cu** 銅 | 30 **Zn** 亜鉛 | 31 **Ga** ガリウム | 32 **Ge** ゲルマニウム | 33 **As** ヒ素 | 34 **Se** セレン | 35 **Br** 臭素 | 36 **Kr** クリプトン |
| 46 **Pd** パラジウム | 47 **Ag** 銀 | 48 **Cd** カドミウム | 49 **In** インジウム | 50 **Sn** スズ | 51 **Sb** アンチモン | 52 **Te** テルル | 53 **I** ヨウ素 | 54 **Xe** キセノン |
| 78 **Pt** 白金 | 79 **Au** 金 | 80 **Hg** 水銀 | 81 **Tl** タリウム | 82 **Pb** 鉛 | 83 **Bi** ビスマス | 84 **Po** ポロニウム | 85 **At** アスタチン | 86 **Rn** ラドン |

| 65 **Tb** テルビウム | 66 **Dy** ジスプロシウム | 67 **Ho** ホルミウム | 68 **Er** エルビウム | 69 **Tm** ツリウム | 70 **Yb** イッテルビウム | 71 **Lu** ルテチウム |
|---|---|---|---|---|---|---|
| 97 **Bk** バークリウム | 98 **Cf** カルホルニウム | 99 **Es** アインスタイニウム | 100 **Fm** フェルミウム | 101 **Md** メンデレビウム | 102 **No** ノーベリウム | 103 **Lr** ローレンシウム |

5 応用化学 シリーズ

# 機能性セラミックス化学

掛川 一幸
山村 博
守吉 佑介
門間 英毅
植松 敬三
松田 元秀
　　　　　[著]

朝倉書店

### 応用化学シリーズ代表

佐々木義典　千葉大学名誉教授

### 第5巻執筆者

| | |
|---|---|
| 掛川一幸 | 千葉大学工学部共生応用化学科教授 |
| 山村　博 | 神奈川大学工学部応用化学科教授 |
| 守吉佑介 | 法政大学工学部物質化学科教授 |
| 門間英毅 | 工学院大学工学部マテリアル科学科教授 |
| 植松敬三 | 長岡技術科学大学工学部化学系材料開発工学科教授 |
| 松田元秀 | 岡山大学環境理工学部環境物質工学科助教授 |

## 『応用化学シリーズ』
## 発刊にあたって

　この応用化学シリーズは，大学理工系学部2年・3年次学生を対象に，専門課程の教科書・参考書として企画された．

　教育改革の大綱化を受け，大学の学科再編成が全国規模で行われている．大学独自の方針によって，応用化学科をそのまま存続させている大学もあれば，応用化学科と，たとえば応用物理系学科を合併し，新しく物質工学科として発足させた大学もある．応用化学と応用物理を融合させ境界領域を究明する効果をねらったもので，これからの理工系の流れを象徴するもののようでもある．しかし，応用化学という分野は，学科の名称がどのように変わろうとも，その重要性は変わらないのである．それどころか，新しい特性をもった化合物や材料が創製され，ますます期待される分野になりつつある．

　学生諸君は，それぞれの専攻する分野を究めるために，その土台である学問の本質と，これを基盤に開発された技術ならびにその背景を理解することが肝要である．目まぐるしく変遷する時代ではあるが，どのような場合でも最善をつくし，可能な限り専門を確かなものとし，その上に理工学的センスを身につけることが大切である．

　本シリーズは，このような理念に立脚して編纂，まとめられた．各巻の執筆者は教育経験が豊富で，かつ研究者として第一線で活躍しておられる専門家である．高度な内容をわかりやすく解説し，系統的に把握できるように幾度となく討論を重ね，ここに刊行するに至った．

　本シリーズが専門課程修得の役割を果たし，学生一人ひとりが志を高くもって進まれることを希望するものである．

　本シリーズ刊行に際し，朝倉書店編集部のご尽力に謝意を表する次第である．

　2000年9月

シリーズ代表　佐々木義典

# はじめに

　本書は応用化学シリーズ全8巻中の1冊で，応用化学系，工業化学系，物質化学系の大学2，3年生を対象に，機能性セラミックス化学とその応用に関する知識と考え方を理解することを目的として編纂された．この種の書物においては，とかく単なる表面的な説明となりがちであるが，本書の執筆方針として，原理，原則まで踏み込んで説明するよう心がけた．また，原理や理論に入る前に，全体像をつかむため，まず概略の理解から入るような構成とした．

　材料の3大柱として，金属，セラミックス，プラスチックスが挙げられる．セラミックスは，建築用の材料から電子機器の部品に至るまで幅広い使われ方がされている．材料に関わる人々には，何らかの形でセラミックスに関わることになるため，その知識と理解が必要となる．

　第1章では，セラミックスを学ぶにあたっての導入部分として，その具体例，定義，歴史などを解説する．図表を多用し，親しみが湧くよう心がけた．セラミックスは，結晶構造とその欠陥，結晶子，結晶粒と粒界，焼結体など，多くの階層が存在するが，粉末，粉体および焼結体の微構造と密接に関係させて考えることにより，全体像を明解に理解することができる．第2章では，セラミックスの微構造，研磨・エッチング，気孔，密度，粗大傷の評価などを扱う．第3章では，セラミックスの合成方法に関し，定性的な面から解説する．その理論については第4章にまわし，セラミックスの合成はどのように行うのか，合成プロセスの全体を現象的にとらえ理解する．その後，第4章のプロセスの理論に進むことにより，スムーズな理解の流れをもくろんだ．第3章においては，気相からの合成として，CVD法，PVD法を，液相からの合成法として，沈殿反応，ゾル・ゲル法，アルコキシド加水分解法などを解説する．第4章で扱う項目は，結晶相の制御，表面と界面，成形とレオロジー，欠陥と拡散，焼結のメカニズムである．第5章では，セラミックスの実際の応用として，誘電材料，導電材料，磁性材料，光学材料，構造材料，表面利用材料，生体材料などをとりあげ，実際の応用と，それに関する理論を述べる．

本書で扱ったセラミックスに関する知識や考え方は，セラミックスに限らず，広く材料科学の分野に通用するものである．本書は"わかりやすく"を重点において執筆されている．本書を通じて，セラミックスに関して学ぶとともに，材料科学全般の考え方の基本を培っていただきたい．

2004 年 10 月

執筆者を代表して　掛 川 一 幸

# 目　　次

1. **セラミックスの概要**……………………………〔松田元秀〕… 1
   1.1 セラミックスの定義 ……………………………………… 1
   1.2 セラミックスの特徴 ……………………………………… 2
   1.3 セラミックスの歴史的変遷 ……………………………… 4
   1.4 ファインセラミックスの種類とその用途 ……………… 7
   1.5 ファインセラミックスを理解するには ………………… 7

2. **セラミックスの構造** ……………………………〔植松敬三〕… 8
   2.1 種々の製品の構造 ………………………………………… 8
   2.2 微　構　造 ………………………………………………… 10
      2.1.1 微構造の要素 ………………………………………… 11
      2.2.2 微構造と特性の関係 ………………………………… 15
   2.3 微構造の評価法 …………………………………………… 19
      2.3.1 研磨面の観察 ………………………………………… 19
      2.3.2 エッチング面の観察 ………………………………… 20
   2.4 気孔，気孔率および密度 ………………………………… 21
      2.4.1 気孔径と分布 ………………………………………… 21
      2.4.2 密度と気孔率 ………………………………………… 22
   2.5 粗大傷の評価 ……………………………………………… 23

3. **セラミックスの合成プロセス技術** ……………〔門間英毅〕… 24
   3.1 粉末の合成 ………………………………………………… 24
      3.1.1 液相（溶液）からの合成 …………………………… 24
      3.1.2 気相からの合成 ……………………………………… 29
      3.1.3 固相からの合成 ……………………………………… 31
   3.2 単　結　晶 ………………………………………………… 36
   3.3 膜　合　成 ………………………………………………… 36

3.3.1　液　相　法 …………………………………………… 36
　　3.3.2　気　相　法 …………………………………………… 37
　3.4　繊　　　　　維 …………………………………………… 45
　3.5　ウィスカー …………………………………………………… 46
　3.6　成　　　　　形 …………………………………………… 48
　　3.6.1　成形の基礎 …………………………………………… 48
　　3.6.2　成　形　法 …………………………………………… 49
　3.7　焼　　　　　結 …………………………………………… 52
　3.8　焼結体の加工 ………………………………………………… 53

# 4. セラミックスプロセスの理論 ……………………………… 55
　4.1　結晶相の制御 …………………………………〔掛川一幸〕… 55
　　4.1.1　変位型転移と再編成型転移 ………………………… 55
　　4.1.2　固　溶　体 …………………………………………… 58
　　4.1.3　共　　　晶 …………………………………………… 63
　　4.1.4　包　　　晶 …………………………………………… 66
　　4.1.5　スピノーダル分解 …………………………………… 68
　　4.1.6　3 成 分 系 …………………………………………… 70
　4.2　表面と界面 ……………………………………〔松田元秀〕… 72
　　4.2.1　表面張力および界面張力 …………………………… 73
　　4.2.2　曲面による圧力差 …………………………………… 77
　　4.2.3　濡 れ 現 象 …………………………………………… 79
　　4.2.4　多結晶体組織の幾何学的形状 ……………………… 81
　4.3　成形とレオロジー ……………………………〔植松敬三〕… 83
　　4.3.1　粉体の構造 …………………………………………… 83
　　4.3.2　溶媒中の粒子 ………………………………………… 85
　　4.3.3　粒子間の相互作用 …………………………………… 87
　　4.3.4　粒子の分散 …………………………………………… 88
　　4.3.5　スラリーの流動特性 ………………………………… 89
　　4.3.6　成形とスラリー特性 ………………………………… 91
　　4.3.7　粉　　　砕 …………………………………………… 92
　4.4　格子欠陥と拡散 ………………………………〔山村　博〕… 93

4.4.1　格子欠陥の種類と濃度 ……………………………………… 93
　4.4.2　拡散現象の巨視的な取扱い …………………………………… 99
　4.4.3　拡散の原子論的な取扱い …………………………………… 102
　4.4.4　拡　散　機　構 ……………………………………………… 103
　4.4.5　拡散係数の種類 ……………………………………………… 105
　4.4.6　拡散現象の具体例 …………………………………………… 107
　4.4.7　粒　界　拡　散 ……………………………………………… 109
　4.4.8　拡散に関わる現象 …………………………………………… 109
4.5　焼結のメカニズム……………………………………〔守吉佑介〕… 112
　4.5.1　焼結の駆動力 ………………………………………………… 113
　4.5.2　初　期　焼　結 ……………………………………………… 114
　4.5.3　高密度焼結体の製造 ………………………………………… 117
　4.5.4　液　相　焼　結 ……………………………………………… 121

# 5. セラミックスの理論と応用 ……………………………………… 126
5.1　誘　電　材　料…………………………………………〔掛川一幸〕… 126
　5.1.1　コ ン デ ン サ ー ……………………………………………… 126
　5.1.2　分　　　極 …………………………………………………… 129
　5.1.3　コンデンサーの材料 ………………………………………… 131
　5.1.4　コンデンサーの特性と物性 ………………………………… 133
　5.1.5　圧　電　体 …………………………………………………… 137
　5.1.6　焦　電　体 …………………………………………………… 140
5.2　導　電　材　料…………………………………………〔山村　博〕… 141
　5.2.1　電子伝導性とエネルギーバンド構造 ……………………… 141
　5.2.2　絶　縁　性 …………………………………………………… 143
　5.2.3　半　導　性 …………………………………………………… 144
　5.2.4　セラミックスの電子伝導とその応用 ……………………… 147
　5.2.5　イオン伝導体 ………………………………………………… 150
　5.2.6　イオン伝導体の応用 ………………………………………… 155
5.3　磁　性　材　料 ………………………………………………… 156
　5.3.1　磁性の起源 …………………………………………………… 156
　5.3.2　磁気モーメントの配列による磁性体の種類 ……………… 159

|     5.3.3 応用における磁気特性 ………………………………………… 165
|     5.3.4 セラミック磁性材料とその特性 ……………………………… 167
| 5.4 光学材料……………………………………………………〔掛川一幸〕… 170
|     5.4.1 屈折率 ……………………………………………………………… 171
|     5.4.2 電気光学効果 ……………………………………………………… 174
|     5.4.3 光の減衰 …………………………………………………………… 175
|     5.4.4 光ファイバー ……………………………………………………… 176
|     5.4.5 ルミネッセンス …………………………………………………… 178
|     5.4.6 レーザー …………………………………………………………… 181
|     5.4.7 SHG ………………………………………………………………… 182
| 5.5 構造材料…………………………………………〔守吉佑介・門間英毅〕… 184
|     5.5.1 高靱性材料 ………………………………………………………… 184
|     5.5.2 超塑性材料 ………………………………………………………… 186
|     5.5.3 曲げ強度材料 ……………………………………………………… 187
|     5.5.4 クリープ材料 ……………………………………………………… 190
| 5.6 表面利用材料………………………………………………〔松田元秀〕… 193
|     5.6.1 吸着現象 …………………………………………………………… 194
|     5.6.2 吸着等温線 ………………………………………………………… 195
|     5.6.3 吸着材 ……………………………………………………………… 198
|     5.6.4 触媒反応 …………………………………………………………… 200
|     5.6.5 固体触媒材料 ……………………………………………………… 202
|     5.6.6 光触媒 ……………………………………………………………… 203
| 5.7 生体材料……………………………………………………〔門間英毅〕… 205
|     5.7.1 生体材料の歴史 …………………………………………………… 205
|     5.7.2 バイオセラミックスに必要とされる一般的性質 ……………… 206
|     5.7.3 腐食と崩壊 ………………………………………………………… 207
|     5.7.4 骨欠損部の治癒過程 ……………………………………………… 207
|     5.7.5 バイオセラミックスの評価法 …………………………………… 208
|     5.7.6 代表的なバイオセラミックス …………………………………… 211

付　表……………………………………………………………………………… 215
索　引……………………………………………………………………………… 217

# 1
## セラミックスの概要

　セラミックスというとまず思い浮かべるのは，茶碗，皿，タイルや煉瓦といったところであろうか．これらはいずれも古くから私たちの生活の中で重宝されてきたセラミックスである．一方20世紀になると，ファインセラミックスと呼ばれる高度な機能を有した，付加価値の高いセラミックスが多数誕生した．茶碗や皿のような伝統的なセラミックスに対し，ファインセラミックスは電子材料や光学材料など，先端技術分野を中心に現在様々な分野で幅広く利用されている．セラミックスはいまや金属や有機高分子材料（プラスチック）とともに，現代社会の発展にとってなくてはならない基本材料である．本書ではそのファインセラミックスについての基礎と応用が述べられており，本章ではセラミックスの一般的な特徴やその歴史的変遷などについて概説する．

### 1.1　セラミックスの定義

　セラミックス（ceramics）とは，「人為的な熱処理によって製造された非金属の無機質固体材料」を総じて表す言葉で，言葉の語源はギリシャ語のkeramosに由来する．ここで，"人為的な熱処理によって"という言葉は，火山活動のような自然現象の中で形成された火山岩や天然石などはそのままではセラミックスに属さないことを意味する．

　"ceramics"に相当する日本語は「窯業」であり，その言葉の意味からわかるように，セラミックスは通常高い温度で製造される．では，何℃以上の温度が必要かと問われると，正確な答えはないが600〜700℃以上と考えてよい．そのような高い温度を経ずに製造される場合もある．「水熱」という特殊な反応条件を使うと，150℃程度の温度でもセラミックスをつくることはできる．

　金属や有機高分子材料と違って，セラミックスの構成元素は多様である．鉄や

表1.1 様々なセラミックス材料

| 系 | 材料 |
|---|---|
| 酸化物系 | $Al_2O_3$, $SiO_2$, $TiO_2$, $Fe_2O_3$, $ZnO$, $ZrO_2$, $BaTiO_3$, $La_{1-x}Sr_xMnO_3$, $PbTiO_3$, $Ba_2YCu_3O_7$, $PbZr_xTi_{1-x}O_3$, $MnFe_2O_4$, $3Al_2O_3 \cdot 2SiO_2$ |
| 窒化物系 | $Si_3N_4$, $AlN$, $BN$, $Si_{6-x}Al_xO_xN_{8-x}$ |
| 炭化物系 | $C$, $SiC$, $TiC$, $WC$ |
| フッ化物系 | $CaF_2$ |
| ホウ化物系 | $LaB_6$, $TiB_2$ |
| ケイ化物系 | $MoSi$ |

銅をはじめとする金属材料は，一般に単一元素で構成されているものが多く，多成分系の合金に至っても酸素や硫黄などが構成元素として含まれることはない．有機高分子材料は炭素と水素を主成分とし，その他酸素，窒素，フッ素などが含まれる場合もあるが，一般に数少ない種類の元素で構成される．これに対してセラミックスは，金属元素，半金属元素，非金属元素の中の少なくとも2つの元素グループの間で形成される化合物からなる．代表的なセラミックスを表1.1にあげる．酸化物，窒化物，炭化物などその種類は豊富である．このため，発現する物性も他の材料に比べて多様となり，用途の多様さにつながっている．

## 1.2 セラミックスの特徴

セラミックスの大きな特徴は，硬くて，酸化しにくく，熱に強いことである．硬さに関していえば，地球上で最も硬い物質はダイヤモンドである．ダイヤモンドの硬度を10とすると，立方晶窒化ホウ素（c-BN），窒化ケイ素（$Si_3N_4$），炭化ケイ素（SiC），炭化タングステン（WC），アルミナ（$Al_2O_3$）といったセラミックスは硬度9以上を示し，ダイヤモンドに迫る硬さを有する．高硬度金属で知られるタングステンやイリジウムでさえ，硬度は7程度である．このため，セラミックスでつくられる切削・研磨工具は，優れた耐摩耗性を示す．硬度が高いということは，塑性変形が起こりにくいことを意味する．応力による変形が少なく熱による膨張も小さいので，形状寸法の安定性が高い製品をつくり出すことができる．一方，硬度が高いことにより，金属や有機高分子材料に比べて加工が難しいという欠点がある．私たちの身の周りをみても，複雑な形状をした製品の多くは金属や有機高分子材料でつくられている．しかし近年，セラミックスの成形加工技術は目覚ましく進歩しており，高速大容量通信に使われる光ファイバーや自動車の排ガス浄化用触媒を担持するために使われるハニカム状担体（図1.1）な

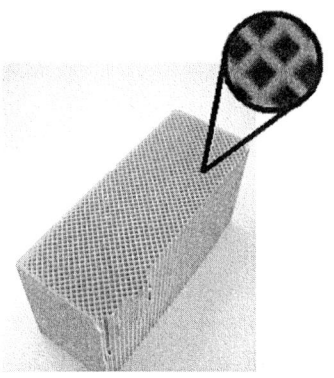

図1.1 ハニカム状セラミックス

ど,複雑な形状を有するセラミックスも製造可能となっている.

　セラミックスの優れた耐熱性は,その製造温度が高いことから容易に想像できよう.セラミックスは一般に,高温に至るまで分解したり溶融したりしない.金属アルミニウムは660°Cで溶けるが,アルミニウムの酸化物である$Al_2O_3$は2050°Cまで溶けず,1700°C付近までの使用に耐えうる材料である.多くのセラミックスは金属のように高い伝熱性を示さないので,一度暖められたセラミックスは冷えにくく,耐熱性に加えて蓄熱性においても優れた性質を示す.

　鉄が錆びることはよく知られている.これは鉄の酸化による.一般に金属は,その使用上で酸化がしばしば問題となる.有機高分子材料においても,酸素が関与した劣化反応が問題となる.これに対してセラミックスは,高温でも酸化しにくく,表面近傍の構造や化学組成は変化しない.セラミックスは広い温度範囲にわたって長期間安定した状態で使用できる,唯一の不変材料である.

　一方,セラミックスの致命的な欠点はその脆さにある.茶碗が床に落ちると簡単に割れてしまうことからもわかるように,セラミックスは硬くて脆い（脆性）材料である.靭性強化に関する最近の微構造制御技術の進歩によって,セラミックスの靭性は大きく向上している.包丁やはさみに使われるジルコニアを主成分としたセラミックスは,微構造制御によって靭性が著しく改善された代表的なセラミックス材料である.しかし,金属なみの靭性を示すセラミックスの製造はいまだ難しい.これは,金属とセラミックスの各原子間の結合形態が大きく異なることに起因する.セラミックスの場合,外力が加わると,初めはわずかに弾性変

表1.2 各種材料の特徴

| セラミックス | 金属 | 有機高分子材料 |
|---|---|---|
| ・硬度が高く，圧縮されにくい<br>・熱に強い<br>・酸化や腐食に強く，化学的に安定<br>・脆い<br>・加工しにくい | ・電気をよく伝える<br>・熱をよく伝える<br>・金属光沢をもち，光に対する反射率が大<br>・曲げても折れにくく，延性，展性に優れる<br>・腐食されやすい<br>　（腐食に強い金属は高価） | ・粘性と弾性の両方の性質を兼ね備えている<br>・軽い<br>・加工性に優れる<br>・熱に弱い<br>・後始末がやっかい |

形が起こり，やがて突然破壊する．この破壊がいつ起こるか予想しにくい点がセラミックスの泣き所である．

表1.2に，これらセラミックスの特徴を金属や有機高分子材料の特徴と比較した結果を示す．

## 1.3 セラミックスの歴史的変遷

セラミックスの製造の歴史は古い．わが国におけるセラミックスの製造は，すでに縄文時代に始まっている．遠い昔，人類は石を単に加工した石器を道具として生活を営んでいた．その後人類は火を使うことを知り，ある種の土を加熱することによって土器をつくることに成功した．これがセラミックス製造の始まりである．その後時代の流れとともにセラミックスの製造技術が進歩し，やがて陶器，磁器へと発展していった．陶器は，多孔質で吸湿性を示す素地を本体とし，その表面に釉（ゆう）と呼ばれるうわぐすりを塗ってつくられたものである．代表的な陶器製器具には，トイレなどで使われている衛生設備がある．一方，磁器とは，陶器よりさらに高い温度で製造され，素地自体完全に吸湿性がない状態にまで焼き固められたものを指す．洋食器をはじめとする多くの食器類は，磁器に属する．これら古来より伝えられてきたセラミックスは天然鉱物，例えば粘土やケイ石などを原料として製造される．主な構成成分は酸素，ケイ素，アルミニウム，鉄，カルシウム，ナトリウム，カリウム，マグネシウムである．天然原料を用いると製造コストは安くすむが，同種の鉱物でも産出される場所によって化学組成や原料粒子の形状・大きさが異なり，製造されるセラミックスの品質にばらつきが生じる．そのばらつきは，"雅"として人々に喜ばれ歓迎されているが，工業材料としての応用を考えた場合，好ましいものではない．

19世紀の終わり頃から，陶磁器の優れた電気絶縁性と化学的安定性が注目されるようになり，それらの特性に基づく需要が増大していった．と同時に，要求される条件は年々厳しくなり，既存材料では対応困難となった．さらに20世紀中頃になると，エレクトロニクス産業や航空機産業などの発展に伴って，あらゆる工業材料に対して高い信頼性が求められるようになった．天然原料に頼るセラミックスの製造では当然のことながらそのような要求に応えることはできず，純度が高い合成原料を用いた製造への転換が余儀なくされた．用いる原料は化学組成から物理的・化学的品質まで厳しく管理され，さらに各製造工程も高度に制御されるようになり，その製造は古来より行われてきたものとは大きく異なるものとなった．その結果，従来の性能をはるかに上回るセラミックスや新しい機能

表 1.3　セラミックスの近代史

| 年代 | 出来事 |
|---|---|
| 1880 年〜 | 炭化ケイ素（SiC）の合成<br>人造コランダム（$\alpha$-$Al_2O_3$）の合成 |
| 1920 年〜 | 高周波用チタニア（$TiO_2$）コンデンサーの発明<br>ステアタイト（$MgO$-$SiO_2$）磁器の高周波絶縁性発見<br>スピネル型構造フェライト（$MFe_2O_4$（M：2価金属））の磁性発見 |
| 1940 年〜 | チタン酸バリウム（$BaTiO_3$）の強誘電性発見<br>導電性ガラスの発明<br>チタン酸バリウムの圧電性発見<br>モレキュラーシーブゼオライト合成の研究盛ん<br>零熱膨張材料（$LiAlSiO_4$）の発明<br>チタン酸バリウムによるPTC抵抗体の発見<br>超高圧力法による人工ダイヤモンドの合成<br>セラミックス-金属接合の研究盛ん<br>透光性アルミナ（$Al_2O_3$）の発明<br>高温材料として窒化ケイ素（$Si_3N_4$）が注目される |
| 1960 年〜 | 人工水晶の工業的生産開始<br>$ZnO$-$Bi_2O_3$系バリスタの発明<br>部分安定化ジルコニア（$ZrO_2$）の発明<br>低損失光ファイバー（20 dB km$^{-1}$）の製造<br>サイアロン（$Si_{6-x}Al_xO_xN_{8-x}$）の発明<br>透光性PLZT（$(Pb,La)(Zr,Ti)O_3$）セラミックスの発明 |
| 1980 年〜 | 超高純度光ファイバー（0.2 dB km$^{-1}$）の製造<br>生体用セラミックスの研究盛ん<br>メタンからダイヤモンドの気相合成に成功<br>高熱伝導・電気絶縁性 SiC-BeO系セラミックスの発明<br>$La_{2-x}Sr_xCuO_4$系高温超伝導体の発明<br>超伝導フィーバーが起こる<br>$La_{1-x}Sr_xMnO_3$系巨大磁気抵抗体の発明 |

を発現するセラミックスが誕生し，さらには窒化物や炭化物など，天然には存在しない非酸化物系のセラミックスもつくり出された．ダイヤモンドのような天然鉱物の人工合成も可能となり，これまで以上に工業分野での利用が盛んになって今日に至っている．表1.3に近代におけるセラミックス発展の変遷を示す．今

表1.4 機能性セラミックスの分類と用途

| 機能 | 物性 | 例 | 主な用途 |
|---|---|---|---|
| 電磁気的機能 | 電子伝導性（含む半導性） | $ZnO\text{-}Bi_2O_3$, $In_2O_3\text{-}SnO_2$, $La_{1-x}Ca_xCrO_3$ | バリスタ，センサー，各種電極部材 |
| | イオン伝導性 | $\beta\text{-}Al_2O_3$, $Zr_{1-x}Y_xO_{2-x/2}$ | 電池，化学センサー |
| | 超伝導性 | $Ba_2YCu_3O_7$, $Bi_2Sr_2Ca_2Cu_3O_{10}$ | 磁気シールド材，超高速演算素子，超伝導量子干渉デバイス |
| | 絶縁性 | $Al_2O_3$, $AlN$, $3Al_2O_3\cdot 2SiO_2$ | スパークプラグ，碍子，IC基板 |
| | 誘電性 | $BaTiO_3$, $(Zr,Sn)TiO_4$ | コンデンサー，マイクロ波誘電体 |
| | 圧電性 | $PbZr_{1-x}Ti_xO_3$, $Bi_{1/2}Na_{1/2}TiO_3$ | 着火素子，トランス，圧電フィルター，超音波振動子，遅延素子 |
| | 焦電性 | $PbZr_{1-x}Ti_xO_3$ | 赤外線センサー |
| | 磁性 | $Mn_{1-x}Zn_xFe_2O_4$, $BaFe_{12}O_{19}$ | 磁気ヘッド，高周波鉄心，永久磁石，テープ，高磁気記憶媒体 |
| 光学的機能 | 透光性 | $Al_2O_3$, $(Pb,La)(Zr,Ti)O_3$, $CaF_2$ | 光ファイバー，赤外線透過窓材，高圧ナトリウムランプ |
| | 光吸収・発光性 | $Ca_{10}(PO_4)_6(FCl)_2$, $WO_3$, $Y_3Al_5O_{12}:Nd$ | 蛍光体，レーザー発振材，表示素子，光メモリ |
| 力学的機能 | 高温強度性 | $Si_3N_4$, $SiC$, $Si_{6-x}Al_xO_xN_{8-x}$ | エンジン部材，ガスタービン部材 |
| | 耐摩耗性 | $c\text{-}BN$, $Al_2O_3$, $C$（ダイヤモンド） | 切削・研削用工具，ボールペンのペン先ボール |
| | 高靭性 | $ZrO_2$ | 包丁，はさみ，エンジン部材，ドライバ工具 |
| | 快削性 | $Al_2TiO_5$ | 各種基板，軸受け基板，スペースシャトルの窓材 |
| 熱的機能 | 断熱性 | $SiO_2$, $ZrO_2$, $Al_2O_3$ | 断熱材 |
| | 熱伝導性 | $C$（ダイヤモンド），$AlN$, $Al_2O_3$, $SiC$ | IC基板 |
| | 耐熱衝撃性 | $2MgO\cdot 2Al_2O_3\cdot 5SiO_2$, $Li_2O\cdot Al_2O_3\cdot 4SiO_2$ | 耐熱食器，自動車排ガス浄化用触媒担体，熱交換器部材 |
| 化学的機能 | 吸着性 | $C$, $Na_2O\cdot Al_2O_3\cdot 2SiO_2\cdot 4.5H_2O$, $SiO_2$, $SnO_2$ | 各種吸着材，ガスセンサー |
| | 触媒性 | $TiO_2$, $MoO_3\text{-}Bi_2O_3$, $Fe_2O_3$ | 各種環境浄化触媒，光触媒，石油改質材 |
| | イオン交換性 | $Na_2O\cdot Al_2O_3\cdot 2SiO_2\cdot 4.5H_2O$, $Zr(HPO_4)_2\cdot nH_2O$ | 洗浄用ビルダー，有用金属捕集剤 |
| 生体関連機能 | 生体適合性 | $Ca_{10}(PO_4)_6(OH)_2$, $Ca_3(PO_4)_2$ | 人工骨，人工歯根，人工関節 |

日，これら高純度な合成原料からつくられるセラミックスはファインセラミックスやニューセラミックス，あるいはアドバンストセラミックスと呼ばれ，電子・光学材料をはじめとした様々な先端技術分野で利用されている．

## 1.4　ファインセラミックスの種類とその用途

ファインセラミックスを機能別に分類すると，次のような6つの種類に大別できる．
　①電磁気的機能に優れたセラミックス
　②光学的機能に優れたセラミックス
　③力学的機能に優れたセラミックス
　④熱的機能に優れたセラミックス
　⑤化学的機能に優れたセラミックス
　⑥生体関連機能に優れたセラミックス

それぞれのセラミックスがどのようなところに応用され，またどのような物質がそのような機能を示すのかを表1.4に示す．用途の大半は，情報・通信分野，環境・エネルギー分野およびバイオ分野に関連するものである．

## 1.5　セラミックスを理解するには

セラミックスは扱いにくい材料であると同時に，様々な性質を示す面白い材料でもある．これはセラミックスの特徴である構造の多様性に起因している．このため，セラミックスを理解する上では構造と物性に関する知識が必要となる．また，セラミックスをつくり出す製造プロセスに対する理解も大切である．製造プロセスはセラミックスの構造を形づくり，物性発現と密接な関係をもつ．つまり，製造プロセスを学ばずして所望の機能を有するセラミックスはつくれない．したがって，セラミックスに関する理解を深めるには，それら三者の相互関係を学び研究することが最も効果的な勉学法である．

# 2
## セラミックスの構造

　セラミックスの用途は非常に広く，必要な特性は応用分野ごとに異なる．特性の適切な設定には，材質の種類を適切に選定するだけでなく，構造を制御することが非常に重要である．ここではまず，セラミックスの代表的な製品における構造を説明し，次にセラミックスの構造の詳細を説明する．さらにそれらの評価法も記す．

### 2.1　種々の製品の構造

　アルミナセラミックスは多種多様の用途に用いられており，その構造は用途ごとに適切に制御される．ここでは，透明発光管，構造部材および耐火断熱材を例にとり，それらの構造を調べてみよう．

　図2.1は，発光管用透明アルミナセラミックスと，これを用いたランプである．このランプは，ナトリウム蒸気中の放電で黄色の光を出すもので，発光効率が非常に高く，高速道路や広場の照明などに広く用いられている．アルミナが使われるのは，高温に耐えられるのと，ナトリウム蒸気と反応しないことによる．

　アルミナは，物質的にはサファイアと同じであり無色透明であるが，このセラ

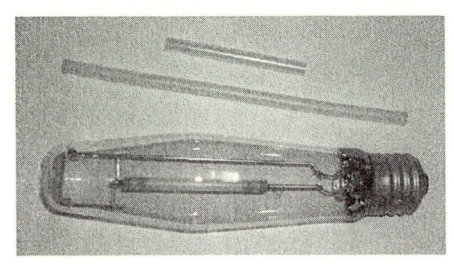

図2.1　透明アルミナ管とそれを用いたナトリウムランプ

## 2.1 種々の製品の構造

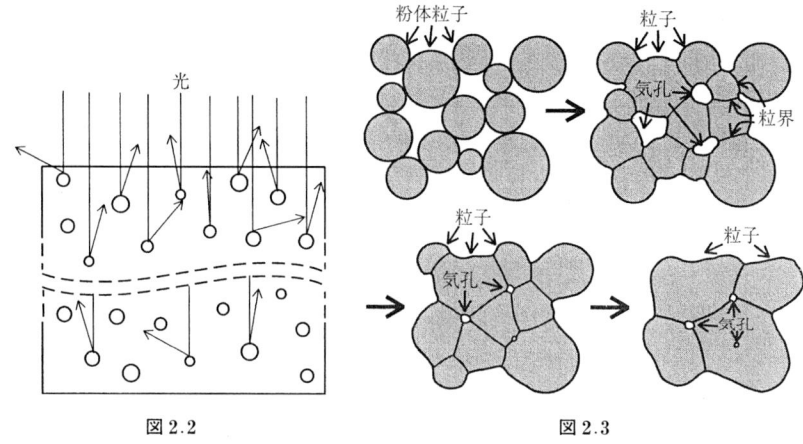

図 2.2　　　　　図 2.3

ミックスは一般には白く不透明で光をほとんど通さない．不透明の原因は，材料中に多数の微細な気孔が残り，図 2.2 のとおり，それらが光を散乱することにある．つまり気孔が不透明の原因となるのは，泡立つ滝壺では微細な空気の泡が光を散乱して水が白く不透明になるのと同じことである．それらの気孔は図 2.3 に示したとおり，製造プロセスにおいて，原料粉体を固めた成形体を高温で焼成して製造する際に，粉体粒子間の隙間が取り残されて生じたものである．

米国 GE 社の Coble は，不透明性が材料中の多数の気孔に起因する点に着目し，セラミックスでも気孔を極力排除すれば透明になると考えた．こうして開発されたセラミックスが，透光性アルミナである[*1]．いまでは，構造中の気孔を排除することにより，種々の材料が透明化できることは常識である．レーザー基材として使用可能な，非常に透明性の高いセラミックスさえつくられている．

図 2.4 は，半導体製造装置の中核部材として使用されるアルミナセラミックスである．一般に材料の強度は，質中に小さな気孔が少々（1 体積%程度）残っていてもほとんど低下しないため，高強度構造用材料の製造では，小さな気孔を無理にすべて除去する必要はない．むしろ強度を高める上で最も重要なのは，材質中の粒子を細かくすることと，特に後で詳しく説明するが，粗大な気孔や粒子を含まないことである．一方，気孔を完全に除去し透明性を得るには，高温で長時

---

[*1] 当時（1950 年頃）は，セラミックスを透明化することは不可能であると考えられていた．この常識を本文中のような科学的考察に基づき打破し，セラミックスでも科学が非常に役立つことを実証したことは，セラミックスの歴史における画期的な業績である．

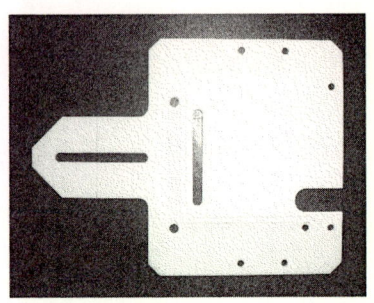

図 2.4　半導体製造用アルミナ部材

間焼成する必要があり，その間に構造中の粒子が粗大に成長してしまう．したがって，透明にはなっても，強度は最高とはならない．高強度アルミナセラミックスでは気孔の残留は若干犠牲にして，粗大粒子のない細かな粒子からなる構造を得ることが最も重要な点である．もちろん，この材料は不透明である．

　耐火断熱材では耐熱性とともに，熱伝導性を下げることが最重要である．ほとんどの応用では，強度は使用中に材料が簡単に崩れない程度以上あればよい．これには，気孔を多くした構造をつくる．気孔はまず，熱伝導を下げる作用をもつ．それは，微細な気孔内では内部の気体は対流できず，また静止した気体は一般に非常に低い熱伝導しかもたないからである．多孔材料では，熱が気孔を通過するには，気孔の一方の面から反対側の面への輻射，あるいは気孔の周囲の物質における熱伝導しかないが，前者は非常な高温以外は非常に低い．これにより，多孔体では熱伝導が非常に低い．

　ただし，超高温用の断熱材では，また別の構造が必要である．それは白熱する高温では，熱は輻射により気孔の一方の面から他の面へと非常によく伝わるので，気孔は熱伝達に対する障害とならなくなるためである．気孔の断熱性能は温度上昇とともに急激に低下するため，断熱性を得るには別の手段が必要である．

　セラミックスは上で説明した以外に，電気・電子材料，磁性材料，生体材料など，多種多様な用途に用いられるが，それらの用途でも，適切な性能を得るには材料の構造の制御が非常に重要である．

## 2.2　微　構　造

　セラミックスにはすでに述べた微細な結晶粒や気孔以外に，ガラス相，気孔や

## 2.2 微構造

き裂などが存在する．これら構成要素がつくる構造を，微構造と呼ぶ．すでに図2.3に示したとおり，微構造はセラミックスを製造する際に，粉体粒子の集合体からなる成形体を高温で焼成する際に形成されたものである．また，原料粉体と製造プロセスにより，広範囲に変化しうるものである．したがって適切な制御により，望ましいものとすることが可能である．セラミックスの特性が構造と密接に関係することはすでに説明した．また，特性をすべての点で同時に最高とするのは非常に難しいことも述べた．ある特性を最良にするには，何か別の特性を犠牲にしなくてはならない．材料開発の重点は，犠牲を最小限として，必要な特性を最高とすることにある．これには，セラミックスの構造を理解し，また構造と特性の関係を正確に理解しなくてはならない．

### 2.2.1 微構造の要素

図2.5に，セラミックスの微構造を形成する主要な構成要素を模式的に示す．この図には多くの構成要素をまとめて記してあるが，1つのセラミックス中にこれらの構造が必ず同時に存在するとは限らない．図2.6は微構造の一例として，固相焼結で作製した高密度アルミナセラミックスの断面の顕微鏡写真[*2]を示す．多角形の領域が個々の粒子であり，結晶粒と呼ばれる．この微構造では，ガラス相やき裂は認められない．

結晶粒とは，1～100 μm程度の大きさをもつ結晶である．それらの内部における原子あるいはイオンの充填状態は，その物質の単結晶のそれと同じである．

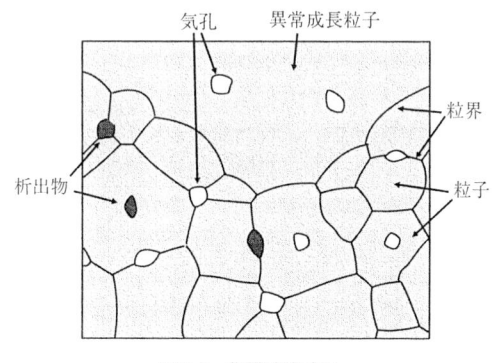

図2.5 微構造模式図

図2.6 アルミナ微構造写真

---

*2 セラミックスの断面を研磨した後に，腐食処理（エッチングという）を行ってから顕微鏡観察する．エッチングすることにより，結晶粒子の境界がはっきりと現れる（2.3.2項参照）．

当然ながら，結晶粒のもつ密度，比熱，格子定数など，他の多くの性質は単結晶のそれと同じである．結晶粒の大きさおよびその分布は，それぞれ粒径および粒径分布と呼ばれる．これら粒子は，図2.3に示したとおり，原料粉体中の粒子が，焼成中にその寸法や形状を変えて形成されたものである．なお，結晶には一般に双晶と呼ばれるものがあるのと同様，結晶子も双晶からなることがある．双晶は2個の結晶が特定の角度関係で結合したものであり，厳密には単結晶ではないが，性質は結晶とほぼ同様であるため，以後特別のケース以外には単結晶と同様に扱う．

気孔は粉末成形において粉体粒子の間に存在した空間が，焼結後に残されたものである（図2.3）．材料表面とつながっているものを開気孔，外部から隔離されたものを閉気孔（孤立気孔）という．図2.7に，閉気孔と開気孔を模式的に示した．また，結晶子の間に存在するものを粒界気孔，結晶子内部に存在するものを粒内気孔と呼ぶ．気孔の形，量およびそれらの分布は，セラミックスの特性に非常に大きな影響を及ぼす．フィルター，ガスセンサーおよび触媒坦体などでは，気体や液体が材料内部に入れなくてはならないため，特性は開気孔と密接に関係する．また気孔は断熱性能を上げるが，材料の強度，電気絶縁耐力など多くの特性を下げる．したがって，多くの応用では，気孔は少ない方がよい．材料中の気孔の割合は，材料の見かけの密度と密接に関係する．したがって，材料の密度は特性を反映する便利な尺度であり，広く測定されるものである．この点については2.4.2項でさらに詳しく説明する．

粒界は結晶粒の間の結合する部分であり，その代表は図2.5の中で線で表されるものである．これらの線は，2個の粒子の結合面を観察面で切断したときの交線である．実際にはこれらは三次元空間中に広がる面の一部である．厳密には二

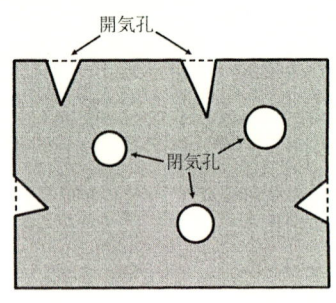

**図2.7** セラミックスの気孔

粒子粒界と呼ばれる．図には3個の粒子が出会う粒界もある．これは三粒子粒界であり，三重点とも呼ばれる．三粒子粒界は空間的には線である．4個の粒子が出会う粒界は空間的には点であり，四粒子粒界，あるいは四重点と呼ばれるものである．これが実際に認識されることはまれであるが，現実には微構造中には多数存在する．

これら粒界での原子配列は，図2.8に示すとおり結晶内部のものとは異なる．したがって，粒界付近の原子間結合や電子のエネルギー状態などは，結晶内部のものとは異なると予想される．また，原子間の距離は局所的に通常の結晶内のものとは異なり，したがって原子間の空隙も大小様々である．一般にセラミックスは種々の不純物を含むが，それらの中で寸法の大きな原子やイオンは，結晶内に入る際には周囲の原子を押しやり，自身の入る空間を広める必要があるため，粒界の大きな隙間に入る傾向がある．また，小さなものは小さな隙間に入る．したがって，不純物は通常の結晶格子内に均一の分布するより，むしろ粒界に集まる傾向がある．図2.9に示したとおり，粒界には不純物が濃縮され，粒界付近の化学組成は結晶内とはしばしば異なる．

粒界のもつ種々の性質は，したがって結晶のそれとは非常に異なる場合が多い．セラミックス全体の性質はしばしば粒界により支配され，粒界の影響が特に大きいときには，ほぼ粒界だけの性質で決まることもある．粒界の性質が強く現れるときには，5.2.4項で紹介するバリスタやPTCRなどのように，セラミックスの性質を結晶自体の性質だけでは全く説明できないことさえある．双晶におけ

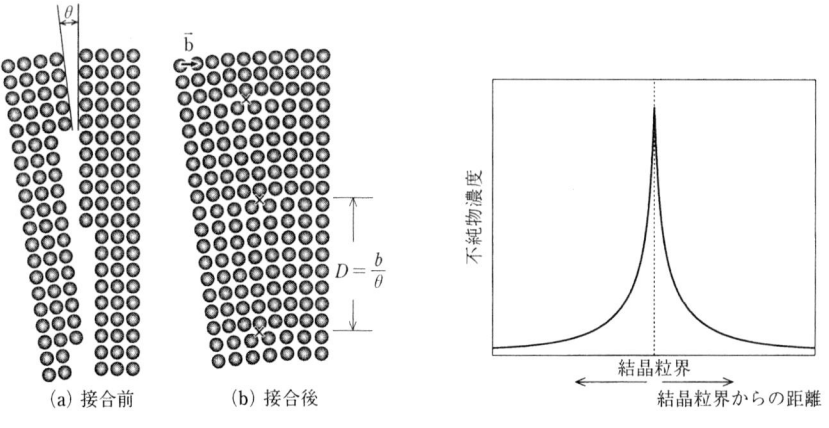

図2.8　粒界の構造　　　　　　　　図2.9　粒界の不純物偏析

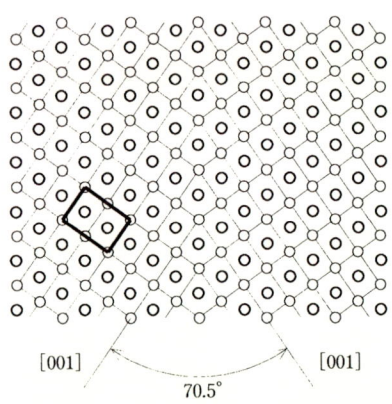

図2.10 FCC格子の双晶粒界
太枠が単位胞.太線の球は紙面の上下にずれている.

る結晶の結合面は図2.10に示したとおり,粒界の特別なものである.ここでの原子配列の乱れは,一般の粒界のものより少ない.したがって,その性質は通常の粒界のものとは非常に異なるため,一般の粒界と同様には取り扱わない.すでに説明したとおり,双晶はむしろ1個の結晶子と同様に取り扱われることが多い.

マトリックスを構成する,主要相とは異なる結晶相やガラス相のことを二次相と呼ぶ.二次相は,粒子内および粒界のいずれにも認められる.ガラス相は酸化ケイ素や酸化ホウ素など,ガラスを形成する傾向をもつ物質を含む系ではしばしば認められる.これらの物質の起源には,焼結を容易にするため意図的に添加される焼結助剤,不純物として混入したもの,ならびに窒化ケイ素や炭化ケイ素などの非酸化物材料では,粉体の製造,保管中あるいは製造時に表面が酸化して生成した酸化物がある.例えば,耐熱材料のガラス層がすべての粒界にフィルム状に存在すると,高温ではその軟化のため粒子が滑り,材料の強度が低下する.二次相の形態や分布は,特性と密接に関係する.熱伝導に及ぼす例については,後述する.

界面とは,結晶粒どうしの間,あるいは結晶粒と二次相との間の結合面である.また表面とは,結晶粒や二次相と気孔との境界である.界面や表面は,不純物が濃縮される,あるいは排除される場であるなど,多くの面で粒界と同様に特異な性質をもつ.

粒界,表面,界面にはそれぞれエネルギーが付随する.身近な例は表面エネルギーである.表面エネルギーとは,単位面積の表面をつくるのに必要なエネルギ

一である．すなわち，新たに形成する表面の面積を $dA$，必要なエネルギーを $dE$ とすると，表面エネルギー $\gamma$ は次式で与えられる．

$$\gamma = dE/dA$$

同様に，粒界および界面の形成にはエネルギーが必要であり，それぞれ粒界エネルギー $\gamma_{GB}$ および界面エネルギー $\gamma_B$ が付随する．多結晶セラミックスのもつ全エネルギーは表面，粒界および界面のエネルギーの分だけ，単結晶のものより高い．これらエネルギーは後述するとおり，セラミックスの焼結における駆動力となる．つまり，系はそれらエネルギーを下げるよう変化する．また，粒界や表面に不純物が集まるのは，それによりこれら領域のエネルギーを下げられるからである．つまり，不純物は寸法や電荷が結晶内の正規のイオンとは異なるため，結晶内にいるより，イオン配列が乱れた粒界や表面に位置する方が安定だからである．

マトリックス粒子に比較して異常に大きい結晶子を異常成長粒子，あるいは巨大粒子などと呼ぶ．これらの巨大粒子は，原料粉体中の一部の粒子が粒成長により製造過程中に大きく成長して形成されたものである．それらは多くの特性に悪影響を及ぼすため，セラミックスの製造ではその形成を防止する必要がある．

その他，微構造中には，き裂が存在することもある．き裂の多くは不適切な製造操作で生じるもので，種々の特性に非常に悪い影響を及ぼす．しかし例えばチタン酸アルミニウムなど，結晶の熱膨張の異方性がきわめて大きい特別の物質では，焼成温度からの冷却時に各粒子の熱収縮により粒界には大きな内部応力が発生するため，良品であっても結晶子間に無数の微細なき裂を含むこともある．

強磁性体や強誘電体では，さらにドメインと呼ばれる構造が存在する．ドメイン中では，磁化や電気分極の方向がそろっている．磁性体中のドメインは，外部から印可される磁界により容易に変化する．

### 2.2.2 微構造と特性の関係

セラミックスの特性には表 2.1 に示すとおり，微構造により非常に強い影響を受けるものと，あまり受けないものがある．前者を構造敏感な特性，後者を構造鈍感な特性と呼ぶ．

**a．構造敏感な特性**　これら特性は，構造が材料全体の特性に対して決定的な影響を及ぼすものである．特性は電気伝導性のように，微構造のわずかな違いで何億倍以上も変化することさえある．構造敏感な特性は構成要素の平均値で

表 2.1　性質の分類

| |
|---|
| ・構造敏感な特性 |
| 　　強度，電気伝導度，熱伝導度，光透過率，耐食性 |
| ・構造鈍感な性質 |
| 　　比熱，熱膨張率，靭性，弾性率，比重 |

決まらず，加成性に従わないものである．この強い構造依存性は，それら特性を支配する要因から理解できる．

　ⅰ）　強度特性：　セラミックスの破壊は，材料中における原子間結合の切断により生じるものであり，強度は原子間結合を切るための力と密接に関係する．セラミックス中の原子は，イオン性や共有性の強い化学結合で結ばれているため，その切断には一般に数十 GPa（1 mm² 当たり数万 N）の応力を必要とする．これは，通常の鉄鋼材料より数十倍高い値である．

　一方，現実のセラミックスでは，上の値の1%程度の応力で壊れてしまう．これは，セラミックスの破壊強度が微構造中の破壊源，具体的には材料中の傷の存在に非常に敏感なためである．例えば図2.11のとおり，き裂を含むセラミックスに応力がかかるとき，その先端には応力集中現象により力が集中する．材料にかかる平均の応力が低いときでも，この集中応力は物質中の化学結合を切断するレベルに達してしまうのである．言い換えると，それら傷の先端には，平均値より100倍程度高い応力が容易に発生する．身近な例は，ガラスを「切る」ことである．傷のないガラス管は簡単には割れないが，表面に小さな傷を入れると，容易に切ることができる．応力集中の原因には，き裂以外に気孔や粗大粒子，二次相など，種々の微構造因子がある．一般に応力集中源が幾何学的に相似形のと

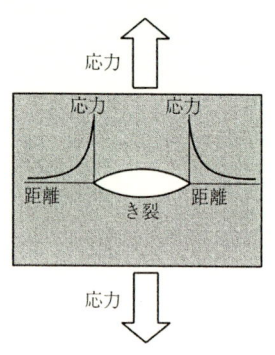

図2.11　き裂周辺の応力分布

き，応力集中の程度は，その応力集中源の寸法の1/2乗に比例する．したがって，強度はき裂などの寸法が増すほど下がる．これは，微構造中のそれらの応力集中要因の寸法を小さくすると，セラミックスの強度が増すことを意味する．もし応力集中源の寸法を原子と同じ程度にできると，もはや応力集中は起こらず，セラミックスのもつ本来のきわめて高い強度が実現できる．

なお経験的に，セラミックスの強度は結晶粒の寸法，つまり粒径が小さくなるほど高くなることが知られている．これは最近の研究によると，粒径を小さくすると材質中の破壊源の寸法も小さくなる傾向があるためである．このことにより，高強度材料の開発では，粒径をできるだけ細かくする努力がなされる．

ⅱ) 電気伝導性： 結晶自体が高い電気伝導性をもつ場合でも，材料全体としての電気伝導性が高いとは限らない．図2.12に示すとおり，それら結晶子が薄い絶縁層で囲まれてしまうと，材料は全体としては電気を通せず絶縁体となる．それら絶縁体が孤立した粒子として材料中に点在する場合には，電気伝導体となる．

粒界は，そこに特に粒界層が認められない場合でも，しばしば電気伝導性に非常に強い影響を及ぼす．これは，粒界の不純物偏析や粒界の電子的エネルギー順位と関係する．これらの現象は，後述のバリスター，PTCRおよび粒界絶縁層型コンデンサーなどに利用されている．

図2.13に示すとおり，導電性の粒子と絶縁性の粒子が混在するとき，材料全体の電気伝導性はパーコレーション理論で説明される．簡単のため，図のとおり，正方形の同じ寸法の板状粒子が二次元的に並ぶときを考えよう．各粒子は絶縁体，または導電体である．電気は粒子が辺で接するときにはそれらの粒子間を流れられるが，隅で接するときには流れられないとする．ここで，各粒子の位置にどちらの粒子が入るかは，その存在割合で決まる．この場合，絶縁粒子の量が

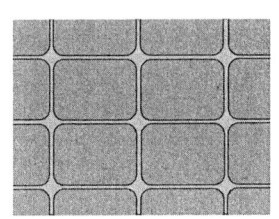 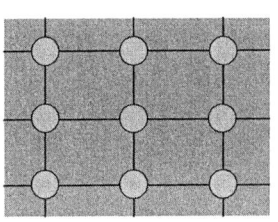

図2.12　粒界の絶縁相の分布と電気伝導性

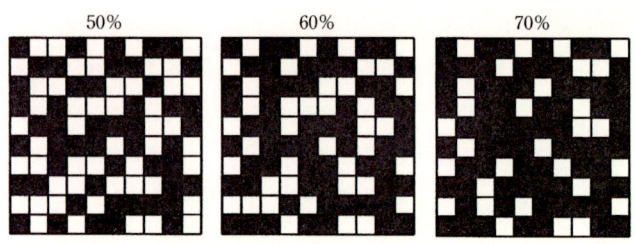

**図 2.13** 伝導相と絶縁相の割合による材料としての伝導の変化
黒の伝導相は，その割合が増すに従い急激に連続した相を形成する．

多いと，伝導粒子が連結できず，材料は絶縁体である．伝導粒子の量がある臨界値に達すると（図では 60%程度），電気は伝導粒子を伝わり，一方の端から他端に到達可能となる．伝導粒子の量が臨界値を超えると，粒子の量とともにそれらが互いに連結する確率は飛躍的に高まり，したがって材料全体としての伝導性は急激に増す．

iii) **熱伝導性：** 電気伝導性と同様に，結晶子自体の熱伝導性が非常に高くても，それらが熱伝導性の低い二次相で囲まれていると，材料としての熱伝導性は非常に低くなる．そのため，最近の高熱伝導性セラミックスの開発では，微構造の設計が非常に重要である．

高い熱伝導は，IC 基板やパワーモジュール基板などの温度上昇を最小限に抑えるのに必要である．一般に，多くのセラミックスは，金属より熱伝導性が低いが，窒化アルミニウムセラミックスは，理論的には金属アルミニウムに匹敵する高い熱伝導性と電気絶縁性をもつため，この用途に最適である．図 2.14 の模式図のとおり，窒化アルミニウム粉体に含まれる微量の酸素は熱伝導を阻害するため，そのままセラミックスにしても高い熱伝導性は得られない．窒化アルミニウムセラミックスではそれを除去するため，焼結助剤として酸化イットリウムを添加してある．酸化イットリウムは，焼結時に粉体中の酸素と反応してガーネットを形成し，その結晶は窒化アルミニウム粒子の粒界三重点や四重点，すなわち 3 個あるいは 4 個の粒子が出会う部分に析出し，粒子の接触面すなわち二粒子粒界には析出しない．そのため，図 2.14 に示したとおり，酸素を除去された高熱伝導性の窒化アルミニウム粒子が粒界を介して直接結合し，セラミックス全体として高い熱伝導性が実現される．

**b．構造鈍感な性質** 構造鈍感な性質には，比熱，比重，熱膨張，弾性率

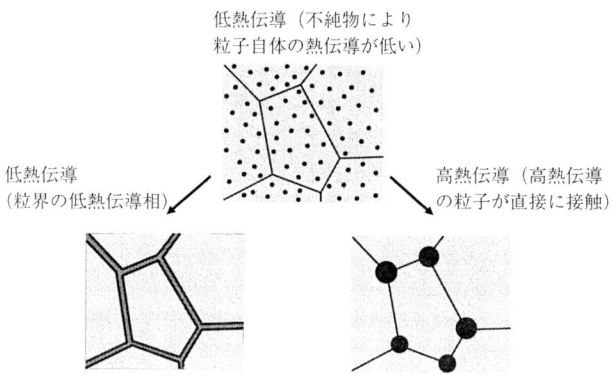

図 2.14 微構造と熱伝導

などがある．これらは，材料全体の特性が，構造中の主相の特性で支配されるものであり，微構造による影響はほとんどのものでは多くても 10% 程度である．10 倍にも変化することはない．例えば，同一物質の比熱は材料の形態が単結晶，焼結体あるいは粉体の状態であっても，ほとんど影響されない．材料の応用において，これら構造鈍感な特性だけが必要な場合には，微構造の制御はあまり重要ではない．

## 2.3　微構造の評価法

微構造の調べ方にはいくつかある．簡単に調べるには，セラミックスを破壊し，その破面を走査型電子顕微鏡などで観察する．構造を定量的に調べるには，研磨面やそのエッチング面を光学顕微鏡や走査型電子顕微鏡で観察するが，これはやや手間がかかる．微構造を調べるのに，最近では透過観察法も利用され始めている．

### 2.3.1　研磨面の観察

セラミックスは硬いため，小さな試料を手で保持して削るのは難しい．研磨では試料を樹脂などに埋め込み，これをダイヤモンド砥粒を用い，その粒径を徐々に細かくして削る．最終的には鏡面が得られるまで研磨する．この際，高温構造材料は特に硬いため，自動研磨器が望ましいが，多くの電子材料用セラミックスは硬度が比較的低く，半手動でも研磨可能である．

得られた研磨面を光学顕微鏡で観察すると，気孔や二次相の存在が認められ

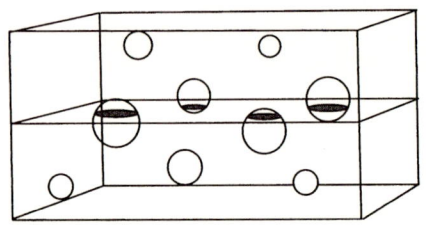

**図 2.15 三次元構造の研磨面による観察**
三次元構造を任意の平面で切るとき、平面上の面積割合は、その構造の体積中の体積分率に等しい。これは立体を小さなピクセルに分けると考えやすい。平面で切り取られるピクセルは、確率的にその立体の全体積に占めるピクセル割合に等しい。

る。その一例を図 2.6 に示してある。黒くみえるものが気孔である。図 2.15 に示すとおり、材料中におけるそれら各相の存在量は画像の解析で定量的に求められる。つまり、材料中のそれらの存在量（体積分率）は面積分率、すなわち研磨面の面積に占めるそれら構造の面積で与えられる。例えば、多くのセラミックスは約 2% 程度の気孔を含むが、この場合には、研磨面の 2% を気孔部分が占めることとなる。

### 2.3.2 エッチング面の観察

この観察では、各結晶子の形状が明瞭となり、それらの形や寸法を調べることができる。エッチングには、化学的方法と熱的方法があるが、後者が一般的である。標準的な処理条件は、焼結温度より 50〜100℃ 低温で 1 時間である。すでに例を図 2.6 に示したとおり、構造が可視化されるのは、いずれも粒界や粒子の性

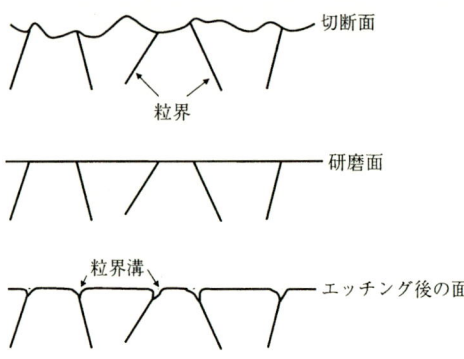

**図 2.16 セラミックスの研磨とエッチングによる粒界溝の形成**

質がその方位により変化することや，図 2.16 のように粒界のもつ特異な性質を利用するものである．

等方的な構造，すなわち方向依存性のない構造をもつセラミックスでは，平均粒径を次のとおり求められる．まず，得られた写真上に円または直線を引く．次に，直線と粒界との交点の数を数える．直線が 3 個の粒子の交わった点を通るときには，これを 1.5 として数える．次に交点 1 個当たりの弧あるいは直線の長さを計算する．この値は平均粒径ではない．直線の長さは粒子の直径より常に小さいからである．結晶粒を球形と仮定すると，平均粒径はこの長さの 1.5 倍である．

## 2.4 気孔，気孔率および密度

セラミックスでは，気孔の量や寸法およびそれらの分布は特性に非常に大きな影響を及ぼす．したがって，それらを適切に評価する必要がある．これには高密度焼結体では微構造観察も利用できるが，多孔体を含む一般的なものでは，気孔の直接評価や密度測定が一般的である．

### 2.4.1 気孔径と分布

気孔の寸法，量およびその分布を調べるには，水銀圧入法が用いられる．この方法は，水銀がセラミックスによりはじかれる性質を利用するものである．すなわち，水銀をセラミックス気孔などの細孔中に押し込むには，圧力をかける必要がある．この圧力は，細孔の寸法が小さくなるほど高い．したがって，細孔の評価を行うには，試料を水銀の入った高圧容器に入れ，これに圧力を加える．このときの試料中への水銀の浸入量と圧力との関係を求め，これを解析して細孔の寸

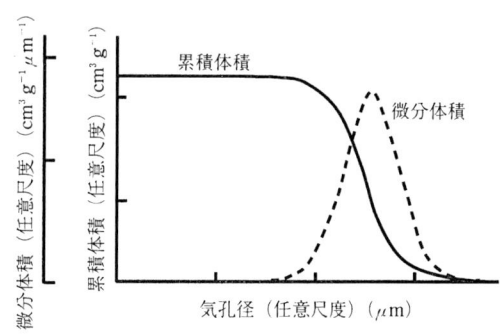

図 2.17 気孔径分布（累積曲線と微分曲線）

法とその量を求めるものである.

データは一般に図2.17のとおり，累積気孔径分布，あるいは微分気孔径として図示される．前者は，気孔径を横軸にとり，縦軸にはその気孔より大きな気孔の量を示すものである．後者は，各気孔の量を気孔径に対してプロットしたものである．

### 2.4.2 密度と気孔率

セラミックスには開気孔，閉気孔が含まれる．密度とは物体単位体積当たりの質量であるが，その体積として選ぶものにより，真密度，見かけ密度およびかさ密度がある．

真密度とは，セラミックスの体積として，図2.7の固体の部分だけをとるものである．これは固体部分についての実際の密度となるため，こう呼ばれる．当然ながら真密度は，微構造により影響されない．見かけ密度とは，図2.7の開気孔を除く体積当たりの質量である．かさ密度とは，図2.7のすべての気孔を含めた物体の体積当たりの質量である．この体積は球，角柱，板など単純形状の物体では，その外形寸法から求めるものと同じである．相対密度とは，見かけ密度やかさ密度と，真密度との比である．気孔を含まない物体では，相対密度は1，あるいは100%である．

全気孔率とは，すべての気孔を含めた物体単位体積中に含まれる気孔の割合である．見かけ気孔率とは，開気孔を除く物体の単位体積当たりに含まれる閉気孔の割合である．

密度や気孔率の測定は水銀圧入法も使われるが，より簡単には空気中や水中での重量測定による方法が用いられる．この方法では，まず乾燥試料の質量 $W$ を求める．次にこれを水中で5時間煮沸後，水中で冷却する．その水中での質量 $W_1$ を求め，さらに試料表面の水を軽く拭った後の空気中での質量 $W_2$ を求める．これらの値から，水の比重を1，空気の質量を無視し，真密度を $\rho$ とすると，各密度は次のとおり求まる．

みかけ密度：$W/(W-W_1)$, 　　かさ密度：$W/(W_2-W_1)$

相対みかけ密度：$\dfrac{W/(W-W_1)}{\rho}$, 　　相対かさ密度：$\dfrac{W/(W_2-W_1)}{\rho}$

みかけ気孔率：$\dfrac{1-W/(W-W_1)}{\rho}$, 　　全気孔率：$\dfrac{1-W/(W_2-W_1)}{\rho}$

## 2.5 粗大傷の評価

　例えば傷ついたガラスが非常に脆弱であるように，セラミックスでは粗大な傷が1個でも存在すると，他の微構造が均質できわめて優れたものでも，その強度は非常に低い．したがって，セラミックスの強度特性を理解するために，粗大な傷を調べることは非常に重要である．粗大な傷は，きわめて小数であるため，それをみつけるには材料全体を調べる必要がある．これには，透過法による評価が必要不可欠である．

　透過法には，X線，超音波および光を使う方法がある．X線を使う方法は，医学の分野で普及したトモグラフィー法やレントゲン写真法と同様なものであり，しばしば製品の最終検査に使われる．しかし，小さな傷を発見するのは難しい，また装置が高価であるなどの問題がある．超音波を用いる方法には，いくつかの手法がある．代表的なものは，レーダーのように超音波ビームをスキャンし，傷からの反射波を用いて傷の映像を求めるものと，対象物体中を通る超音波の減衰により傷を調べるものである．いずれも分解能は低く，装置は高価である．光を用いる方法は，セラミックスの多くが透明体である点を活用するものであり，最近使われ始めたものである．この方法では，セラミックスから厚さ0.1mm程度の薄片試料を切り出し，これを透過観察して内部構造を調べるものである．従来の研磨面観察では傷はほとんど認められないときでも，透過法観察では大きな傷がわかる．この方法は，破壊検査であるが，製造プロセスの開発では非常に大きな力を発揮すると期待されている．

# 3

## セラミックスの合成プロセス技術

　セラミックスは，一般には「粉末原料調製→成形→焼結→加工」のプロセスによってつくられる．セラミックス特有の耐熱性，機械的強度，電気的絶縁性・半導性，誘電性，化学的安定性といった性質は，セラミックスの微視から巨視にわたる焼結微構造に強く依存するので，微構造の設計・制御に粉体原料の粒子の大きさ，粒度分布，形態などの粒子性状の制御はたいへん重要となる．原料粉末の合成法は液相法，気相法，固相法に大別される．

## 3.1 粉末の合成

### 3.1.1 液相（溶液）からの合成

**a. 沈殿反応の熱力学**　　液相法は，合成したい物質の構成イオンを溶かした溶液から析出させる方法である．飽和溶液および溶解度積以下の溶液では，均一核生成・成長による沈殿は起こらない（佐々木義典，他：結晶化学入門（基本化学シリーズ12），pp. 80-90，朝倉書店，1999参照）．そこで，溶解度積より大きな状態（過飽和状態）が必要となる．図3.1において，溶解度曲線上（溶解平衡）にある状態Aを平衡温度 $T_e$ から温度 $T$ に冷やした溶液状態Bでは，過冷却度 $\Delta T = T_e - T$ および過飽和量 $\Delta C = C - C_e$（$\sigma = C/C_e$ は過飽和比，$\sigma' = \Delta C/C_e$ は過飽和度，のような定義もあるが，いずれも過飽和の程度を表す）の状態になる様子を模式的に示した．平衡状態と過飽和状態との自由エネルギー差（$\Delta G$）と過飽和の程度とは，熱力学的に

$$\Delta G = -RT \ln(\sigma) = -RT \ln(1+\sigma') < 0 \qquad (3.1)$$

の関係がある．図中の過溶解度曲線は，この曲線を越える濃度になると過飽和度，すなわち $\Delta G$ が大きくなって沈殿が開始する見かけの溶解度曲線であり，熱力学的な意味はもたない．

3.1 粉末の合成

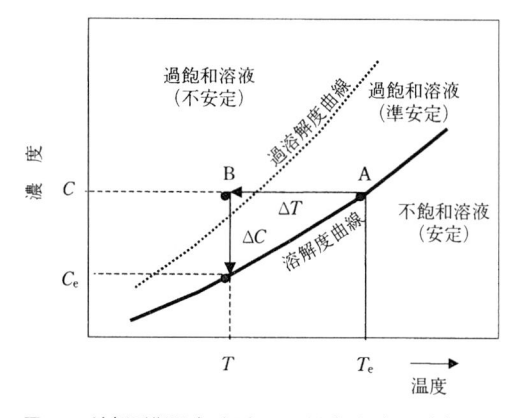

図中のラベル：濃度、過飽和溶液（不安定）、過溶解度曲線、過飽和溶液（準安定）、$C$、B、A、$\Delta T$、不飽和溶液（安定）、$\Delta C$、溶解度曲線、$C_e$、$T$、$T_e$、温度

**図3.1** 溶解平衡温度（$T_e$）から温度（$T$）に冷却したときに発生する過飽和度（$\Delta C$）の模式図

**b．混合直接沈殿法** 前述したように，水溶液反応によって生成する反応生成物にとって，過飽和状態にあれば，その物質は沈殿する．一般に，水溶液中の金属イオン（$M^{n+}$）はpHを上げると$M(OH)_n$の形で沈殿する．$M(OH)_n$は水中で

$$M(OH)_n = M^{n+} + nOH^- \qquad K_{sp} = [M^{n+}][OH^-]^n \qquad (3.2)$$

$$H_2O = H^+ + OH^- \qquad K_w = [H^+][OH^-] = 10^{-14} \qquad (3.3)$$

の平衡関係にある．式(3.3)の[$OH^-$]を式(3.2)に代入して整理し，両辺の対数をとり，pX＝－log[X]の関係を用いると

$$pM^{n+} = (pK_{sp} - n \cdot pK_w) + n \cdot pH \qquad (3.4)$$

が得られる．$pM^{n+}$とpHには，図3.2のように勾配が$n$の直線関係がある．図中の-->は，$pM^{3+}=2$（[$M^{3+}$]＝$10^{-2}$＝0.01に対応）の金属イオン溶液から金属水酸化物が沈殿生成を開始するpHの例である．したがって，この溶液をpH3にすれば，そのpHでの$M^{3+}$の平衡濃度は$pM^{3+}=5$（[$M^{3+}$]＝$10^{-5}$＝0.00001）であるから，99.9%の金属イオンは沈殿する．錯体形成能の高い金属イオンは，強いアルカリにすると，次のようにオキソ酸イオン（金属イオンを含む陰イオン）を生成して溶解するので，溶解度の最も低くなるpHが生じる．このような現象は，ZnやAlで顕著にみられる．その平衡関係は

$$Zn(OH)_2 = HZnO_2^- + H^+ \qquad (3.5)$$

$$Al(OH)_3 = H_2AlO_3^- + H^+ \qquad (3.6)$$

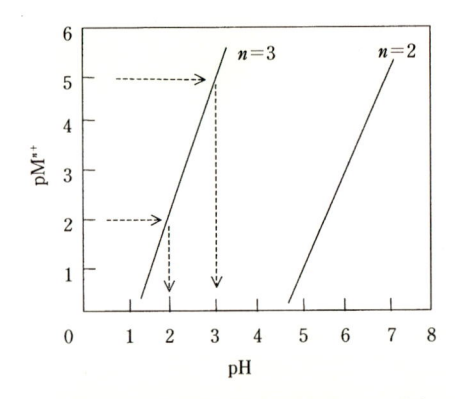

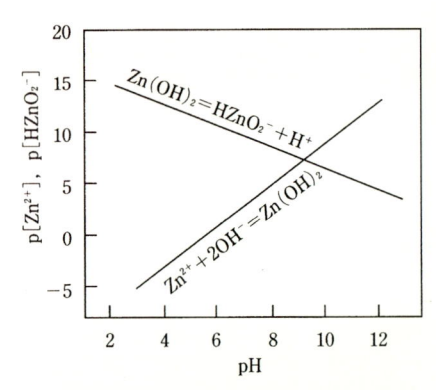

**図 3.2** 金属水酸化物の溶解金属イオン濃度 ($pM^{n+}$) と pH との関係

**図 3.3** Zn の水酸化物沈殿における $Zn^{2+}$ と $HZnO_2^-$ 濃度と pH との関係

で書かれる。$p[Zn^{2+}]$ および $p[HZnO_2^-]$ と pH との関係は, 図 3.3 のようになる。両方の直線の交点の pH9 が最も $[Zn^{2+}]$ が低くなるところで, 沈殿生成にはこの pH が最もよいことになる。同様にして, $[Al^{3+}]$ の場合は pH5 であることが予想できる。

例えば, $K_{sp}(Ca(OH)_2) = 5.5 \times 10^{-6}$ ($pK_{sp} = 5.26$) であるから, $[Ca^{2+} = 0.01$ mol dm$^{-3}$ ($pCa^{2+} = 2$)] の平衡 pH は 12.4 になり, これ以上の pH に上げれば $Ca^{2+}$ は $Ca(OH)_2$ として沈殿し始める。pH13 にすれば, $Ca^{2+}$ の平衡濃度は $5.5 \times 10^{-4}$ mol dm$^{-3}$ になるので, $Ca^{2+}$ の 94% が沈殿することになる。pH14 では $5.5 \times 10^{-6}$ mol dm$^{-3}$ となり, 99.9% が沈殿する。$Mg^{2+}$ の場合は, pH11 レベルで $Mg(OH)_2$ ($K_{sp} = 1.8 \times 10^{-11}$, $pK_{sp} = 10.7$) としてほとんど沈殿する。

同様にして, 次の例のように溶解度の高い反応系の化合物の各水溶液を, 必要に応じて pH を制御しながら, 混合反応させることで反応物よりも溶解度の低い化合物を沈殿させることができる。

$$CaCl_2 + Na_2SO_4 \longrightarrow CaSO_4 \cdot 2H_2O \downarrow + 2NaCl \tag{3.7}$$

$$CaCl_2 + Na_2CO_3 \longrightarrow CaCO_3 \downarrow + 2NaCl \tag{3.8}$$

$$Ca(OH)_2 + H_3PO_4 \longrightarrow CaHPO_4 \cdot 2H_2O \downarrow \quad (pH=4) \tag{3.9}$$

$$10Ca(OH)_2 + 6H_3PO_4 \longrightarrow Ca_{10}(PO_4)_6(OH)_2 \downarrow + 18H_2O$$
$$(pH=10) \tag{3.10}$$

多成分系の複合酸化物を合成する場合, それぞれの金属イオンを含む水溶液に沈殿剤としてアルカリを添加して, それぞれの水酸化物, あるいは複塩を沈殿さ

せる同時沈殿法がある．それぞれの水酸化物を別に沈殿合成してから混合するよりも，均質なものが得られる．高純度で焼結性のよい混合超微粉体を得ることができる．共沈法と呼ばれる方法では，その状況では溶解度が高くて本来沈殿しないはずのイオンを，沈殿剤によって沈殿する溶解度の低い主沈殿とともに，沈殿させる．例えば，$PbCO_3$ は比較的溶解度が高いが，$BaCO_3$ と同時に沈殿させると $(Pb, Ba)CO_3$ として定量的に沈殿する．

 **c．均一沈殿法** 直接沈殿法や共沈法では，外部から沈殿剤としてのアルカリや炭酸塩，硫酸塩の水溶液を加えるのに対して，この方法ではあらかじめ沈殿剤としての作用を徐々に発現する反応溶液を加えておく．その結果，局所的な不均一性を生じないで沈殿させることができる．高純度で体積の小さいろ過性のよい粉体が得られる．このような沈殿剤として，尿素，エステル類がよく使われる．それぞれの加水分解は次のように表せる．

$$(NH_2)_2CO + 3H_2O \longrightarrow 2NH_4OH + CO_2 \quad (3.11)$$
（70℃以上，特に 90℃ 以上で進行）
$$RCOOR' + H_2O \longrightarrow RCOOH + R'OH \quad (3.12)$$
（酸やアルカリの存在で進行）

尿素加水分解法では，各種の水酸化物，塩基性塩，リン酸塩，硫酸塩，炭酸塩など塩基性で溶解度の低くなる物質を均一沈殿させることができる．エステル加水分解法では，シュウ酸塩，ギ酸塩，酢酸塩，コハク酸塩などの各種金属塩を均一沈殿させることができる．

 **d．ゾル・ゲル法** ゾルとはコロイド粒子（直径 1〜100 nm）が分散懸濁している溶液で，このゾルから溶媒蒸発による濃縮や重合反応などによって粒子間架橋構造が生じ，この網目構造中に溶媒を保持したまま流動性を失って寒天状になった状態をゲルと呼ぶ．ゲルから溶媒を蒸発させて収縮生成する多孔体を，キセロゲルという．乾燥剤のシリカゲルもキセロゲルである．これを加熱焼結することで，目的の金属酸化物等を得る．ゾルをゲル化する方法には，以下のようなものがある．

 ①ゾルから溶媒を除去し，コロイド粒子間の相互作用を強くする．
 ②ゲル化促進剤を添加し，コロイド粒子間を結合させ網目構造化する．
 ③時間，温度などの条件を選択することでコロイド粒子間の反応を促進させ網目構造を形成させる．

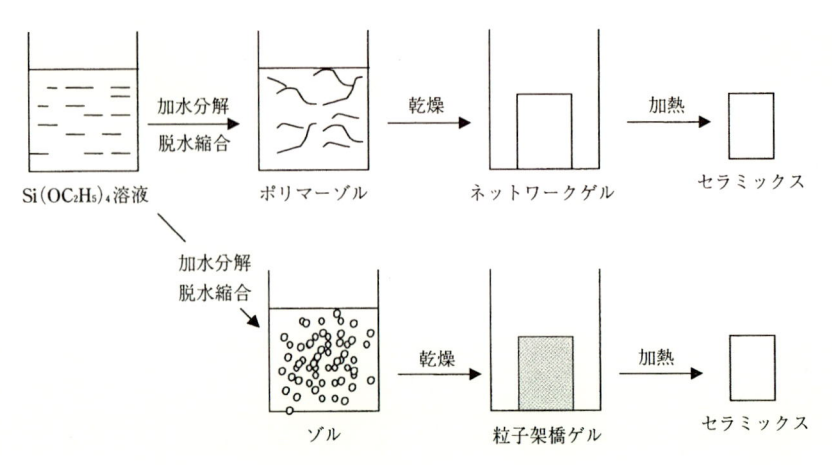

図3.4 $SiO_2 \cdot nH_2O$ のゾル・ゲル変化

表3.1 ゾル・ゲル法における出発物質

| 原料系 | 利点 | 短所 | 物質例 |
|---|---|---|---|
| 無機金属塩 | 比較的安価 | 陰イオンが不純成分として残りやすい | 硝酸塩 $M(NO_3)_n$<br>塩化物 $MCl_n$<br>オキシ塩化物 $MOCl_{n-2}$<br>酢酸塩 $M(CH_3COO)_n$<br>シュウ酸塩 $M(C_2O_4)_{n/2}$ |
| 有機金属塩 | 高純度のものが入手しやすい<br>均質性がよい | 比較的高価 | アルコキシド $M(OR)_n$<br>アセチルアセトナート<br>$M(C_5H_7O_2)_n$ |
| 市販ゾル | 性質安定で扱いやすい | 入手できない元素が多い<br>複合系での均質性に劣る | — |

M：金属 (Li, Ca, Sr, Ba, Al, Si, Pb, Ti, Zr, ほか), $n$：Mイオンの酸化数, R：アルキル基.

場合によっては，これらのうち2つ以上を同時に進行させるものもある．同じ出発原料を使用しても，反応条件やゾル液の組成によって一次元の鎖状分子となるものや，三次元の粒子状分子となるものもある（図3.4）．ゾル・ゲル法で用いられる出発原料には表3.1のようなものがある．

**e. アルコキシド加水分解法** 一般にアルコールに可溶である金属アルコキシド $M(OR)_n$ （M：金属イオン，R：アルキル基）は，水によって次式のように容易に加水分解して，水酸化物，あるいは酸水酸化物を沈殿させる．

$$M(OR)_n + nH_2O \longrightarrow M(OH)_n\downarrow + nROH \tag{3.13}$$

触媒には，HClやHNO$_3$がよく使われる．加水分解の条件を選択することで，粒径が数nmから数十nmの組成均一の単純酸化物，複合酸化物の1μm以下の凝集粒子となった高純度微粉体が得られる．このような反応プロセスで，非晶質単分散微粒子が生成する．

**f．その他** 金属塩溶液をノズルから小さな液滴として噴霧し，これを急速に乾燥（噴霧乾燥），凍結（凍結乾燥），あるいは熱分解（噴霧熱分解）する方法では，一般に球状で流動性のよい均一性のある微粉体が得られる．金属塩溶液としては，ゾル・ゲル法における出発物質の水溶液，あるいはアルコール溶液が用いられる．2種以上の金属塩溶液を混合すれば，均一性のよい混合酸化物粉体，あるいは複合酸化物粉体が得られる．脱脂粉乳，食品，薬品，フェライトなどはこの方法で粉末化している．凍結乾燥法は，もともとは生物学の分野での試料の低温保存を目的として発達してきたが，薬品や食品の保存，あるいは微細化，さらに無機材料の微粉体の合成にも応用されている．実際には，金属塩水溶液を低温の冷凍室中，あるいは低温有機液体（ヘキサンがよく用いられる）中に噴霧し，液滴を急速凍結して微細な結晶を析出させ，次に減圧・昇温して氷を昇華させる．数十nm程度の微粉体の生成が可能である．また，添加物の均一混合性に優れ，ボールミルなどの機械的混合に比べて不純物の汚染がないなどの利点がある．得られる粉体は，多孔性で表面積が大きく，組成均一性，反応性，焼結性が高い．

### 3.1.2 気相からの合成

ファインセラミックス用微粉体に対する超高純度，超微粒子化への要望が高まるとともに，気相反応を利用した方法が注目されるようになった．気相反応法では，金属化合物を気化・反応させるので，高純度化しやすく，また，0.1μm以下の分散性のよい超微粒子が容易に得られる．酸化物だけでなく，窒化物や炭化物のような非酸化物超微粒子も合成できる．気化させる方法には，抵抗加熱，レーザー，真空加熱，スパッタリング，イオンビーム，プラズマ加熱などがある．

**a．気相反応の熱力学** 気相反応系では，均一反応系としての熱力学的検討が有効である．例えば

$$m\mathrm{A(g)} + n\mathrm{B(g)} \longrightarrow p\mathrm{C(s)} + q\mathrm{D(g)} \tag{3.14}$$

の反応における反応の自由エネルギー変化（$\Delta G$）は，生成系の自由エネルギー合計（$\sum G_\text{生成系}$）から反応系の自由エネルギー合計（$\sum G_\text{反応系}$）を引いたもので，

$$\Delta G = (\sum G_{生成系} - \sum G_{反応系}) = \Delta G° + RT \ln[(a_C)^p (a_D)^q / (a_A)^m (a_B)^n] \quad (3.15)$$

で与えられる．ここで，$\Delta G°$ は反応の標準自由エネルギー変化，$R$ は気体定数，$T$ は考えている反応の絶対温度，$a_A$ などは成分 A などの活量である．

平衡では $\Delta G=0$ であるから，平衡時の各成分の活量を用いて平衡定数 ($K_p$) および $\Delta G°$ は

$$K_p = (a_C)^p (a_D)^q / (a_A)^m (a_B)^n \quad (3.16)$$

$$\Delta G° = -RT \ln[(a_C)^p (a_D)^q / (a_A)^m (a_B)^n] = -RT \ln K_p \quad (3.17)$$

のように与えられる．$\Delta G°$ が負であれば反応は進行する．例えば，次の反応で，500°C での各成分の標準生成自由エネルギーは既知であるので，それらを使って，

$$TiCl_4 + O_2 \longrightarrow TiO_2 + 2Cl_2 \quad \Delta G° = -134 \text{ kJ mol}^{-1} \quad (3.18)$$

のように計算でき，反応は進行する．

**b．CVD 法**（3.3 節参照）　気体分子間の反応

$$A(g) + B(g) \longrightarrow C(s) + D(g) \quad (3.19)$$

あるいは気体の熱分解

$$A(g) \longrightarrow B(s) + C(g) \quad (3.20)$$

を利用して目的とする固体物質を合成する．金属の蒸気圧の高いハロゲン化物，硫化物，水素化物，有機化合物などの蒸気と反応ガスとを高温で反応させ，金属の酸化物，窒化物，炭化物などの微粒子を合成する方法である．高純度化した気体原料を用いるので，高純度の微粒子を合成できる．熱分解では目的とする物質

**表 3.2** 気相反応系からのセラミックスの生成反応の平衡定数 ($K_p$)（工業調査会編：ファインセラミックス技術，p.172，工業調査会，1984）

| 反応系 | 生成物 | $\log K_p$ | |
|---|---|---|---|
| | | 1000°C | 1300〜1500°C |
| $NiCl_2-O_2$ | NiO | 2.2 | 0.5 (1300°C) |
| $CoCl_2-O_2$ | CoO | 1.3 | $-0.2$ (1300°C) |
| $SiCl_4-O_2$ | $SiO_2$ | 10.7 | 7.0 (1400°C) |
| $AlCl_3-O_2$ | $Al_2O_3$ | 7.8 | 4.2 (1400°C) |
| $FeCl_2-O_2$ | $Fe_2O_3$ | 5.0 | 1.3 (1400°C) |
| $ZrCl_4-O_2$ | $ZrO_2$ | 8.1 | 4.7 (1400°C) |
| $SiCl_4-NH_3$ | $Si_3N_4$ | 6.3 | 7.5 (1500°C) |
| $SiCl_4-CH_4$ | SiC | 1.3 | 4.7 (1500°C) |
| $TiCl_4-NH_3-H_2$ | TiN | 4.5 | 5.8 (1500°C) |

の構成元素をすべて含む気体が必要である．また，粉体が生成するかどうかは，平衡定数 $K_p$ の大きさが1つの目安になる（表3.2）．$\log K_p$ がだいたい4以上では，気相中での均一核生成・成長によって微粉体を生成する．

**c．PVD法**（3.3節参照）　加熱気化させた金属，または非金属気体を基板上で凝固させる方法である．薄膜の作製に使われる．蒸発−凝縮法とも呼ばれる．全体としては化学反応を含まない．一般に，減圧下で，高温加熱して行われる．原料中の不純物も蒸発するので，高純度化には高純度原料が必要である．蒸発のさせ方によって，抵抗加熱，電子ビーム，分子線エピタキシー（molecular beam epitaxy：MBE）に分類される．

### 3.1.3　固相からの合成

**a．固相反応の熱力学**　固相内，あるいは固相間で起こる化学反応を固相反応という．反応系と生成系の熱力学的安定関係は，液相反応や気相反応と同じく，自由エネルギーの差（$\Delta G$）によって決まる．例えば

$$A(s) + B(s) \longrightarrow AB(s) \tag{3.21}$$

の反応で，系が固相（s）のみで成立し各成分間に固溶性のない純固相であるとき，固相成分 A, B, AB の各活量は，熱力学の原理により量に無関係に常に1である．したがって

$$\Delta G = \Delta G° = \Delta G_f°_{AB} - (\Delta G_f°_A + \Delta G_f°_B) \tag{3.22}$$

となる．$\Delta G_f°_{AB}$, $\Delta G_f°_A$ および $\Delta G_f°_B$ は各成分のある温度での標準生成自由エネルギーである．$\Delta G° < 0$ であれば，A または B が消失するまで反応は右へ進行し，平衡状態はない．また，このような純固相のみが関わる反応では，一般に $\Delta S° \sim 0$ と近似できるので

$$\Delta G = \Delta G° = \Delta H - T\Delta S < 0 \tag{3.23}$$

から，反応は発熱的（$\Delta H < 0$）に進行する．固溶体や気体成分を生じる場合には，各成分の活量が固溶濃度や分圧によって決まってくる．したがって，例えば，純固体と気体を生成するような熱分解反応

$$CaCO_3(s) \longrightarrow CaO(s) + CO_2(g) \tag{3.24}$$

の平衡定数（$K_p$）は，固相の活量は1であるので，$CO_2$ 分圧（$P_{CO_2}$）に関して

$$K_p = P_{CO_2} \tag{3.25}$$

の関係にある．反応進行によって $P_{CO_2}$ が平衡圧に達すると，それ以上反応は進まない（平衡状態）．そのときの平衡定数，すなわち平衡圧は

$$K_{p(298K)} = 1.18 \times 10^{-23} \text{ atm} \quad (\Delta G°_{(298K)} = 130.8 \text{ kJ mol}^{-1}) \quad (3.26)$$

$$K_{p(1163K)} = 1.0 \text{ atm} \quad (\Delta G°_{(1123K)} = 0.0 \text{ kJ mol}^{-1}) \quad (3.27)$$

と求められる.

反応解析は,一般的な速度式

$$d\alpha/dt = k \cdot f(\alpha) \quad (3.28)$$

$$k = A \exp(-E/RT), \quad \ln k = \ln A - E/RT \quad (3.29)$$

を出発にして進める.ここで,$\alpha$ は反応率,$t$ は時間,$k$ は速度定数,$f(\alpha)$ は $\alpha$ の関数,$A$ は頻度因子,$E$ は活性化エネルギー,$R$ は気体定数,$T$ は絶対温度である.式(3.29)はアレニウス式と呼ばれる.反応の解析では,速度式の表現,$E$ および $A$ を求めることになる.

**b. 固相反応法**

 i) 拡散過程を考えた解析方法: 反応は,反応生成物層内での関係成分の拡散移動と反応界面での化学反応によって進行する.一般には,拡散過程が全体の反応速度を決める律速過程になる場合が多い.図 3.5 のように,2 つの固相 A と B が平面で接して,境界面に AB が生成していく過程を考えてみる.反応成分は AB 層内を拡散して A 成分と B 成分が出会ったところで反応し,AB 層を発達させる.

 ここで,A 成分の一方拡散であれば,A 成分は AB 層内を拡散して AB/B 反応界面に達し,AB 層を形成する.界面での反応速度が速いとすれば,反応は AB 相内を拡散する A 成分の拡散速度によって律速され,B の反応率($\alpha_B$)は

$$d\alpha_B/dt \propto dx/dt = k''S/x \quad (3.30)$$

で表される.$k''$ は A 成分の拡散係数を含む定数,$S$ は反応界面の面積である.$S$ は反応進行しても変わらないから

$$x^2 = 2k''St = k't \quad (3.31)$$

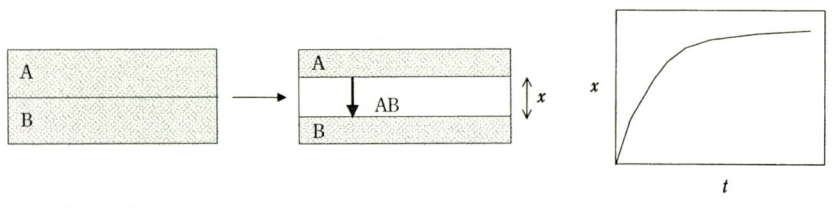

(a) 開始状態   (b) 進行状態   (c) $(x)$ の時間 $(t)$ 変化の模式図

図 3.5 A(s)+B(s)→AB(s) 系固相反応

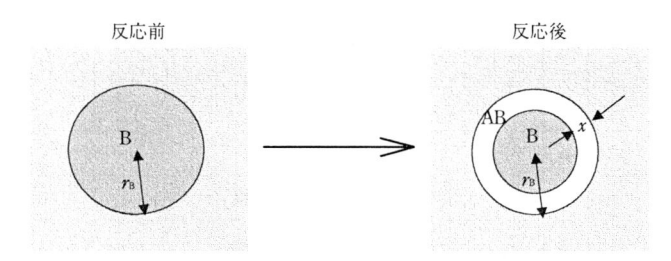

**図 3.6** 粉体における A(s)+B(s)→AB(s) 固相反応

のように放物線式で表され，放物線則と呼ばれる（図 3.5(c)）．この扱いを粉体どうしの反応に適用して，速度式としてヤンダー（Jander）の式が得られる．仮定として，図 3.6 に示すように，A 成分の一方拡散，B 粒子の粒径 $r_B$ はすべて同じ，B 粒子は球状，B 粒子の周囲には A 粒子が十分にある，反応の初期段階で A 成分の表面拡散によって B 粒子上に球殻状に AB 層が形成する，AB 層は B 粒子の内側に生成する，とする．反応率 $\alpha$ は初めの B 成分量に対する AB 生成率，あるいは B の減少率で表されるので

$$\alpha = [r_B^3 - (r_B - x)^3]/r_B^3 \tag{3.32}$$

となり，これより

$$x = r_B[1-(1-\alpha)^{1/3}] \tag{3.33}$$

となる．これを放物線式に代入すれば，ヤンダーの式

$$\{1-(1-\alpha)^{1/3}\}^2 = (k'/r_B^2)t = kt \tag{3.34}$$

が導出される．いくつかの異なった温度 $T$ での $k$ から，$\log k$ 対 $(1/T)$ プロット（アレニウスプロット，式(3.29)参照）によって，活性化エネルギー $E$ が求められる．マグネシウムフェライト（$MgFe_2O_4$）の固相反応に適用した例を図 3.7 に示す．

固体内の拡散は遅いと思われがちであるが，高温であれば，比較的速く反応は完結することがわかる．活性化エネルギーは $490\,\mathrm{kJ\,mol^{-1}}$ と求められている．ヤンダーの式は最も高い適用性をもっているが，このような単純化にしたモデルを精密化した種々の改良式が提案されている．例えば，神力-久保の式では，反応進行に伴って拡散断面積が変化することを考慮して次式が導出されている．

$$(3/2)\{1-(1-\alpha)^{2/3}\}-\alpha = kt \tag{3.35}$$

工業的に利用されている粉体間反応には

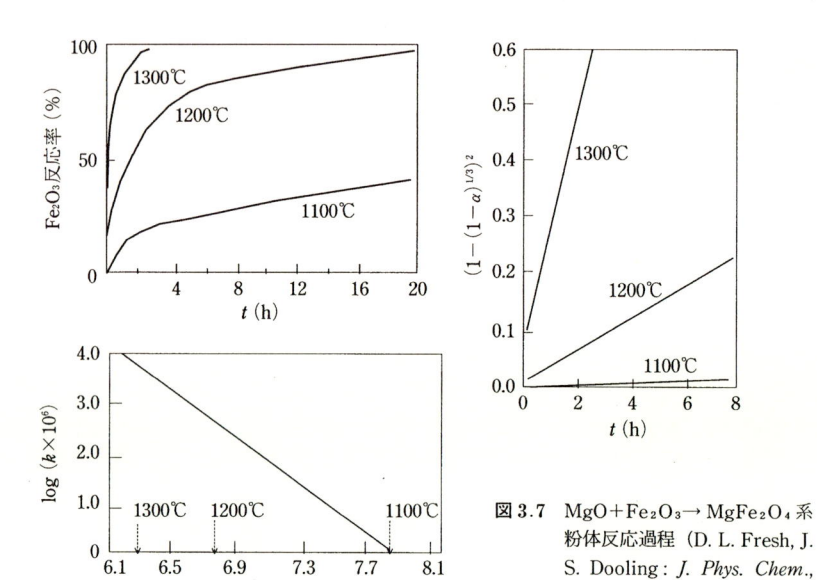

**図3.7** MgO+Fe$_2$O$_3$→MgFe$_2$O$_4$系粉体反応過程（D. L. Fresh, J. S. Dooling : *J. Phys. Chem.*, **70**, 3198-3203, 1966)

$$CaO+SiO_2 \longrightarrow CaSiO_3 \quad\quad 1200°C \quad\quad (3.36)$$
$$2CaO+SiO_2 \longrightarrow Ca_2SiO_4 \quad\quad 1200°C \quad\quad (3.37)$$
$$MgO+Al_2O_3 \longrightarrow MgAl_2O_4 \quad\quad 1500°C \quad\quad (3.38)$$
$$MnO+Fe_2O_3 \longrightarrow MnFe_2O_4 \quad\quad 1500°C \quad\quad (3.39)$$
$$BaCO_3+TiO_2 \longrightarrow BaTiO_3+CO_2\uparrow \quad >1100°C \quad (3.40)$$

などがある．上2つはセメントクリンカー，次いでスピネル耐火物，磁気ヘッド用のマンガンフェライト，コンデンサー用チタン酸バリウム強誘電体の各製造の基本反応である．固体と固体との反応は，粒子間の接触がなければ進まない．したがってこれらの製造で最も肝要なことは，原料粉末の均一混合である．

ⅱ）一般的な解析方法： $f(\alpha)$ に関して，反応機構に対応する表示式が種々提出されているので，それらを適用して実験データとの適合性をみることで解析が進められる．$f(\alpha)$ の一般表現形として

$$f(\alpha)=\alpha^p(1-\alpha)^q\{-\ln(1-\alpha)\}^r \quad\quad (3.41)$$

が与えられている．$p$, $q$, $r$ は経験的に定まる定数であるが，特定の値以外は物理的意味はつけられない．実際には，$r=0$ あるいは $p=r=0$ とした簡略式がよく解析に用いられる．$f(\alpha)$ の表現式が未知の場合では，速度式は決められないが，初速度法や一定反応率法で活性化エネルギーなどは求められる．等温法で

は，異なる温度（$T$）での反応率（$a$）〜時間（$t$）曲線を実験で求めてから

初速度法：反応初期の反応速度（$da/dt$）の
$$\log(da/dt) \sim 1/T \quad \text{プロット}$$
速度変化法：任意の一定反応率での反応速度（$da/dt$）の
$$\log(da/dt) \sim 1/T \quad \text{プロット}$$
反応時間法：任意の一定反応率に要する時間（$t$）の
$$\log t \sim 1/T \quad \text{プロット}$$

などによって解析される．昇温法（昇温速度：$\phi = dT/dt$）では，反応熱や質量などによって反応進行が追跡できれば，次の熱分解法が適用できる．

**c．熱分解法**　水酸化物，炭酸塩，シュウ酸塩，硫酸塩などを加熱分解して酸化物粉体を得る．一般には

$$mA(s) \longrightarrow pB(s) + qC(g) \quad (3.42)$$

で表される．例えば次のようなものである．

$$CaCO_3 \longrightarrow CaO + CO_2 \uparrow \quad (3.43)$$
$$MgCO_3 \longrightarrow MgO + CO_2 \uparrow \quad (3.44)$$
$$Ca(OH)_2 \longrightarrow CaO + H_2O \uparrow \quad (3.45)$$

これらの場合，どのような塩を用いるかによって得られる酸化物粉末の焼結性が左右される．反応解析には，重量変化や熱変化が反応率に対応するので，TG-DTA がよく使われる．昇温速度を $\phi = dT/dt$，反応速度最大になる温度を $T_m$ として

表3.3　熱分解反応の解析例

| 熱分解反応 | $\ln A$ | $q$ | $E$(kJ mol$^{-1}$) | 解析方法 | 出典 |
|---|---|---|---|---|---|
| $CaHPO_4 \longrightarrow \gamma\text{-}Ca_2P_2O_7$ | — | — | 222 | Kissinger | a) |
| カオリナイト脱水 | — | 0.45〜0.95 | 188〜301 | Freeman-Carroll | b) |
| $CaC_2O_4 \cdot H_2O \longrightarrow CaC_2O_4$ | 21.4 | 1.0 | 92 | 〃 | c) |
| $CaC_2O_4 \longrightarrow CaCO_3$ | 39.0 | 0.7 | 310 | 〃 | c) |
| $CaCO_3 \longrightarrow CaO$ | — | 0.4 | 163 | 〃 | c) |
| $Mg(OH)_2 \longrightarrow MgO$ | 15.2 | 0.4〜0.5 | 131 | Kissinger | d) |
| $CaCO_3 \longrightarrow CaO$ | 12.3 | 0.32 | 183 | 〃 | d) |
| $MgCO_3 \longrightarrow MgO$ | 12.6 | 0.56 | 136 | 〃 | d) |

a) N. W. Wikholm, R. A. Beebe : *J. Phys. Chem.*, **79**, 853-856, 1975, b) 大塚良平：熱・温度測定と熱分析（熱測定研究会編），pp.1-19，科学技術社，1970, c) E. S. Freeman, B. Carrol : *J. Phys. Chem.*, **62**, 394-397, 1958, d) H. E. Kissinger : *Anal. Chem.*, **29**(11), 1702-1706, 1957.

キッシンジャー (Kissinger) の式：
$$\ln(\phi/T_m^2) = -E/RT_m + \ln(AR/E) \quad (3.46)$$
($f(\alpha) = (1-\alpha)$ の場合の式であるが，$q=1$ 以外でも近似的に成り立つので便利である)

小沢の式：$\log \phi = -0.4567(E/RT_a^{\phi}) + 定数 \quad (3.47)$

フリーマン-キャロル (Freeman-Carroll) の式：
$$\Delta \ln(-dW/dt) = n\Delta \ln W - (E/R)\Delta(1/T) \quad (3.48)$$

などが適用される．表3.3に解析例を示す．

## 3.2 単結晶

単結晶では，粒子全体に構成原子が規則正しく配列した状態にあり，微細な結晶粒を焼結させた多結晶セラミックスとは異なる微構造，物性，用途をもっている．単結晶の熱力学的に安定な外形は，体積が同じであれば全自由エネルギー最小，すなわち全表面自由エネルギー最小となるように表面自由エネルギーの低い最密充塡面（一般には低指数の面）で囲まれた多面体（平衡形）である．液滴が表面積最小となるように球形になるのと同じ理屈である．最密充塡面内での結合の密度は密（逆に面間の結合手の密度は粗）になるので，粗な面よりも最密充塡面の方の表面自由エネルギー密度は小さくなるという直感と一致する．最稠密面は，例えば，単純立方格子では (100) 面，体心立方格子では (110) 面，面心立方格子では (111) 面である．結晶成長の基本原理および単結晶育成法は，前掲書『結晶化学入門』(pp.94-112) に詳しく記述されている．

## 3.3 膜合成

### 3.3.1 液相法

a．ゾル・ゲル法（塗布熱分解法）　液相による成膜は，①組成制御が容易，②常圧で大面積大基板上に高速度で成膜できる，③コスト面での有利，といった特徴がある．ゾル・ゲル法，あるいは塗布熱分解法と呼ばれる．アルコキシドを原料とする機能性薄膜の生成に広く利用されている．一般には，酸化物セラミックスをつくる場合，原料として表3.1のような系統の化合物が選択される．特に，薄膜形成用の原料としてのアルコキシドは，空気中の水分にも鋭敏で，加水分解されやすいが，アセチルアセトン，乳酸などのキレート化剤，高級脂肪酸

などの添加によって安定化させることができる．一般には，金属アルコキシドのアルコール溶液を酸やアルカリを加水分解・重縮合触媒として適切な粘度のゾルとし，これをガラスやファインセラミックス基板上にデッピング，スプレー，スピンコート法などで塗布した後，乾燥，仮焼，本焼成して所望の金属酸化物層として成膜を得る．

**b．電気泳動法**　粒径がサブミクロン以下のセラミックス粒子を水または非水系溶媒中に分散させ，帯電した粒子を電界により電極基材上に引きつけて堆積させる．そのためには，①懸濁液中の粒子の帯電，②外部からの電界による荷電粒子の移動（電気泳動），③泳動粒子の電極基材上への堆積，の基本ステップが必要である．①ではpH，分散媒の種類，電解質イオンなどによって粒子を帯電させる．②では粒子の移動速度に影響する界面動電位（ζ電位）と溶媒の誘電率，粒子サイズ，溶媒の粘性抵抗などが影響する．③では電極上に達した荷電粒子が表面電荷を放電して中性となって，粒子間は弱いファンデルワールス力で凝集して粉体層を形成する．このようにして作製した薄膜あるいは厚膜は，粒子間結合および基板との接着強度とも低いので，焼成処理して高める．電極基板は導電性である必要がある．

### 3.3.2　気相法

気相から析出させる場合（図3.8）は，基板上で不均一核生成・成長させれば，反応系，析出条件によって，薄膜，ウィスカー，結晶粒のような形態が生成する．気相中で均一核生成・成長させれば微粉体になる．これは，高い過飽和状態をつくって多数の核を発生させることになるからである．$K_p$の大きい反応系を用いるのが有利である（表3.2参照）．$K_p$の小さい反応系では，気相中での均

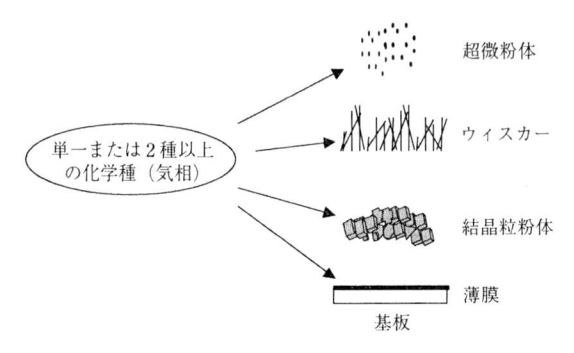

図3.8　気相法による固体物質の生成形態

一核生成はしにくいが,基板上への不均一核生成は生じる.一般には,log $K_p$ がだいたい4以上では気相中での均一核生成による微粉体が,以下では基板上での薄膜や繊維状結晶を生成する.粉体が生成するかどうかに,$K_p$大のみが十分条件とはならないが,高温であるので$K_p$は1つの目安になる.

**a. CVD薄膜** 1種またはそれ以上の化合物を,熱的またはプラズマにより電気的に励起して,気相中または基板上で化学反応させることにより,所定の薄膜や超微粒子を合成する方法である.この方法では,種々の材料や組成の薄膜,超微粒子の合成が可能であり,単体,酸化物,炭化物,窒化物などのほとんどあらゆる材料の合成が可能である.そのため,多種多様な応用に用いられている.

i) 熱CVD: 古くから用いられている方法で,原料の熱分解で生じたガスを基板の上に膜として堆積させる方法である.条件によって,還元反応,酸化反応,置換反応など種々の反応を行うことができ,経済的にも安価なプロセスで工業的に多用されるプロセスである.例えば,還元反応では水素とハロゲン化物を原料に,ゲルマニウムやモリブデンなどが膜合成されている.

現在最も多用されるプロセスは,多結晶シリコン膜の合成である.還元雰囲気中でシラン$SiH_4$を熱分解し,所定の温度にし調整した基板上にシリコン膜を形成する.不純物をドープしn型やp型のシリコン膜を合成するには,シランと同様の水素化物,例えば$PH_3$や$B_2H_6$などを原料ガスに混合して膜合成をする.そのほか,有機金属化合物の熱CVDによって,$SiO_2$や$Al_2O_3$などの絶縁膜が合成される.成膜の速度過程は図3.9に示すように,化学種の吸着,吸着化学種の拡散,格子形成の順で進む.しかしながら,これらのうちどのプロセスが律速過程になるのか,反応に関与する化学種は何か,格子形成の場所は転位線なのか,あるいはまたキンクなのかなど必ずしも明確にはなっていない.

ii) プラズマCVD: プラズマは,正負の等量の電荷が気体中に存在する状

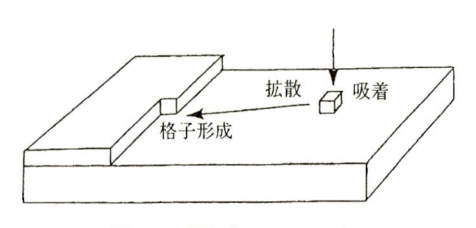

図3.9 成膜プロセスのモデル

態である．減圧した管内に少量のガス，例えばアルゴンガスを入れ，電界を印加する．

陰極から飛び出す電子は電界で加速されアルゴンに衝突し，イオン化する（これを放電という）．電界が低いときやパルス状の高電界が印加された場合には，軽い粒子のみがエネルギーを得て加速される．重いイオンは電界によってあまり加速されず，運動エネルギーをほとんど得ることはない低いエネルギー状態のままである．このような状態では，電子のみが高いエネルギーを有しており，イオンは相対的に低いエネルギー状態にあるので，これを非平衡プラズマ（低温プラズマ）という．電子はきわめて高いエネルギーを有しているので，その衝突によって生成する化学種もイオンやラジカルなどきわめて活性である．これを種々の反応に利用し成膜するプロセスが，プラズマ CVD である．それに対して高電界が連続的に印加される場合には，粒子だけでなくイオンも加速される．両者はほぼ等しいエネルギー状態にある．これを平衡プラズマ（高温プラズマまたは熱プラズマ）という．熱プラズマの温度は 10000〜15000°C にも達する．熱プラズマを利用するプロセスでは，これを単なる超高温の熱源として物理的に利用するだけではなく，低温プラズマ CVD の場合と同様に，プラズマ中の高活性な化学種を反応に活用する．プラズマへのエネルギーの流れは，図 3.10 のようである．

低温プラズマは 0.1〜10 Torr 程度の雰囲気圧で，マイクロ波や高周波で発生する．プラズマ CVD の特筆すべき応用は，太陽電池や液晶ディスプレー用のアモルファスシリコンの膜合成である．この膜合成には，原料ガスとしてシラン $SiH_4$ と水素が用いられる．シリコン中の点欠陥や転位の不対電子を水素が終端し，無欠陥の状態と同じ性状にするからである．シランの代わりに $Si_2H_6$ なども使用される．

```
                    電界
                     ↓
             電子の運動エネルギー
              ↙              ↘
    M + e（弾性衝突）      M + e（非弾性衝突）
         ↓                      ↓
   分子の運動エネルギー      分子の内部エネルギー
              ↘              ↙
            反応生成物  +  反応熱
```

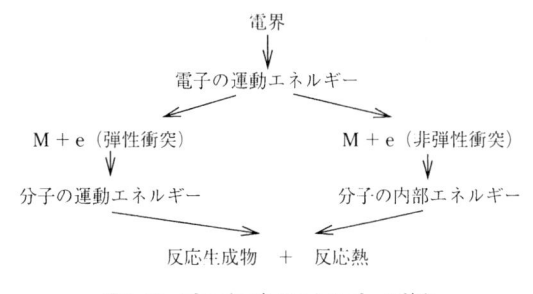

図 3.10 プラズマ中のエネルギーの流れ

プラズマ中のシランは電子の衝突解離で，SiH，SiH$_2$，SiH$_3$ などの種々のラジカル（遊離基，不対電子をもつ電子構造が基底状態にある）になる．これらの化学種のうち SiH$_3$ ラジカルが反応種になることが，分子軌道法の計算や計測のデータなどから有力視されている．また，赤外半導体レーザー吸収法を用いて SiH$_3$ ラジカルの検出も行われている．そのほか，SiC，SiO$_2$，TIN，TiC などのセラミックスの薄膜合成がなされている．

ダイヤモンドの膜合成は，Deryaguin の先駆的な研究に始まり，1981 年，Matsumoto ら[*1] の熱フィラメント法による成功によって研究開発された．CH$_4$ と水素を白熱したタングステンフィラメントを通過させて励起し，700〜1100℃ に設定した基板上に堆積させる方法である．その後，マイクロ波プラズマ，高周波プラズマなどを用いるダイヤモンドの膜合成が開発されてた．現在では，燃焼炎を用いる方法など種々の方法でダイヤモンドの多結晶膜が容易に合成されるようになっている．今後の解決すべき問題の1つは，ダイヤモンド膜の成膜技術の確立と n 型半導体膜の成膜技術の確立である．カーン（Cahn）の理論[*2] は，非平衡物質合成の指針となる．ガスを十分高温で励起し，それを急冷すると，非平衡物質よりも自由エネルギーの高い状態を現出することができる．そこから非平衡物質の自由エネルギーまで下げれば，非平衡物質が合成できることになる（図 3.11 参照）．

熱プラズマの発生形式を分類すると，図 3.12 ようになる．このうち電流密度が高く，10000〜15000℃ の超高温が容易に得られるプラズマジェットは金属の精練・溶断溶接，プラズマ溶射などに応用され，他方，高純度物質の合成に適している高周波熱プラズマ（誘導結合型プラズマ）は，新素材の合成に好んで利用

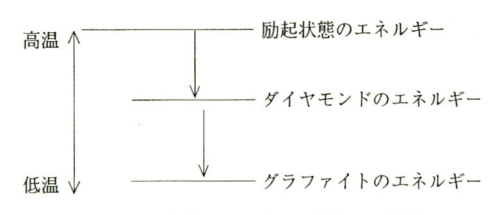

図 3.11　自由エネルギーと温度との関係

---

[*1]　S. Matsumoto, M. Kamo, Y. Sato, N. Setaka : *Jpn. J. Appl. Phys.*, **42**, L 183, 1982.
[*2]　J. W. Cahn : Rapid Solidification Processing, Principles and Technologies, p.24, Claitor Pub. Div., 1980.

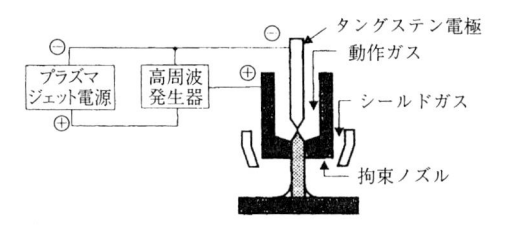

(a) プラズマジェット

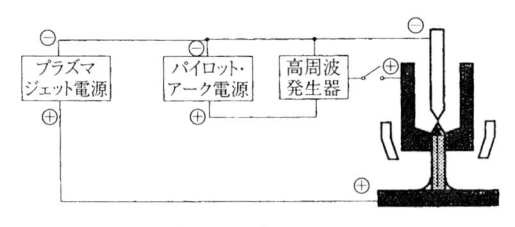

(b) プラズマアーク

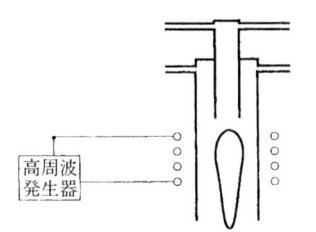

(c) 高周波誘導プラズマ（高周波熱プラズマ）

図3.12 熱プラズマの発生形式

される．プラズマジェットによるプラズマ溶射は，金属やセラミックスのコーティング法として多用される．固体原料をプラズマ中で溶融し素地材料に吹きつけ，堆積する技術である．アルミナ，安定化 $ZrO_2$，$Cr_2O_3$，$TiO_2$，WC，W，TiC，ZrC などの溶射が行われている．最近では，難分解性の毒性の強い廃棄物（例えば PCB）やオゾンホール生成の元凶とされるフロンの熱分解反応に，プラズマジェットが注目されている．

　高周波熱プラズマにより 4000〜10000℃ の超高温を発生させ，種々の材料を創製する試みは 1960 年代に始まった．当初の研究では，熱プラズマの超高温を物理的に利用することが主であったが，近年，物理的化学的の側面から検討が加えられ，その優れた性質が材料の合成プロセスに利用されるようになった．高周波熱プラズマは次のような優れた性質を有している．①無電極のため高純度物質の

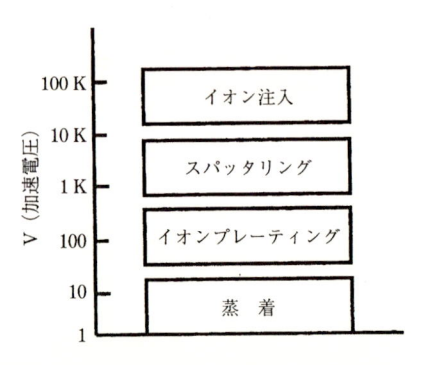

図3.13 PVDと加速電圧との関係

合成に最適である．②酸化，還元腐食性などあらゆる反応ガスの利用が可能である．③プラズマ中の原子，イオン，ラジカルなど高エネルギーの化学種を反応に利用することができる．④プラズマフレームが大きく，熱容量の大きな熱源である．高周波熱プラズマを利用した興味ある例として，光通信用ファイバー母材用の $SiO_2$ ガラスの製造がある．そのほか，透明で密着性の高い SiC 膜や $Si_3N_4$，BN などの高速成膜もなされている．ダイヤモンドや酸化物超伝導体の高速成膜も注目される．

**b．PVD薄膜**　PVD には，原料を物理的に基板に真空蒸着する方法，イオン化してから加速電圧で飛翔させて基板に衝突堆積させる方法がある．イオン注入（ion implantation），スパッタリング（sputtering），イオンプレーティング（ion plating）などは後者の方法である．その加速電圧との関係を図3.13に示した．

ⅰ）蒸着法：　蒸着法は，経済的なプロセスであり工業的に多用される．鉄やコバルトを蒸着した磁気記録媒体は，このプロセスでつくられる．通常の塗布法に比べ記録密度の高い薄膜が得られる．図3.14 のように，誘電体，圧電体などに金属を斜め蒸着することによって，溝ごとに分離された電極が作製できる．

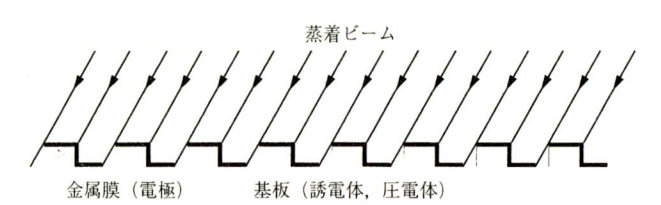

図3.14 斜め蒸着による分離金属薄膜の作製

蒸発源の加熱には，電子ビームやレーザーなどが主に利用される．後者では，高融点物質の蒸発，照射位置の選択，特定の物質の選択的蒸着などを行うことができる．真空チャンバーの外から窓を通してレーザー光を導入できるのも利点である．分子線蒸着法は，molecular beam epitaxy を略称して MBE という．1969 年，ベル研で行われた GaAs 薄膜の合成の研究に始まる．超高真空（$\sim 10^{-4}$ Pa）チャンバー内に蒸発源が設けられる．蒸発分子は，超高真空であるため，蒸発源から基板に到達するまで他の分子と衝突することがない．蒸発源で制御されたままのエネルギーで，基板に衝突して堆積する．チャンバー内には各種の分析装置や測定装置が組み込まれており，それから得られるデータをフィードバックしながら膜合成を制御する．MBE の応用で最も注目されるものは，数原子層程度の薄膜を交互に積み重ねた超格子の成膜である．AlGaAs などの半導体超格子や Fe-V 多層膜，Fe-Mg 多層膜，Mn-Sb 多層膜などの磁性体超格子などが製造される．最近では，チャンバー内に熱分解セルや光照射源を組み込んだ化学線蒸着法（chemical beam epitaxy：CBE）や光併用化学線蒸着法（photo assisted chemical beam epitaxy：PCBE）が行われるようになった．

ⅱ）イオン注入： 10〜数百 kV で加速した高いエネルギーの原子や分子のイオンを，固体物質に打ち込む．これは，半導体に不純物を添加する方法として実用化されている．現在では，金属，セラミックス，高分子などの表面改質法として利用される．この方法の特徴は，①正確な注入量の制御が可能，②注入イオンの選択が可能，③注入深さの制御が可能，④低温プロセスであるなどだが，他方，①注入深さが浅い，②高真空を必要とする，③装置が高価などの欠点がある．

機械的性質の改質を目的として，Al，B，C，Cr，Cu，Mo，N，Ni，Ti，V などの鉄鋼への注入が報告されている．鉄に Mo と S の注入による摩擦係数の低い $MoS_2$ 膜の形成，窒素の注入による表面硬さの向上，炭素の注入による耐疲労性の改善などがなされている．

イオン注入と他の方法を併用して，化合物薄膜を堆積させることも可能である．基板上にホウ素を蒸着しながら，窒素イオンを注入し立方晶 BN を含む膜合成が検討されている．イオン注入は，また局所的な高温高圧条件を現出し，それによる非平衡物質の合成の可能性がある．

ⅲ）スパッタリング： 1〜10 kV 程度に加速したイオン（主としてアルゴン

イオン）を固体（ターゲット）に衝突させ，ターゲット表面の構成原子あるいは分子をたたき出して飛散させ，それを基板上に堆積させる成膜法である．金属，合金，種々の化合物などがターゲット材として利用される．スパッタリング速度の物質依存性が比較的小さいので，ターゲット材料を自由に選択することができる．この方法で，$Al_2O_3$, $SiO_2$, $Y_2O_3$, $In_2O_3$, $TiO_2$, TiN, $Si_3N_4$, CrN, AlN, ZrN, TaC, SiC, TiC, ZrC などの薄膜層を形成させることができる．Si, Al, $SiO_2$ 膜など IC プロセスの成膜技術としても利用される．また，Co-Cr, Fe-Ni, Fe-Si-Al, Co-Fe-Si-B, Co-Zr, Fe-Tb, g-$Fe_2O_3$ などの系は垂直磁気記録体やフロッピーディスクのメモリ材料などの膜合成にも利用される．最近では，$Al_2O_3$, SiC, $Sl_3N_4$, TIC, TiN などのセラミックス膜，$BaTiO_3$, PLZT セラミックス誘電体，圧電体，酸化物超電導体，ディスクの保護膜用のダイヤモンド状炭素（diamond-like carbon），立方晶 BN の膜合成などにも試みられている．成膜条件は，アルゴン圧力：1～10 Pa, スパッタ電圧：1～7 kV, 成膜速度：数十 nm s$^{-1}$ が一般的である．

　iv) イオンプレーティング： 通常，1～0.1 Pa の真空度の放電プラズマ中で部分的にイオン化させ，蒸発源に対して負にバイアス（数 kV 以下）した基板上にイオンを衝突堆積させる方法である．図 3.15 に装置の一例を示す．この方法の特徴は，①成膜材料の選択の幅が大きい，②高純度膜の生成ができる，③膜の密着性が良好である，などである．現在，窒化物や炭化物の成膜法として多用されている．例えば，耐食性や耐磨耗性の改善を目的に各種金型上への成膜，眼鏡フレームや包丁などへの成膜法は実用化されている．また，透明電極や弾性表

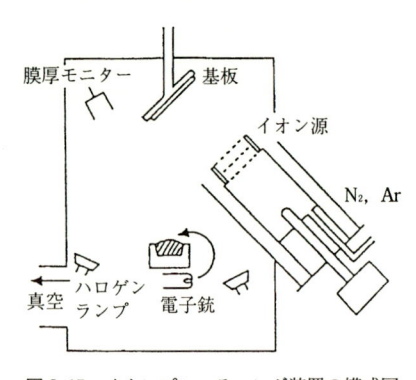

図 3.15　イオンプレーティング装置の模式図

面波フィルター用のZnO膜などへの応用もなされている．合金鋼母材の粒界にAlを成膜すると，耐水素脆性が著しく改善されるほか，疲労強度もせん断強度も増加する．

## 3.4 繊　　維

アスベスト，ガラス繊維，アルミナ繊維，シリカガラス繊維，炭素繊維などの繊維は複合強化のための素材として利用することが多い．単独では，ガラス繊維の断熱材，アルミナやシリカ繊維性の耐熱断熱材が使用される．繊維強化プラスチック（fiber reinforced plastics：FRP）はマトリックスにプラスチックを用いたガラス繊維強化複合体である．繊維強化金属（fiber reinforced metals：FRM）は，金属マトリックスを用いている．複合化によってそれぞれ単独とは異なった強度特性を得ることができる．複合体の引張強さ（$\sigma_c$），ヤング率（縦弾性率，$E_c$）は，複合しているマトリックスと繊維各素材自体の引張強さ（$\sigma_m$, $\sigma_f$），ヤング率（$E_m, E_f$）および繊維の体積割合（$V_f$）に関して，繊維軸方向の複合材料に対する一方向繊維強化の複合則として知られる以下のような加成性がある．

$$\sigma_c = \sigma_f V_f + \sigma_m (1 - V_f)$$
$$E_c = E_f V_f + E_m (1 - V_f)$$

したがって，繊維による補強効果のためには，$\sigma_f > \sigma_m$で組み合わせる．表3.4に各種繊維の特性値を示す．

表3.4　各種繊維，ウィスカーの特性

|  | 比重 | 太さ（$\mu$m） | 引張強さ（GPa） | 弾性率（GPa） |
|---|---|---|---|---|
| 繊維 | | | | |
| 　ガラス | 2.55 | 13 | 2.0 | 77 |
| 　アルミナ | 3.20 | 9 | 1.8 | 210 |
| 　SiC | 2.50 | 10 | 2.5 | 180 |
| 　B | 2.60 | 100 | 3.5 | 400 |
| 　炭素（タイプⅠ） | 1.95 | 8 | 2.2 | 390 |
| 　炭素（タイプⅡ） | 1.75 | 8 | 2.7 | 250 |
| 　アラミド繊維 | 1.45 | 12 | 3.0 | 125 |
| ウィスカー | | | | |
| 　鉄 | 7.9 | — | 13.3 | 210 |
| 　アルミナ | 3.9 | — | 21.0 | 430 |
| 　SiC | 3.2 | — | 21.0 | 490 |
| 　黒鉛 | 1.7 | — | 19.0 | 710 |

ガラス繊維は,「原料調合→溶融→繊維化→加工」の工程でつくられる。短繊維は,高圧の水蒸気で吹き飛ばしたり,高速回転のノズルから遠心力で吹き飛ばしてつくる。ガラスウールは短繊維の集合体である。長繊維の場合は,ポット内の融解ガラスをポットの底の多数のノズルから紡糸してハブに巻き取っていく。炭素繊維は,ポリアクリロニトリル(PAN)系やセルロース系繊維を加熱炭化する。長繊維は,バインダーで糸に撚って布や紐に加工される。SiC 繊維は

$$(CH_3)_2SiCl_2 \xrightarrow{\text{有機溶媒, Na}} [Si(CH_3)_2-Si(CH_3)_2]_n \xrightarrow{400°C,\ 1\sim3\ atm} [SiH(CH_3)-CH_2]_n$$

ジメチルジクロロシラン　　　　　　　ジメチルポリシラン　　　　　　　　　ポリカルボシラン

によって合成したポリカルボシランを融解して紡糸,熱処理して骨格の-Si-C-だけにして 5～10 nm 程度の $\beta$-SiC 繊維とする。アルミナ繊維は,塩化アルミニウムとポリビニルアルコール(PVA)とを混合して得られる粘稠液を湿式紡糸した後,酸素雰囲気で焼成してつくられる。セラミックファイバーの場合,融解物のブローイングや高速回転のローターを用いるスピニングによって繊維化する。ロックウールは,高炉スラグを原料とした融解物を回転ノズルから遠心力で吹き飛ばして繊維化する。

## 3.5 ウィスカー

ウィスカーは英語で「猫のひげ」を意味し,ひげ結晶とも呼ばれている。ウィスカーと繊維との区別はアスペクト比(長さ/径の比)が 10 以上 100～200 以下のものがウィスカー,それ以上が繊維と呼ばれている。したがって,その境界付近の針状のものは両方で呼ばれていることが多い。ウィスカーは,結晶成分が液相や気相の中で過飽和状態(過剰に溶け込んだ状態)から平衡状態になろうとして析出・成長した単結晶である。一般にウィスカーは,過飽和度の高い環境から成長することが多い。表 3.5 に主要な合成法を分類して示した。ウィスカーの強度はその直径に大きく依存する。

図 3.16 はアルミナ($Al_2O_3$)ウィスカーの例である。その強度は,直径が 50 $\mu$m 以下になると急激に増大し,数 $\mu$m 径になると通常の多結晶体繊維の 20 倍から 100 倍にも達する。これは,ウィスカーが単結晶であり,径が小さくなるほど結晶の中の格子欠陥や格子不整合などが少なくなり,完全結晶に近づくためである。本当に完全結晶であるならば,その強度は基本的に化学結合の強さだけに

表3.5 ウィスカーの主要合成法

| 大分類 | 小分類 | ウィスカーの例 |
|---|---|---|
| 固相法 | 固相反応法 | Fe, Sn などの金属 |
|  | めっき金属板法 | Sn, Bi などの金属 |
|  | 合金加熱法 | Sn などの金属 |
| 液相法 | 溶液反応法 | アラゴナイト |
|  | 電解析出法 | Ag, Cu などの金属 |
|  | 水熱法 | セッコウ, ムライト, トバモライト |
|  | フラックス法 | チタン酸カリウム |
| 気相法 | 還元法 | $Si_3N_4$, BN, TiN |
|  | 熱分解法 | グラファイト, SiC, BN |
|  | 凝縮法(昇華法) | AlN, ZnO |
|  | 気相反応法 | $Si_3N_4$, $Al_2O_3$ |
| 固・液・気相法 | VLS 法* | Si, SiC |

\* 気相 (V)-液相 (L)-固相 (S) が同時に関与する成長機構の略記. 例えば, シリコン基板上に金粒子が存在すると, 合金融液 (Au-Si) の液滴が生成され, 液滴の径に近い太さのウィスカーが成長する.

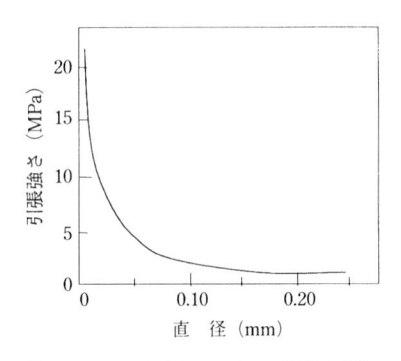

図 3.16 アルミナウィスカーの強度と直径の関係

依存するということになるが,現実には不純物なども含まれるため,簡単には完全結晶のウィスカーは得られない.

ウィスカーは,単独で利用されることは少なく,高強度性を活用するために各種の複合材料の補強素材として利用することが多い.セラミックウィスカーは,樹脂をはじめ,セラミックスや金属などとの複合に広く利用されている.ウィスカーは,複合材料の発展とともに,材料の高強度化,多機能化などの素材として,将来ますます重要になっている.特に材料の複合化では,通常の繊維にはないウィスカー独自のよさが認められている.一方,アスベストの代替材料として

の期待も大きいが,空中に飛散して肺に吸引された場合には,鉱物化学組成にかかわらず難水溶性の繊維であること自体に有害要因があるとの説もあり,取扱いには注意が必要である.

## 3.6 成 形

### 3.6.1 成形の基礎

原料粉末の成形は,セラミックスプロセスの中でも最も重要なものの1つである.セラミックスの製造を成形と焼結を別個のプロセスで行う二段方式でも,ホットプレス法のように粉体の成形と焼結を1つの操作で行ってしまう一段方式でも,粉末あるいはそのスラリー(細かい粉末が液体中に分散している濃厚な懸濁液)の流動特性(レオロジー特性)が成形体,ひいては焼結体の物性に大きく影響する.

流動の基本パターンにはニュートン流と非ニュートン流があり,後者にはダイラタント流,ビンガム塑性流,チキソトロピー(揺変性),レオペキシーといった種類がある.詳しくは4.3節で解説される.流動挙動は,粉体の粒子形態,粒子サイズおよび粒度分布によって変化するので,目的とする焼結体の構造あるいは物性に合わせて,このようなレオロジー的性質を最適に調整しておかねばならない.

そのために成形助剤としての解膠剤や結合剤が使われる.解膠剤には,炭酸ソーダ,ケイ酸ソーダなどの無機剤やポリアクリル酸塩のような高分子系の有機剤が数多くある.粉末を顆粒化するための結合剤には,以下のようなものがある.

①わずかに軟質の顆粒をつくる:ポリビニルアルコール(PVA),メチルセルロース(MC)

②比較的硬い顆粒をつくる:デキストラン,澱粉,リグリン,アクリル酸塩

③柔らかい顆粒をつくる:ろう,ワックスエマルジョン,ゴム類

④その他:ステアリン酸塩,パラフィン油,滑石粉末,ポリビニルブチラール(PVB),ポリエチレングリコール(PEG),カルボキシメチルセルロース(CMC),エチルセルロース(EC),ヒドロキシプロピルセルロース(HPC)

これら成形助剤によって,スラリーのpH,表面張力,消泡性,分散性あるいは流動性,粒子間結合性,可塑性,離型性,成形体強さなどの性質がコントロールされる.陶磁器製造プロセスにおいては,基本原料の粘土自体も可塑性,離型

性，成形体強さ向上といった役割をもっている．一方，ファインセラミックスでは，有機質の成形助剤の添加が必須である．添加量は，一般には0.5～5%程度である．焼結プロセスで成形助剤が炭化すると焼結体が黒化したり，焼結体の性質が変化したりするので，焼結前の仮焼で完全に脱炭しなければならない．この脱炭過程でしばしば成形体の変形や破損が生じるので，多量の成形助剤の使用はプロセス管理上にも問題である．

### 3.6.2 成形法

粒度調製した粉末を目的とする形状に成形する方法を，原料状態と使用圧力で分類して，表3.6に示す．

ⅰ）泥しょう鋳込成形法（流込成形法）： 多孔質のセッコウ型に原料泥しょう（スリップ）を流し込み，セッコウ型によって脱水，脱型，乾燥させる方法である．スリップは鋳込成形ができる状態のスラリーのことである．粒度調整と適当な添加剤を選択できれば，この方法が適用できる．スリップの調製には，成形助剤と焼結助剤が同時に加えられる．スリップの性質には，pHの調節も重要である．アルミナの場合，pH4.5の粘度は65 mPa s$^{-1}$であるが，pH6.5では3000 mPa s$^{-1}$に大きく変化する．複雑形状の製品，大型製品，試作品などに適した方法である．排出鋳込み（排泥鋳込み）（図3.17），固形鋳込み（図3.18），

表3.6 成形方法

| 成形方式 | 原料状態 | 使用圧力 | 適用製品 |
| --- | --- | --- | --- |
| ⅰ）泥しょう鋳込み | 泥しょう | ゼロ～低圧 | 複雑形状品，大型品 |
| ⅱ）押出し | 可塑性はい土 | 中圧 | 円柱，円筒状の長い製品の量産 |
| ⅲ）射出(塑性) | 可塑性はい土 | 中圧 | 複雑形状品の量産 |
| ⅳ）湿式加圧 | 顆粒 | 高圧 | 肉厚小型磁器碍子 |
| ⅴ）乾式加圧 | 顆粒 | 高圧 | 耐火物，壁タイル，均質製品，単純形状量産可 |
| ⅵ）テープ | 泥しょう | ゼロ | 薄板状品の量産 |

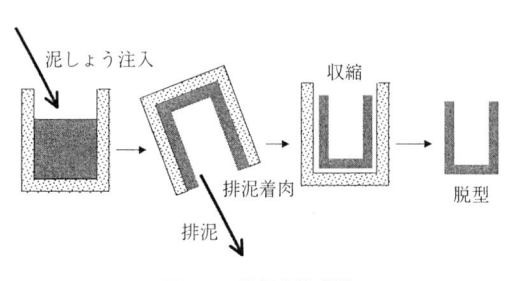

図3.17 排泥鋳込成形

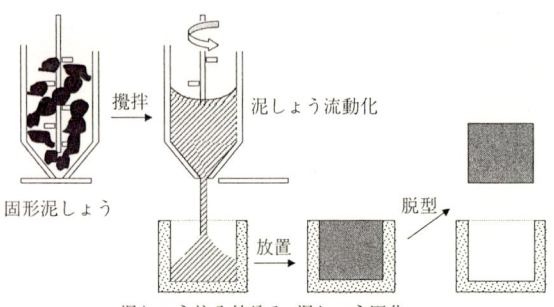

**図 3.18　固形鋳込成形**

真空鋳込み，遠心鋳込み，圧力鋳込みがある．排出鋳込みでは，セッコウ型にスリップを注入・充塡した後，型を逆さにして泥しょうを流し出す．固形鋳込みでは，チキソトロピー性（攪拌や振動によって固体であるゲルが流動性のゾルに変わる性質，静置するとゲルに戻る）をもたせた固形泥しょう（はい土）を攪拌することで流動化させ，鋳型に流し込み，放置して固化させ，脱型する．鋳込成形体は，自身の脱水収縮によって，型から離れる．離型性をよくするために型内面にシリコーンやオリーブ油，滑石などを離型剤として塗布することも行われる．成形体は焼成過程にもっていくまでの取扱いに耐える強度をもつ必要がある．真空鋳込みでは，型の外面を真空引きするもので，鋳込速度や着肉成形体の均質性が改善される．遠心鋳込みでは，型を回転させることによって，複雑形状の型に泥しょうを精密に充塡させる方法である．圧力鋳込みでは鋳込速度が増大する．

ⅱ）**押出成形法**：　可塑性のよい粘土系の陶磁器練土や有機質助剤を添加したファインセラミックス系練土を，真空脱気室を通してから，適当な口型から圧

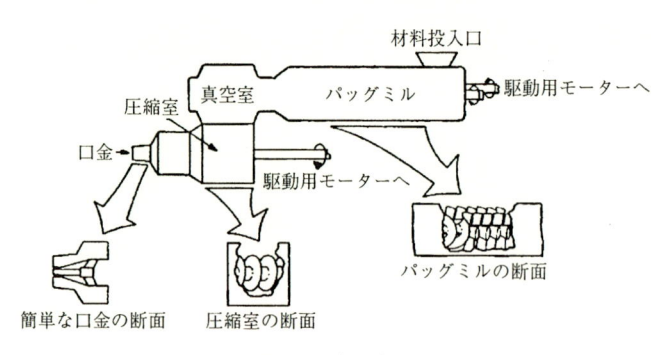

**図 3.19　押出成形**

力をかけて押し出す（図 3.19）．棒状とかパイプ状の炉心管，保護管，絶縁管のような長い製品の製造，自動車排ガス制御の蜂の巣状（ハニカム状）コーディエライト触媒担体である焼結体などの製造に利用されている．

　iii）射出成形法：　セラミックス粉体を熱可塑性樹脂（ポリスチレン，ポリエチレン，ポリ塩化ビニル，ポリビニルアルコール，フタル酸ジブチルなど），あるいは熱硬化性樹脂（フェノール樹脂，尿素樹脂，メラミン樹脂，ポリエステル，ポリビニルブチラートなど）およびアセトンやアルコールといった溶剤，適当な可塑剤や助剤と混合し，加熱したシリンダー内で加熱流動化させ，プランジャー（金型の一部で押棒のこと）またはスクリューによって金型中に射出・押し込んで成形体とする．他の成形法に比較して多量の有機結合剤を使用するので，焼成の前に熱処理して樹脂を除去する（脱樹脂工程）．後加工なしで複雑形状が容易に得られるので，精密形状と寸法が要求されるアルミナ点火栓碍子や窒化ケイ素，炭化ケイ素，ジルコニア（酸化ジルコニウム：$ZrO_2$）といった非酸化物セラミックス部品の製造にも利用されている．

　iv）湿式加圧法：　水分 10〜15％ を含む顆粒を用いるもので，粘土系素地に用いられる．素地は，加圧中に塑性的に変形して，型の隅々まで充填される．脱型した成形体の周囲にはバリ（縁などにはみ出した余分な部分）ができ，取扱いに注意しないと変形する．そのため，自動化には向かない．

　v）乾式加圧法：　水分 0〜10％ の顆粒をプレス機で高圧成形する．金型内で粉末を一軸方向に圧縮成形する一軸加圧（図 3.20）とホットプレス（HP），全方向から等方圧をかけるコールドアイソスタティックプレス（冷間等方圧プレス：CIP）および焼結（3.7節参照）まで行ってしまうホットアイソスタティッ

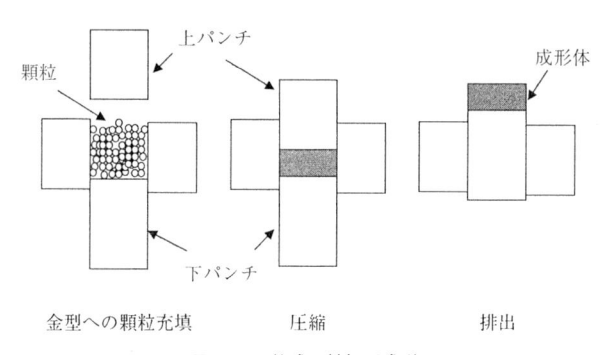

図 3.20　乾式一軸加圧成形

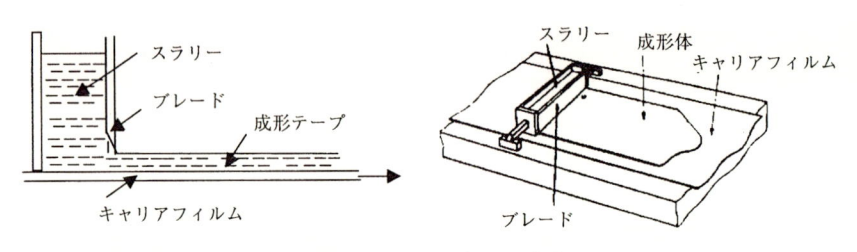

**図 3.21** ドクターブレード成形

クプレス(熱間静水圧:HIP)がある．CIPはラバープレスとも呼ばれる．圧力媒体にはアルゴンガスなどの気体，水などの液体が使われる．一軸加圧では小型品，特に絶縁体，磁性体，コンデンサー，電気用基板など電気・電子セラミックス部品，壁タイルなどの多量生産型の成形に広く利用されている．透光性セラミックスや高強度ファインセラミックスの製造には，HPやHIPが利用される．

　vi) テープ成形法： 泥しょう鋳込成形，あるいは塑性成形に類似した方法である．ロール法やドクターブレード法(図3.21)がある．それぞれ泥しょうを，2つのローラーの間隙あるいはドクターブレードと呼ばれる刃先で肉厚を調整して，移動しているテープ上に展開・乾燥させて膜状とし，焼結する前に必要とする寸法に切断または打ち抜く．IC基板，ICパッケージ多層基板，積層コンデンサーなどの厚膜および薄膜の板状製品などの製造に利用されている．

## 3.7 焼　　結

　焼結(sintering)とは，粉体を融点以下，あるいは粉体間に一部液相を生じる温度に加熱すると，粉体間が結合して焼き締まっていく現象である．前者は固相焼結であり，後者を液相焼結という．焼結は，粒子間の接触点で結合が起こりネックが形成される初期段階(ネック部分の半径が粒径の0〜0.3まで成長する段階)，ネックの成長とともに粒子間の連続した気孔が細くなっていく中期段階，連続気孔が切断されて孤立する終期段階(気孔率で約95%以上)へと進行する．焼結の駆動力は表面・粒界自由エネルギーの減少である．粉末成形体に外応力をかければ，これも駆動力となる．ネック成長に関わる，物質移動が生じる機構は4.5節に解説されるので，ここでは省略する．焼結法を分類すると図3.22のようになる．

　無加圧焼結では，通常，理論密度の70〜95%まで緻密化できるが，それ以上

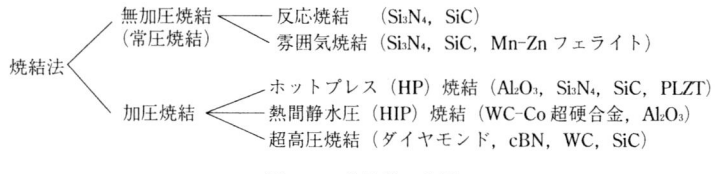

```
                    ┌─ 無加圧焼結 ──┬─ 反応焼結　　（Si₃N₄, SiC）
                    │  （常圧焼結） └─ 雰囲気焼結（Si₃N₄, SiC, Mn-Zn フェライト）
        焼結法 ─────┤
                    │              ┌─ ホットプレス（HP）焼結（Al₂O₃, Si₃N₄, SiC, PLZT）
                    └─ 加圧焼結 ───┼─ 熱間静水圧（HIP）焼結（WC-Co 超硬合金, Al₂O₃）
                                   └─ 超高圧焼結（ダイヤモンド, cBN, WC, SiC）
```

**図 3.22** 焼結法の分類

の孤立気孔の消滅させる焼結終期の緻密化はたいへん難しい．95％以上に緻密化するためには，粉末および粉末成形体の調製，焼結助剤の選択，焼結雰囲気の制御が重要である．透光性 $Al_2O_3$ 焼結体の場合には，高純度のアルミナ微粉末に 0.25 質量％程度のマグネシアを添加して湿式混合・乾燥・バインダー添加・成形し，予備焼成した後，水素雰囲気，1800〜1900℃で本焼結する．加圧焼結では，無加圧焼結に比べて，塑性流動や物質拡散が促進され緻密化が容易になり，緻密化温度の低温化，焼結時間の短縮，均質微構造といった利点がある．

HP 焼結では，$Al_2O_3$，SiC，WC，黒鉛などのセラミック製の型とパンチ（押棒）が使われる．HIP 焼結では，金属製（Fe, Co, Ni, Pt）やガラス製カプセルに真空封入した粉末成形体を不活性ガス（窒素，アルゴン，ヘリウム）を圧力媒体として焼結させる（カプセル法）．あらかじめ95％以上に予備焼結させておけば，直接 HIP が行える（カプセルフリー法）．HIP の圧力媒体としては，固体潤滑性をもつ六方晶窒化ホウ素（hBN）や，高温加圧下で塑性流動する固体や融解する物質（NaClなど）も使える．

## 3.8　焼結体の加工

セラミックスの特徴は，金属材料に比べて，一般に硬くて変形しにくく，脆い．このような性質は，セラミックスの化学結合のイオン性と共有性による．金属のように方向性のないものと違って，一般に結合に方向性があり，原子間距離が大きいので変形しにくく，金属材料のように塑性変形を利用した加工はできない．従来は簡単な形状のものが多かったため，多くは成形加工で所望の形状にした後，焼成すればよかった．しかし最近のように金属部品と組み合わせたりして機械部品として使うときには，金属部品と同程度の厳しい加工精度が要求される．このような場合には，本焼成してから表面仕上げや寸法・形状などの精密加工が必要になる．そのようなセラミックス加工法を物質の増減から大別すると，

以下のように分けられる．

①除去加工：表面研磨，切断，切削，研削など材料の破壊を主体として実質部の除去・分離する．

②変形加工：加熱切削，超塑性加工など材料の変形を主体として成形する．

③接合・付着加工：蒸着，イオンプレーティング，スパッタ，めっき，圧着，接着焼結接合，拡散接合など材料の結合を主体として接合・付着させる（例えば，圧着法ではインジウム（In）のような軟らかい金属を接合面に挿入して圧着，拡散接合法では界面部に拡散層あるいは反応層といった中間層を形成させる）．

①の除去加工法を供給エネルギーの与え方から分類すると，力学的，化学的，光化学的，電気化学的，電気的，光学的になるが，最も広く用いられているのは力学的加工法である．

砥石による研削，ラッピングおよびポリシングが多く使われている．砥粒には，ダイヤモンド，アルミナ，炭化ケイ素，ボロンカーバイド（$B_4C$），ジルコニア，チタニア（酸化チタン，$TiO_2$），シリカなどが使われる．ラッピングでは鋳鉄やガラスなどからなるラップと呼ばれる工具（鋳鉄，軟鋼，鉛，スズ，はんだ，ガラス，木材など）に加工液（ラップ液）に分散した砥粒を散布して，加工物に定荷重をかけ回転研磨する．ポリシングでは，軟質の弾性あるいは粘弾性に富むラップ（この場合はポリシャと呼ぶ，皮革，クロス，ガラス，銅，スズ，はんだ，竹，プラスチック，木材，鋳鉄など）と，さらに小さい微粉砥粒を用いて適当に低い荷重をかけて平滑面に仕上げる．

# 4
## セラミックスプロセスの理論

## 4.1 結晶相の制御

### 4.1.1 変位型転移と再編成型転移

酸化ケイ素 $SiO_2$ は常温では，低温型石英の結晶構造が最も安定である．昇温すると 573°C で，高温型石英に変化する．また，グラファイトに超高圧を加えるとダイヤモンドに変化する（その変化は非常にゆっくりである）．このような，温度や圧力の変化によって，相の結晶構造が変わることを転移（transformation）と呼ぶ．

酸化ケイ素を 870°C 以上に昇温すると，酸化ケイ素の石英とは別の結晶の形であるトリジマイトという結晶が安定になる．石英とトリジマイトでは，結晶構造がかなり異なっている．石英からトリジマイトに転移するには，酸素-ケイ素間の結合がいったん切れて新たな構造になるよう再結合しなければならない．そのため，その転移は非常にゆっくりとしたものになる．このような転移を，再編成型転移（reconstructive transformation）と呼ぶ．一方，低温型石英から高温型石英に転移する場合には，Si-O の結合が切れる必要はなく，その結合角がわずかに変化するだけである．この変化は容易に起こるため，転移は瞬時にして起こる．このような転移を，変位型転移（replacement transformation）と呼ぶ．

一般的に，低温相のエンタルピーは高温相のそれより低い．系の自由エネルギーは

$$G = H - TS \qquad (4.1)$$

で与えられる．ここで，$G$ は自由エネルギー，$H$ はエンタルピー，$T$ は温度，$S$ はエントロピーである．温度が低いとき，エントロピー項は無視できるため，エンタルピーの低い相の方が自由エネルギーが低く安定である．高温相のエント

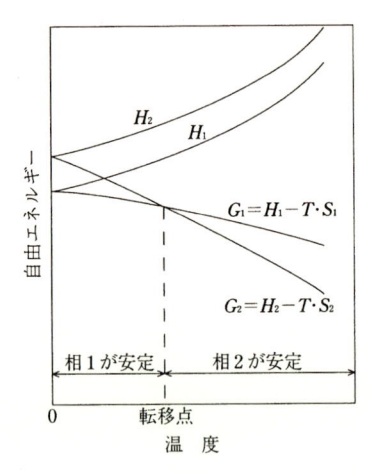

**図4.1** 相1と相2の自由エネルギーの関係

ロピーは低温相のそれより大きい．そのため，温度が高くなると$-TS$による自由エネルギーの減少がエントロピーの差を凌駕し，高温相の自由エネルギーが低温相のそれより低くなり，高温相への転移が生じる（図4.1）．

　チタン酸鉛は，常温で正方晶系をとる結晶である．正方晶の状態においては，陽イオンと陰イオンの重心にずれが生じ自発分極もつ．この自発分極は，外部電場で反転させる（向きを変える）ことができるため，チタン酸鉛は強誘電体である．対称性のより高い立方晶では，構成イオン間の静電エネルギーはより高い状態となる．したがって，低温ではエンタルピーが小さい正方晶となる．立方晶は対称性が高いため，エントロピーも正方晶より大きい．そのため，温度が上昇すると，$-TS$の項のために自由エネルギーの大小関係が逆転し，立方晶に転移する．立方晶では，自発分極をもたないため，常誘電相である．強誘電相-常誘電相転移点はキュリー温度と呼ばれる．強誘電体は一般にキュリー温度で，誘電率のピークを示す．

　図4.2は炭素の状態図である．グラファイトからダイヤモンドへの転移は再編成型転移である．そのため，状態図でダイヤモンドが安定な領域まで，グラファイトの圧力を上昇させても容易にはダイヤモンドに転移しない．図中曲線a-bはグラファイトの融点である．この曲線を延長したb-cは，準安定グラファイトの融点である．グラファイトをダイヤモンドに直接転移させるには，この付近の高圧高温が必要である．このような高温高圧は容易に実現できないので，実用

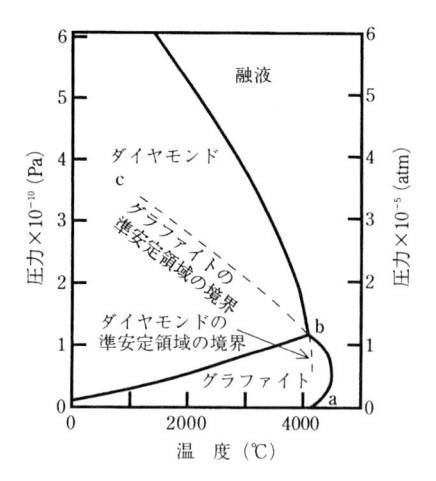

**図 4.2** 炭素の状態図

的には触媒を用いる．例えば Ni を用いると，高温高圧で溶融している Ni にグラファイトの炭素が溶解し，ダイヤモンドとして析出させることができる．ところで，微細なダイヤモンドは，低圧で有機物の分解により製造することもできる．状態図からは考えられないことであるが，次のように考えると納得できる．有機物を分解した直後の炭素は，非常にエネルギー状態の高い状態である．低圧では，グラファイトの状態が最もエネルギーの低い状態である．有機物の分解直後の炭素は，エネルギーの低いグラファイトになろうとする．ダイヤモンドのエネルギー状態はそれより高いが，分解直後の炭素よりずっと安定である．そのため，一部はダイヤモンドに転移することができる（3.3.2項参照）．グラファイトへの転移も同時に起こるので，ダイヤモンドだけをいかに集めるかが重要な技術となる．

　酸化ケイ素の蒸気圧は低いため，酸化ケイ素の気相を含む状態図をつくるのは難しい．しかし，常圧での挙動から酸化ケイ素の状態図を推測することができる．図 4.3 に酸化ケイ素の状態図の概略を示す（縦軸はリニアスケールではない）．各固相と気相との境界線は，それぞれの蒸気圧に相当する．破線はその延長線であり，準安定相の蒸気圧である．1 気圧において室温より $\alpha$ 石英の温度を上げると，573℃ で $\beta$ 石英へと転移する．この転移は，変位型転移であるので容易である．さらに昇温すると，870℃ から $\beta$-トリジマイトへの転移が始まる．この転移は再編成型転移であるので，非常にゆっくり進む．不純物の存在なしに

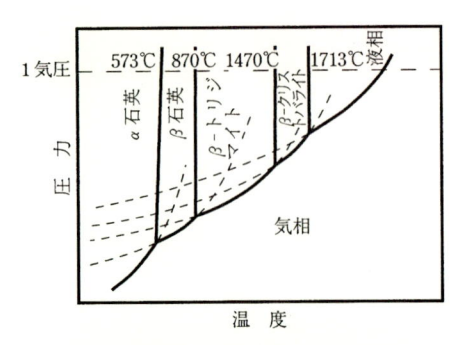

図4.3 酸化ケイ素の状態図（模式図）

は，ほとんど転移しないといわれている．さらに1470℃の転移も再編成型転移である．

酸化ケイ素の変位型転移と再編成型転移の性質をうまく利用すると，次のようなことが可能である．$\alpha$石英-$\beta$石英間の転移は，変位型転移であるので非常に速い．また体積変化を伴うので，この転移点を横切るような温度変化にさらされると破壊しやすい．ここで，いったんトリジマイト相に転移させておくとトリジマイト相から石英への転移は遅く，石英の$\alpha$-$\beta$転移を避けることができる．

### 4.1.2 固 溶 体

図4.4に，固相においても液相においても，互いに完全に溶け合う系の典型的な状態図を示す．「固相において溶け合う」とは，固溶体（solid solution）を形

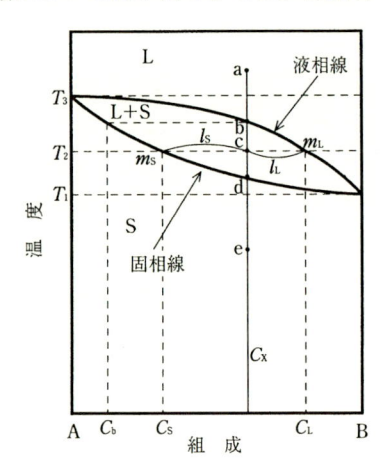

図4.4 液相でも固相でも完全に溶け合う系の状態図の例

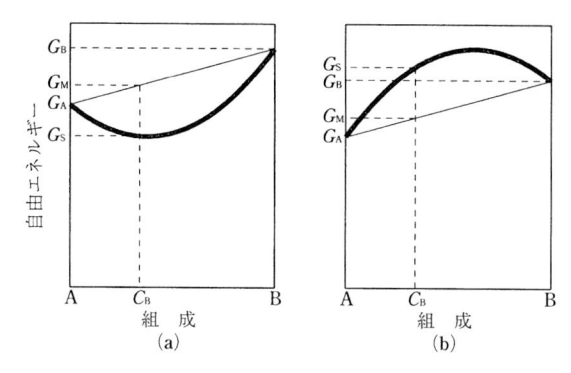

**図 4.5** A,B が完全に溶け合う系 (a) と全く溶け合わない系 (b) の自由エネルギーと組成との関係

成するということである．どの割合でも固溶体を形成するものを，全率固溶体と呼ぶ．L で示した領域は単一の液相，S で示した領域は単一の固相，L+S で示した領域は液相と固相が共存する領域である．L の領域と L+S の領域の境界線を液相線(liquidus)，L+S の領域と S の領域の境界線を固相線(solidus)と呼ぶ．

成分 A，B が完全に固溶するとき，自由エネルギーと組成との関係は図 4.5(a) の太線で示すような下に凸の曲線となる．$C_B$ の組成の固溶体の自由エネルギーは $G_S$ となるが，A と B の共存状態で全体の組成が $C_B$ の場合には，A，B の自由エネルギーの重み付き平均

$$G_M = (1-C_B) \cdot G_A + C_B \cdot G_B \tag{4.2}$$

となる．図から $G_S < G_M$ であることがわかる．したがって，共存状態より単一の固溶体を形成した方が，自由エネルギーが低く安定である．逆に自由エネルギー曲線が図 4.5(b) に示すような上に凸の形になった場合には，単一の固溶体の自由エネルギー $G_S$ より，A，B 共存状態の自由エネルギー $G_M$ の方が低くなり，固溶体は形成されない．

図 4.4 の $T_1, T_2, T_3$ における自由エネルギーと組成との関係を図 4.6 に示す．液相状態でも固相状態でも下に凸なのは，上述の理由による．低温においては，全組成域にわたって固相の自由エネルギーが低く，どの組成でも単一相の固溶体である．一般に固相より液相のエントロピーが大きいので，温度が上昇するに従って固相に対して液相の自由エネルギーが相対的に低下する（式(4.1)参照）．全組成域で，固相の自由エネルギーが液相の自由エネルギーより低い限界の温度が $T_1$ である（図 4.6(a)）．それより高温では，固相の自由エネルギー曲線と液相

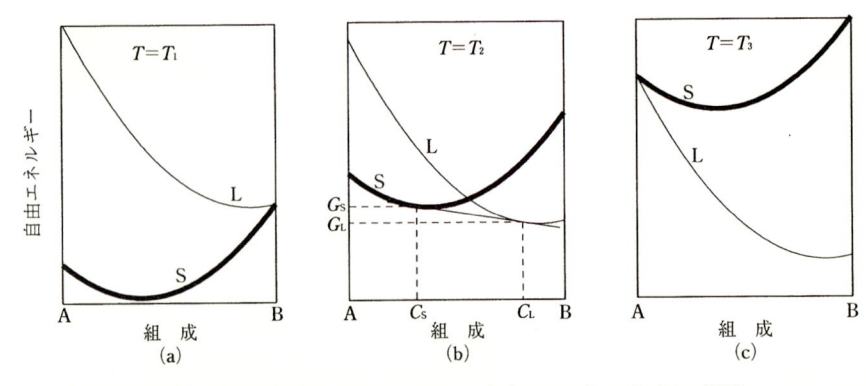

**図4.6** 図4.4の温度 $T_1, T_2, T_3$ における自由エネルギーと組成との関係

の自由エネルギー曲線が交差する．そのような温度 $T_2$ について考えてみる（同図(b)）．$C_S$，$C_L$ は，共通接線の接点の組成である．$C_S$ より左側では，固相の自由エネルギーが低いため単一の固相となる．また，$C_L$ より右側では，液相の自由エネルギーが低いため単一の液相となる．$C_S$ と $C_L$ の間では，$C_S$ と $C_L$ の共存となった場合，自由エネルギーは $G_S$，$G_L$ の重み付き平均となり，単一の液相または固相となった場合の自由エネルギーより低くなるため，液相と固相の共存状態が最も安定な状態となる．このような状況は，温度が $T_3$ までの間で起こる．温度が $T_3$（図4.6(c)）以上になると，全組成域で液相の自由エネルギーが固相の自由エネルギーより低くなり，単一の液相となる．各温度について考えた結果を総合すると，図4.4の状態図が理解される．

　ここで，図4.4の点aから冷却する場合を考える．まず，冷却速度が十分にゆっくりで，固相内の拡散も十分に行われる場合について考える．aにおいては単一の融液である．b以下に冷却されると，固溶体が析出し始める．b-d間では，液相と固相が共存する．液相の組成は，その温度で，水平に引いた線と，液相線とが交差する組成，固相の組成は，水平に引いた線と固相線とが交差する組成となる．例えば点cでは，$C_L$ の組成の液相と，$C_S$ の組成の固相の共存となる．液相の存在量を $m_L$，固相の存在量を $m_S$，全組成 $C_X$ から $C_L$ までの距離を $l_L$，$C_X$ から $C_S$ までの距離を $l_S$ とすると，

$$m_S \cdot l_S = m_L \cdot l_L \tag{4.3}$$

の関係がある．これは，力学のてこの原理と同じ形の式であるので，てこの規則（lever rule）と呼ぶ．d以下では，単一の固相となる．

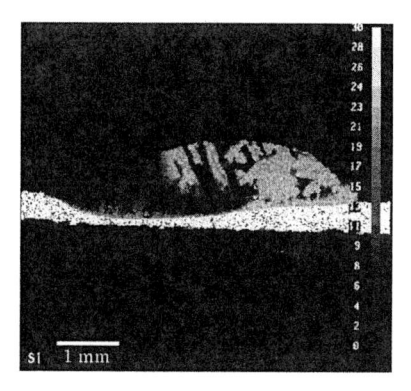

**図 4.7** ケイ素板上においたゲルマニウムを融解後，冷却したものの断面のケイ素の分布（EPMA 像）

　一般に，固相内の拡散は遅いため，現実には上のようにはなりにくく，次のようになることがほとんどである．点 b において，最初に $C_b$ の固相が析出し始める．それにより，液相の B の濃度は増加する．そのため，温度が下がるに従って析出する固相の B 濃度は増加する．平衡状態では，最初に析出した固相と，後から析出した固相とは，拡散により混じり合い，均一になると想定されるが，実際には，析出粒子の内部で A が多い組成となり，外部に近づくにつれて B が多い殻構造となりやすい．ケイ素とゲルマニウムの系は，固体状態でも液体状態でも完全に溶解し合う．ケイ素板上にゲルマニウムをおいて加熱すると，ゲルマニウムは融解してケイ素板状で水滴状になる．このとき，溶融ゲルマニウムはケイ素を溶解する．飽和まで溶解した後冷却すると，上述の理由からまずケイ素濃度の高い固溶体が析出し，しだいにケイ素濃度の低い固溶体が析出してくる．図 4.7 は，このようにして冷却したものの断面のケイ素の分布状態を EPMA により測定したものである．明るいところほどケイ素の濃度が高いことを表している．下の明るい部分がケイ素板，レンズ状の部分が溶けたゲルマニウムの部分である．ゲルマニウムはケイ素を溶解し，ケイ素板を浸食している．レンズ状の部分に，ケイ素の濃度の高い部分から順に低い部分へと変化した状態がみられる．

　図 4.8 に液相で完全に溶け合い，固相で部分的に溶け合う系の状態図を示す．$T_E$ 以下の温度において，成分 A に少量の B が加わると，A の結晶構造中に B が溶け込んだ固溶体が生成する．反対に成分 B に少量の A が加わると，B の結

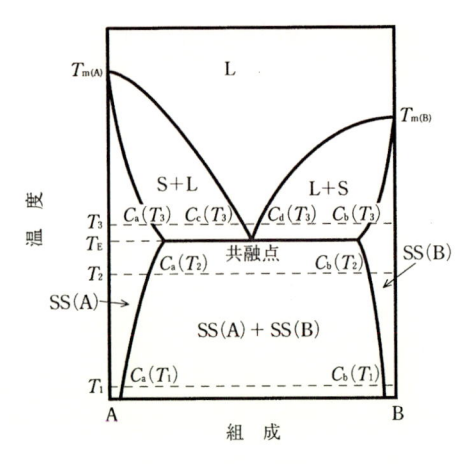

**図 4.8** 液相において完全に溶け合い，固相では部分的に溶け合う系の典型的な状態図

晶構造中に A が溶け込んだ固溶体が生成する．いずれも溶解する限界（固溶限界）が存在し，溶解の限界を越えた内側では，2 つの固溶限界の組成の固溶体の共存（SS(A)＋SS(B)）となる．固溶限界は温度が上昇するとともに増えるため，固溶限界の線は内側に傾いている．$T_E$ を越えると，内側の組成で液相が現れる．温度が上昇するに従い，単一相の固溶体の領域は減少し，固溶体と液相の共存する領域，単一の液相の領域が図のような形で変化する．

　図 4.8 のような状態図の形は，それぞれの相の自由エネルギー曲線の相対的な関係を考えることで理解することができる．図 4.9 に，温度 $T_1, T_2, T_3$ における自由エネルギーの相対的な関係を示す．温度 $T_1$（図 4.9(a)）においては液相の自由エネルギーが高く，図中には現れていない．固溶体 SS(A)，SS(B) の自由エネルギーは，ともに下に凸の曲線となる．$C_a(T_1)$，$C_b(T_1)$ は，2 つの自由エネルギー曲線の共通接線の接点である．この 2 つの組成の間では，図 4.6(b) で示したのと同様に，$C_a(T_1)$，$C_b(T_1)$ の共存となる．また，A から $C_a(T_1)$ まで，および $C_b(T_1)$ から B まではそれぞれ単一の固溶体となり，図 4.8 の $T=T_1$ の状態を説明できる．SS(A) について考えると，B の固溶量が増えるほど乱雑さが増えるので，エントロピーは増大する．温度が上昇すると，自由エネルギーのエントロピー項により，B が多いほど自由エネルギーの減少は大きくなる（図 4.9(b) に下向きの矢印で示した）．B に対する A の固溶量が増加する場合も同様である．その結果，温度が $T_1$ より上の $T_2$ では，共通接線の接点組成が内

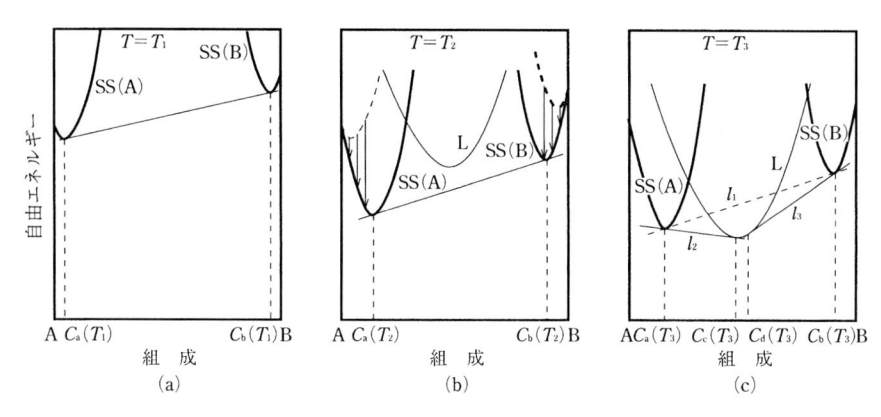

**図 4.9** 液相で互いに溶け合い，固相で部分的に溶け合う系の自由エネルギーと組成との関係

側に移動する．これは，温度が上昇するほど固溶量が増大することの見方を変えた説明である．

　液相のエントロピーは大きいので，温度上昇に伴って急速に減少する．$T=T_E$ において，液相の自由エネルギーは SS(A) と SS(B) の共通接線に接し，それより高い温度ではその下にはみ出す（図 4.9(c)）．液相の自由エネルギーが共通接線から下にはみ出した場合（$T>T_E$ のとき），SS(A) と液相の自由エネルギー曲線の共通接線 $l_2$ と SS(B) と液相の共通接線 $l_3$ が，SS(A) と SS(B) の共通接線 $l_1$ より下になる．そのため，最も安定な状態は，A から $C_a(T_3)$ の間では単一の固溶体 SS(A)，$C_a(T_3)$ から $C_c(T_3)$ の間では $C_a(T_3)$ の組成の固溶体と $C_c(T_3)$ の組成の液相の共存状態，$C_c(T_3)$ と $C_d(T_3)$ の間では単一の液相，$C_d(T_3)$ と $C_b(T_3)$ の間では $C_d(T_3)$ の液相と $C_b(T_3)$ の組成の固溶体の共存状態，$C_b(T_3)$ から B までの間では単一の固溶体 SS(B) となり，図 4.8 の $T=T_3$ の状態が説明される．

　$T=T_E$ 以上の温度での液相と固溶体の自由エネルギー曲線の関係は図 4.6 と同様であるため，状態図も図 4.4 と同様の形になる．

### 4.1.3 共　　晶

　図 4.10 は，固相では全く溶け合わず，液相において完全に溶け合う系の状態図の典型例である．ここで，点 a から温度を下げていった場合を考える．点 a では，単一の液相（融液）である．点 b まで下がったとき固相が生成し始める．純粋な成分の凝固点より低い温度まで液相が存在するのは，A，B の混じった液

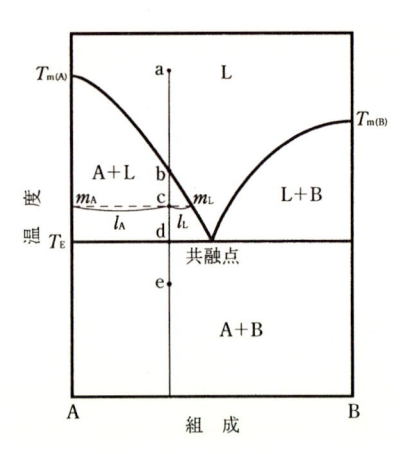

**図4.10** 固相では全く溶け合わず，液相で完全に溶け合う系の状態図

相の乱雑さによる高いエントロピー項により系の自由エネルギーがより低くなるからである．A+Lの領域では，温度が下がるに従って固相Aの割合が増加する．量的関係はこの規則により，

$$l_A \cdot m_A = l_L \cdot m_L \tag{4.4}$$

が成り立つ．ここで，$m_A$ はAの割合，$m_L$ は液相の割合である．形状的には，あちこちにAが析出し，温度が下がるに従って析出した粒子は成長する．点dのわずか上の温度では固相Aと液相の共存であり，点dのわずか下では固相Aと固相Bの共存である．点dにおいて

$$L \longrightarrow n_1 A + n_2 B \tag{4.5}$$

の反応が進行する．点dにおいてのみ固相A，Bおよび液相の共存が可能であるので，式(4.5)の反応が完了するまでこの点にとどまる．この温度より下がろうとすると，式(4.5)の反応の凝固熱により温度降下が阻止されると考えることもできる．この温度を共融点（eutectic point）と呼ぶ．

ここで，析出する相の形状を考えてみる．点aから冷却していくと，まずAの粒子が析出する．Aの粒子の核があちこちで発生するため，Aの粒子がくっつき合ったり，離れて存在したりする．さらに冷却していって共融点に達しても，わずかの間，すでに析出しているAの粒子（図4.11中の粒子0）を成長させるようにAの析出が継続する．これにより，粒子付近の液相の組成はわずかながら共融組成よりB側に移動することになる．そのため次にはBだけの析出

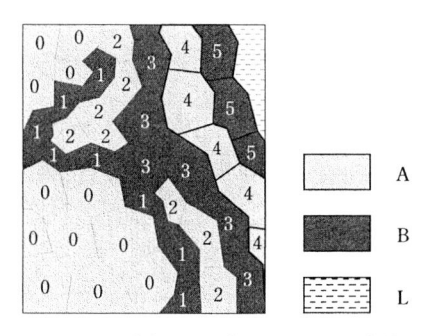

図4.11 共融点をもつ系における固相の析出

に変わる（図4.11中の粒子1）．この後しばらくの間，析出したBの成長が継続する．これにより，今度はこの付近の液相の組成がわずかにA側に移動する．そのため，再びAの析出が起こる（図4.11中の粒子2）．この変化が繰り返され（図4.11中の粒子3～5）微細な（顕微鏡レベルでの）帯状の構造が形成される．結局，Aの粒子と帯状の構造の組み合わさった構造となる．このような結晶を共晶（共析晶：eutectoid）と呼ぶ．共晶組成では，最初から帯状の構造だけが形成され全体にわたって帯状の構造となる．図4.10において，共晶組成よりB側では，Bの粒子と帯状の構造とが組み合わさった構造を形成する．図4.12に，$Al_2O_3$-$Gd_2O_3$系の共晶組成の溶融物を冷却して生成した共晶構造を示す．暗い部分が$GdAlO_3$，明るい部分が$Gd_2O_3$である．2つの相が入り組んでいる構造がみられる．

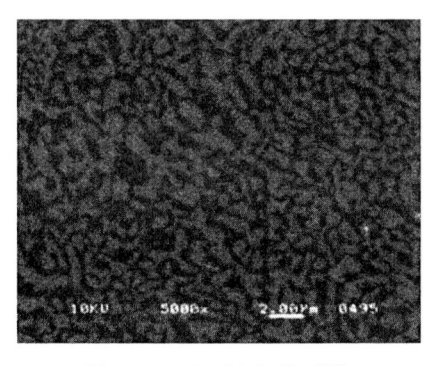

図4.12 $Al_2O_3$-$Gd_2O_3$系の共晶

### 4.1.4 包　晶

　図4.13にA，B2成分系において，化合物ABを生じる場合の状態図の典型例を示す．A-AおよびAB-Bの2つの部分に分けてみると，それぞれが図4.10と同じ形をしている．ここで，組成をモル分率で表す場合には，てこの規則を適用する際，注意が必要である．例えば $c_1$ の組成はAとABの共存状態であるが，AとABの存在割合はモル比で $l_2 : l_1$ とはならない．状態図上でABの位置はAが0.5，Bが0.5であるから，$A_{0.5}B_{0.5}$ として考えるべきである．したがって，$c_1$ では，Aと $A_{0.5}B_{0.5}$ の割合が $l_2 : l_1$ であると考えるべきで，AとABの存在割合は $l_2 : 0.5 l_1$ となる．なお，組成が質量比で表されている場合の存在割合は $l_2 : l_1$ となる．

　図4.13の温度 $T_2$ における自由エネルギー組成との関係は図4.14のようになる．この関係から，AとABの間でA+L，L，L+ABの領域が存在し，ABとBの間でAB+L，L，L+Bの領域が存在することが理解される．これより温度が高くなると，液相の自由エネルギーが相対的に下がり，Lの領域が広がり，最後には全領域でLだけになる．温度が低くなった場合には，液相の自由エネルギーが相対的に上がり，Lの領域が狭まっていく．A，L，ABの共通接線が重なったとき，およびAB，L，Bの共通接線が重なったときがそれぞれの共融温度である．

　上と同様に化合物ABをつくる場合で，Aの融点が相対的にかなり高い場合

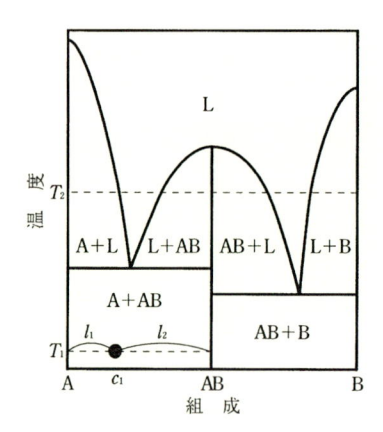

**図4.13** 2成分系で化合物を生じる系の状態図

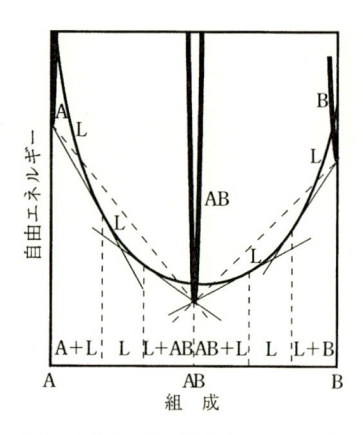

**図4.14** 図4.13の温度 $T_2$ における自由エネルギーと組成との関係

4.1 結晶相の制御

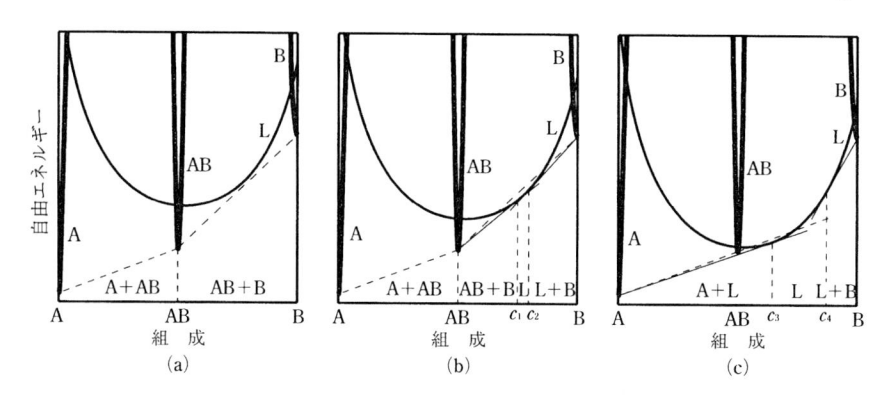

図 4.15 Aの融点がかなり高い場合の自由エネルギーと組成との関係

を考えてみる．図 4.15 にそのような場合の自由エネルギー曲線を示す．Aの融点が高いということは，A（固相）が相対的に安定であるということであるから，Aの自由エネルギーが相対的に低くなる．温度が低いところでは図 4.15(a) から，A-AB 間で A+AB，AB-B 間で AB+B となることが理解される．温度が上昇すると液相の自由エネルギーが相対的に下がる．液相の自由エネルギー曲線が固相 AB と B の共通接線より下にはみ出る（図 4.15(b)）と，AB と L の共通接線と L と B の共通接線がともに他の自由エネルギーより低くなる．そのため，AB-$c_1$ 間では AB+L，$c_1$-$c_2$ 間では L，$c_2$-B 間では L+B が最も安定な状態になる．これが，図 4.16 に示したこの系の状態図の $T_2$ における状態である．さらに温度が上昇し，液相の自由エネルギー曲線が A と AB の共通接線の延長線より下にはみ出る（図 4.15(c)）と状況は変わる．A と L の共通

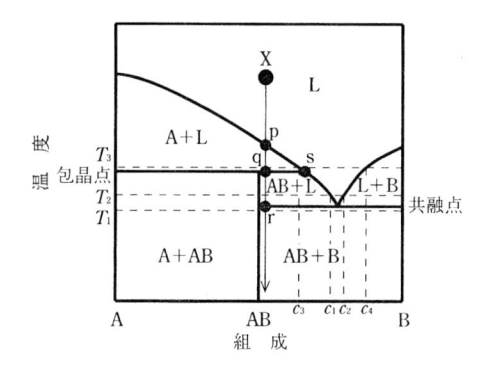

図 4.16 包晶を形成する系の状態図

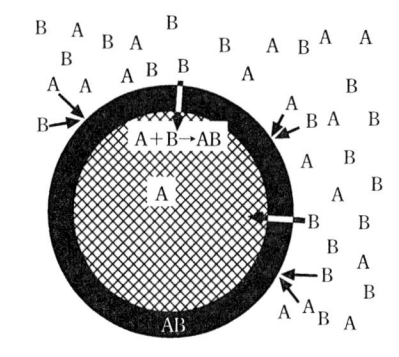

図 4.17 包晶の生成

接線がA-$c_3$間で，最も低い自由エネルギーとなる．そのため，A-$c_3$間では，A+Lとなる．また，$c_3$-$c_4$間ではL，$c_4$-B間ではL+Bとなる．これが図4.16の$T_3$の状態である．以上により，この系の状態図4.16が理解される．

ここで，図4.16の点Xから温度を下げた場合を考える．点pまでは，単一の液相である．点pでAが析出し始め，点qまでAの析出が続く．点qより下の温度での平衡状態はABと液相の共存である．Aは液相中の成分Bと反応しABに変化し，消滅することとなる．しかし，この変化は図4.17に示すように，粒子Aの周りにできたABの固相を通してBが拡散しなければならず，通常の冷却速度では反応が完全に進むことはできない．ほとんどの反応は，冷却していって，点qに達したとき残された液相sからABが粒子Aの周りに析出する反応となる．すなわち，粒子Aの周りをABが包み込んだような組織になる．これを包晶と呼び，包晶の生成し始める温度を包晶点と呼ぶ．さらに冷却されて点rに達すると，共晶の析出反応が起こる．

化合物ABを加熱すると，そのままの組成で溶融するのではなく，Aと融液に分解する，分解溶融（incongruent melting）が起こる．

### 4.1.5 スピノーダル分解

液相において，2つの成分が互いに溶解し合うとき，その乱雑さが増すため，エントロピーが増大する．同時に，他の成分との相互作用によりエンタルピーも増加する．エントロピーの増加は自由エネルギーを低下させるように働き，エンタルピーの増加は自由エネルギーを増加させるように働く．両者の兼ね合いにより，図4.18に示すように，端成分付近で凹型，内側の組成部分で凸型の曲線になることがある．$c_1$, $c_2$ は，この曲線の共通接線の接点の組成である．この場合，$c_1$から$c_2$の組成範囲では，単一の液相状態の自由エネルギーより，$c_1$と$c_2$の液相の共存となった方が，自由エネルギーは低く安定になる．例えば組成$c_x$において，単一の液相の自由エネルギー（$G_{sngl}$）より$c_1$の組成の自由エネルギー（$G_1$）と$c_2$の組成の自由エネルギー（$G_2$）の重み付き（存在比を重みとする）平均（$G_{mix}$）の方が低くなる．そのため，2つの液相（$c_1$, $c_2$）の共存となる．

このような系では，内側の組成ほどエントロピーは大きく，温度上昇とともにエントロピーの効果は増加する．そのため，温度上昇に伴って，自由エネルギー曲線の凸部分は少なくなっていき，ついには，全体にわたって凹型の曲線になり，2つの液相の共存状態はなくなる．状態図は図4.19（図中の点線については

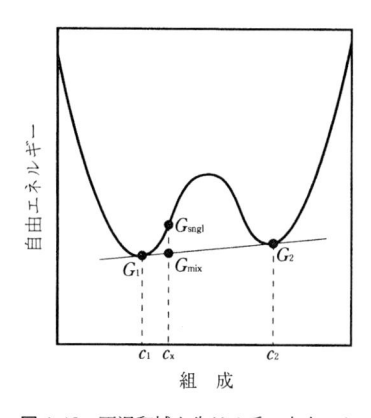

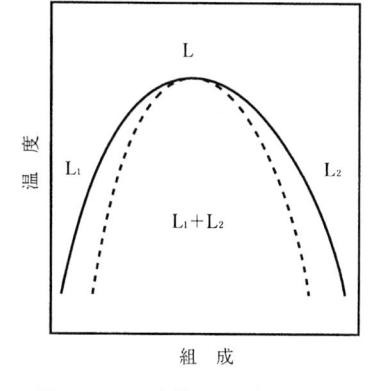

図 4.18 不混和域を生じる系の自由エネルギーと組成との関係

図 4.19 不混和域をもつ系の状態図

後で述べる）に示したようになる．この 2 つの液相の共存する部分は，不混和域（miscibility gap）と呼ばれる．

図 4.20 に示した自由エネルギー曲線中，凸型の部分の組成（図中の水平矢印範囲）のものを，高温で単一の液相としておき，この温度まで冷却したとき，独特の様式で 2 つの相に分離する．例えば，図 4.20 の $c_A$ の組成を考える．この温度に冷却された直後は，単一の液相であるから，その自由エネルギーは曲線上の点 A の値となる．ここで，わずかな組成の偏りが生じ，$c_{A1}$ と $c_{A2}$ に分かれたとする（図では，見やすいように大きな組成の偏りで描かれている）．その 2 つの

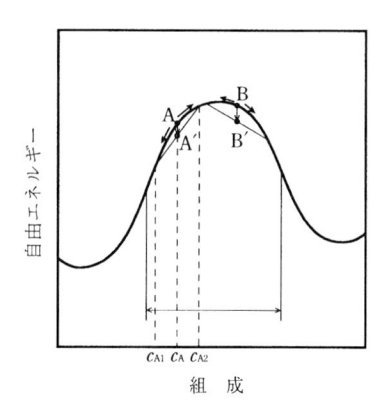

図 4.20 自由エネルギー曲線
凸型の部分では，相が分離するにつれ自由エネルギーは減少する．

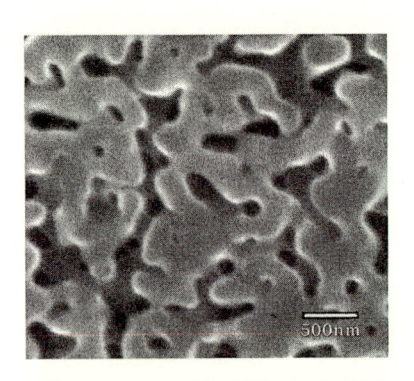

**図4.21** スピノーダル分解により生じた微構造
3.25 Na$_2$O・3.25 Li$_2$O・33.5 B$_2$O$_3$・60.0 SiO$_2$ ガラスを 700℃, 1時間熱処理後, Na-Li-B の濃度の高い部分を水で溶出.

混合状態の自由エネルギーはA'となって, 単一の組成の状態で存在する場合より自由エネルギーは低くなる. すなわち, この方が安定なのである. 分離した組成の差が開くほど, 自由エネルギーは減少する. そのため, ついには組成は自由エネルギー曲線の凸型の範囲の両端に分かれる. この現象は試料全体のどの部分でも起こるので, 試料全体にあるわずかな組成の揺らぎがどんどんと増幅されることになる. その結果, 2つの組成が入り組んだ組織となる. このような分解をスピノーダル分解と呼ぶ. スピノーダル分解の起こる範囲を示す状態図上の線(図4.19点線)をスピノーダルと呼ぶ. この線は, 自由エネルギー曲線が凸型である限界の組成である. スピノーダル分解により生じた微構造の例を図4.21に示す. ここでは, 一方の成分が溶出され, 残された骨格構造がみられる.

### 4.1.6 3成分系

3成分系状態図は, 三角図で表す. 正三角形中のある一点から各辺に下ろした垂線の長さの和は, 正三角形の高さに等しいという性質を利用している. 正三角形の各頂点を各成分に割り当てる. 正三角形中の座標は組成を表す. その点から各辺に垂線を下ろし, 各成分の対辺への垂線の長さを正三角形の高さで割った値をその成分のモル分率とする. この方法をギブスの方法という. 例えば図4.22に示す点の座標はAのモル分率が$a/h$, Bのモル分率が$b/h$, Cのモル分率が$c/h$となる組成を表す. 正三角形の性質からこれらの和は1となり, 全成分の和が1であることと合致している. なお, これらを質量比で表すこともある.

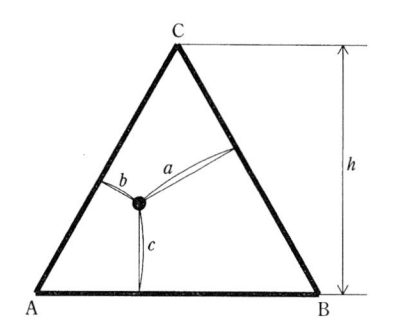

**図4.22** 3成分系の組成の表し方（ギブスの方法）

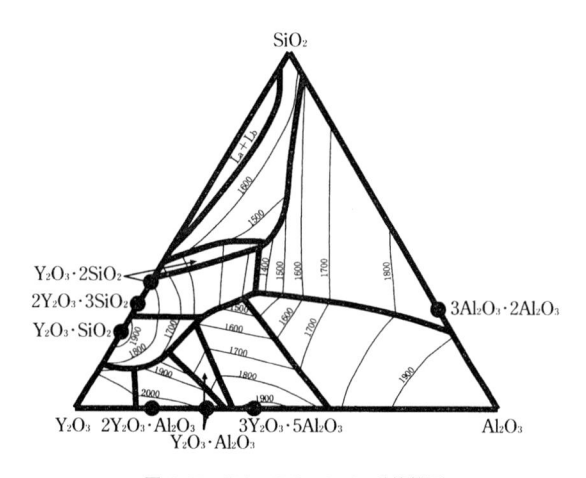

**図4.23** $SiO_2$-$Y_2O_3$-$Al_2O_3$系状態図

3成分系状態図での温度軸は，紙面に垂直にとることになる．しかし，紙上に立体を正確に描き表すことはできない．そこで，地図で用いられる等高線に相当する等温線を用いて表すことになる．ここでは，そのような等温線図から，ある特定の温度での状態図を求める方法を示す．

図4.23は，$SiO_2$-$Y_2O_3$-$Al_2O_3$の3成分系等温線断面図である．この系の1700°Cでの状態図を考える．まず，1700°Cの等温線をなぞる．それより温度の低い等温線のある側は液相である（図4.24のLで示された領域）．次に，液相線を，図4.23の太い線で囲まれた領域ごとに区切って考える．それぞれの領域について，液相線と，領域に記された化合物（領域内に化合物名が記されていない場合は，その領域に入っている化合物）とを一定間隔で直線を描く（図4.24

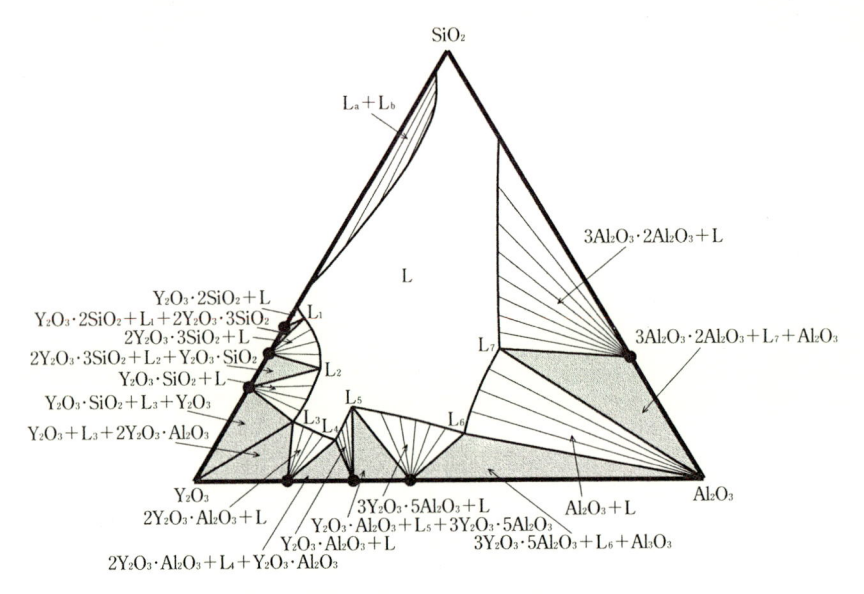

**図 4.24** $SiO_2$-$Y_2O_3$-$Al_2O_3$ 系の 1700℃ での状態図

の扇形の部分).これらの線は連結線であり,連結線が描かれている領域は直線の両端の組成(液相と化合物)の共存領域である.残された三角形の領域(図4.24 の灰色で示された領域)は,それぞれの三角形の頂点の 3 組成の共存領域である.なお,$L_a+L_b$ と書かれた領域は,水と油のように,2 つの液相が別々の相として存在している領域である.この部分の連結線は図 4.23 からは決定できないが,おおよそ図 4.24 に示したようになる.

## 4.2 表面と界面

2 つの相が接する境界を界面といい,その 1 つの相が気相の場合,この境界は表面と呼ばれる.固相であるセラミックスは,単独で存在することはない.そのため,気相との境界には表面が,液相や別の固相との境界には界面が必ず存在する.粒子間に存在する粒界も界面の 1 つである.

一般に,表面や界面は内部とは異なる性質を示す.セラミックスでは,表面や界面の性質は微構造形成過程や特性発現の中でしばしば重要な役割を演じる.その一例に,後述するセラミックス粉体の焼結現象がある.焼結は表面および界面に存在する過剰なエネルギーを駆動力として進行し,多結晶体構造を形づくる現

象である．

　表面および界面の理解は液相を中心として進んでいる．これは，液相では平衡が得やすく，その取扱いが容易なためである．本節では，液相を例にとりながら表面および界面について説明し，同時にセラミックスの表面および界面の性質を概説することにする．

### 4.2.1　表面張力および界面張力

　表面張力および界面張力は，表面や界面に存在する張力を指す．水道の蛇口から落ちる液滴が丸くなることはよく知られており，これは液相である水の表面に存在する「表面張力」の作用によって誘起される現象である．ここではまず，表面張力とは何かを簡単に説明する．

　図 4.25 は，液体の断面を概略的に示したものである．表面も内部も同種の分子からなるが，各分子を取り巻く状況は表面と内部では大きく異なる．内部の分子は同種の分子に三次元的に囲まれているが，表面に存在する分子はその周囲の一部に分子が存在しない状態がある．このため，表面と内部では熱力学的な性質が異なり，表面は内部に比べエネルギー的に高い状態となる．これが表面張力の起源であり，液滴がその表面積をできるだけ小さくしようとする現象をもたらす源である．

　いま，図 4.26 に示すような針金上につくられた石けん膜の挙動を考えてみることにする．外力がないときの膜はフラットな状態（a）である．この膜の片面に適当な強さで息を吹きかけると，（b）に示すように膜表面は広がり半球体ができる．息の吹きかけを止めると，膜はフラットな状態（c）に戻る．つまり，膜は常に収縮しようとしており，膜表面には収縮力が働いていることになる．この力に打ち勝ち膜の表面積を $dA$ だけ広げようとするときに必要とされる仕事（エネルギー）$dw$ は

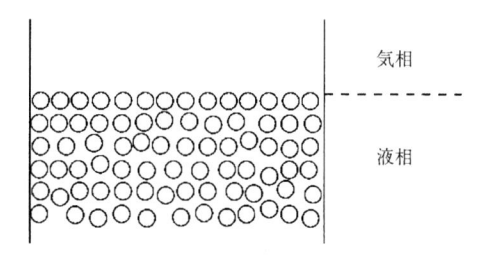

図 4.25　液体の断面構造

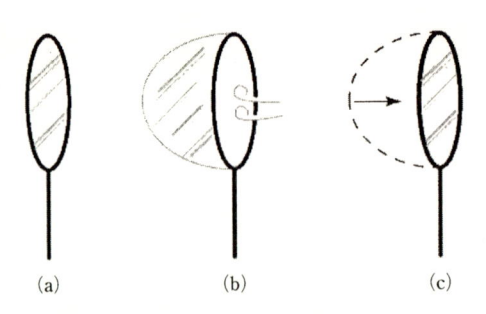

図4.26 針金の輪につくられた石けん膜の挙動

$$dw = \gamma dA \tag{4.6}$$

となる.その比例係数 $\gamma$ が表面張力(surface tension)である. $\gamma = dw/dA$ であるので,表面張力は単位面積当たりのエネルギーであり,$\mathrm{J\,m^{-2}}$ の単位をもつ.一方,幅 $l$ の膜を $dx$ だけ広げるのに必要な仕事は

$$dw = \gamma dA = \gamma l dx \tag{4.7}$$

であるから,

$$\gamma = \frac{dw}{dx} \cdot \frac{1}{l} \tag{4.8}$$

となる.ある物体を動かすために要する仕事 $dw$ をその移動距離で微分した $dw/dx$ は力であるから,表面張力 $\gamma$ は,膜の単位長さ当たりにかかる張力($\mathrm{N\,m^{-1}}$)でもある.

ここで,熱力学的観点から表面について少し考えてみたい.前記したように,表面の面積を可逆的に $dA$ だけ変化させるために要される仕事 $dw$ は $\gamma dA$ で与えられるので,その仕事による系の内部エネルギー変化 $dU$ は,

$$dU = Tds - PdV + \gamma dA + \sum_{i=1} \mu_i dn_i \tag{4.9}$$

となる.この変化過程で起こるエンタルピー変化 $dH$ は

$$dH = dU + PdV + VdP \tag{4.10}$$

であり,系のギブスの表面自由エネルギー変化 $dG$ ($=dH-Tds-sdT$)は,

$$dG = -sdT + VdP + \gamma dA + \sum_{i=1} \mu_i dn_i \tag{4.11}$$

で表される.したがって,

$$\gamma = (\partial G/\partial A)_{T,P,n_i} \tag{4.12}$$

これより,$\gamma$,つまり表面張力は温度,圧力,組成が一定のもとでの単位面積当

たりのギブスの表面自由エネルギーに相当することがわかる．この表面自由エネルギー $\gamma$ は，単位面積当たりの表面エネルギー $\varepsilon_s$ と次の関係にある．

$$\varepsilon_s = \gamma - T d\gamma/dT$$

液滴がその表面積を最小にしようとするのは，表面自由エネルギーをできるだけ低下させようとする効果の現れである．後述するセラミックスの焼結は，この表面自由エネルギーを駆動力として進行する．

表面張力 $\gamma$ の値は表面拡張のしやすさを示すものであるが，固相の場合その測定はかなり難しい．代表的な測定法として，単結晶試料をへき開し新たな表面を形成させるまでに必要となる変形の弾性エネルギーから表面張力を見積もるへき開法や，融点付近の高温下で試料に荷重をかけ，そのときに生じる拡散クリープの速度と応力の関係から表面張力を求めるゼロクリープ法などがあるが，それらの測定には様々な制約がある．これに対し，固相表面を新たに形成する際のその形成のしやすさは，固相の表面エネルギーを見積もることによってある程度推測可能である．いま，表面を新たに形成する際に格子ひずみや原子の再配列が起こらないと仮定すると，単位面積当たりの表面エネルギー $\varepsilon_s$ は

$$\varepsilon_s = E_b \times N_s \tag{4.13}$$

となる．ここで，$E_b$ と $N_s$ はそれぞれ，結晶内部の1つの結合における結合エネルギーと，表面で切断されている結合の数を単位面積当たりの数として求めた値である．これからわかるように，大きな結合エネルギーをもつ結晶や切断された結合数が多い結晶面からつくられた表面は，高い表面エネルギーをもつことがわかる．このことを代表的なセラミックスであるMgOを例にとってみてみよう．図4.27は，MgOの結晶構造と（100）および（110）各結晶面における原子配列を示す．MgOは岩塩型構造であり，（100）および（110）結晶面における各原子の不飽和な結合数はそれぞれ1本および2本である．格子定数を $a$ とした場合，（100）結晶面上では面積 $a^2$ 当たり4個（Mg原子が2個，O原子が2個）の原子が存在するので，$N_s$ の値は $(4/a^2)$ となる．（110）結晶面における $N_s$ を同様に見積もると，$N_s = (4\sqrt{2}/a^2)$ となる．$E_b$ の値が同じであることから，（110）結晶面の表面エネルギーは（100）結晶面のそれより高いことがわかる．これは，（100）結晶面は（110）結晶面よりエネルギー的により安定な状態にあることを示し，（100）結晶面からなる表面の方が形成されやすいことがわかる．

表面エネルギーが結晶面によって異なることからも想像できるように，固相の

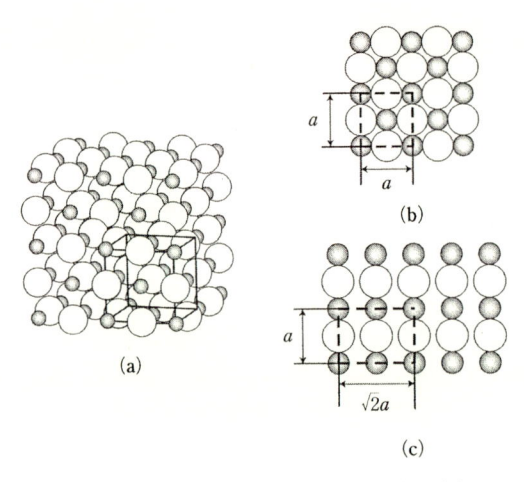

図4.27 MgOの結晶構造 (a) と (100) 結晶面 (b) および (110) 結晶面 (c) の原子配列

表4.1 いくつかのセラミックスの表面自由エネルギー

| | | 表面自由エネルギー ($N\,m^{-1}$)<br>(25°C での値) |
|---|---|---|
| NaCl | (100) | 0.3 |
| CaCO$_3$ | (10$\bar{1}$0) | 0.23 |
| MgO | (100) | 1.5 |
| Al$_2$O$_3$ | (101$\bar{2}$) | 6 |
| | (10$\bar{1}$0) | 7.3 |
| | (0001) | >40 |
| MgAl$_2$O$_4$ | (100) | 3 |
| | (111) | 5 |
| SiC | (11$\bar{2}$0) | 20 |

表面自由エネルギーは結晶方位依存性を示す．したがって，固相の表面張力を定義する場合，新たに形成される表面は現存する表面と結晶学的に同じ方位であることが条件となる．このことは界面張力（interfacial tension）を定義する場合においても同様である．表4.1に，いくつかのセラミックスの表面自由エネルギーの値を示す．最も低い表面自由エネルギーを有する表面は，粒子が最密充填された表面である．

　表面張力や界面張力の存在は，構成成分の分布状態に影響を及ぼす．2成分以上からなる系の表面あるいは界面では，表面自由エネルギーあるいは界面自由エネルギーが最小になるように構成成分は分布する傾向にある．大きな表面張力を

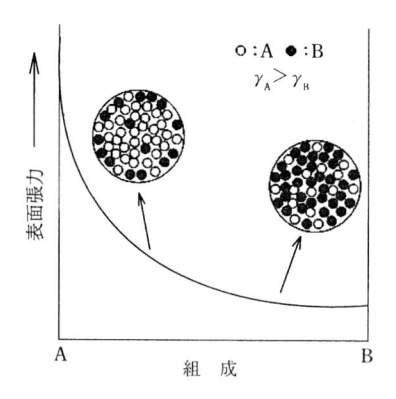

図4.28 2成分系における表面張力の変化

もつ成分Aに小さな表面張力をもつ成分Bを少量加えると，表面層には成分Bが濃縮され，表面自由エネルギーを低下させる．一方，成分Bに成分Aを加えた場合，表面層での成分Aの濃縮は起こらず，成分Aの添加による表面自由エネルギーの大きな変化は観測されない．図4.28は，その変化の様子を示したものである．

### 4.2.2 曲面による圧力差

表面（あるいは界面）が平面の場合，その両側での圧力は等しい．しかし表面が曲面になると，表面張力の影響で曲率中心に向かう内向きの力が生じる．したがって曲面に対して外向きの力と内向きの力が釣り合った状態では，図4.29に示すように曲面の内部の圧力 $P_2$ は外側の圧力 $P_1$ よりも高いことになる．

曲面によるその圧力変化を液滴を例にとって説明してみよう．半径 $r$ の液滴の大きさを可逆的に d$r$ だけ変化させると，その表面積は

$$dA = 4\pi(r+dr)^2 - 4\pi r^2 = 8\pi r dr \tag{4.14}$$

だけ変化する．ここで，d$r^2$ の項は無視できるほど小さいので省略できる．前出の式(4.6)より，表面積が d$A$ だけ広げられたときに要する仕事 d$w$ は $8\pi\gamma r dr$ となる．力×距離が仕事であるので，液滴の半径が d$r$ だけ伸張することに対す

図4.29 曲面による圧力変化

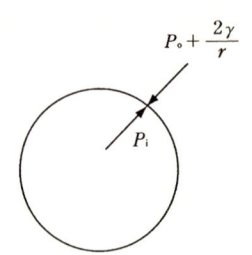

図 4.30 液滴における内向きと外向きの力の釣合い

る力は $8\pi\gamma r$ となる．この力を液滴の表面積で除すると，単位面積当たりの力，すなわち表面張力によって液滴内の物質が受ける余分な圧力 $\Delta P$ が求まる．

$$\Delta P = 2\gamma/r \tag{4.15}$$

釣合いがとれた状態では，

$$P_i = P_o + \Delta P \tag{4.16}$$

が成り立つ．$P_i$ と $P_o$ はそれぞれ内圧と外圧である．これより，液滴の内圧は図 4.30 に示すように外圧より $2\gamma/r$ だけ高いことがわかる．$\Delta P$ は液滴の半径が小さくなるにつれ増大する．表 4.2 に，液滴半径と圧力差との関係を示す．液滴が球形でない場合には，主曲率半径を $r_1$ と $r_2$ とした次式が適用される．

$$\Delta P = \gamma(1/r_1 + 1/r_2) \tag{4.17}$$

表面や界面が凹型になっていると，曲率半径の値は負になるので，$\Delta P$ は負となる．これは，凹型表面では内圧は外圧に比べ低いことを意味する．水が入った容器にガラスの毛細管を入れると，水は図 4.31 に示すようにある高さまで上昇することはよく知られるが，これは毛細管内のメニスカス直下の圧力が大気圧に比べ $2\gamma\cos\theta/r$ だけ低く，静水圧がその圧力差と平衡になる高さ $2\gamma\cos\theta/(\rho g r)$ まで押し上げられた結果の現れである．$\rho$ と $g$ はそれぞれ密度と重力の

表 4.2 液滴径に対する圧力差の変化

| 液滴半径 (cm) | 圧力差 ($N\,m^{-2}$) | 気圧 (atm) |
|---|---|---|
| 1 | $144\times10^{-1}$ | $1.42\times10^{-4}$ |
| 0.1 | $144\times10^{0}$ | $1.42\times10^{-3}$ |
| 0.01 | $144\times10^{1}$ | $1.42\times10^{-2}$ |
| 0.001 | $144\times10^{2}$ | $1.42\times10^{-1}$ |
| 0.0001 (1 μm) | $144\times10^{3}$ | $1.42\times10^{0}$ |
| 0.00001 | $144\times10^{4}$ | $1.42\times10^{1}$ |
| 0.000001 | $144\times10^{5}$ | $1.42\times10^{2}$ |

水の表面張力 (25°C)：$0.072\,N\,m^{-1}$．

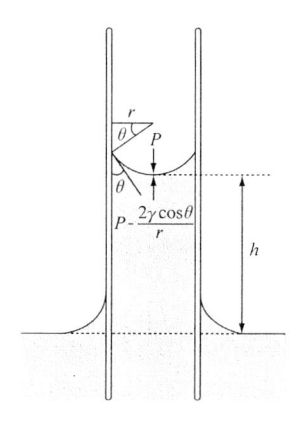

図 4.31 毛管現象

加速度を表す．

曲面での圧力差は蒸気圧に変化をもたらす．液体の蒸気圧は液体にかかる圧力に依存するので，液滴表面における蒸気圧は液滴の半径を $r$ とすると，

$$P = P_0 \exp\left(\frac{2M\gamma}{rdRT}\right) \tag{4.18}$$

に従って変化する．ここで，$P_0$ は表面が平面の場合の蒸気圧，$M$ は液体のモル質量（同位体組成が天然組成である場合は，分子量に等しい），$d$ は密度，$R$ はガス定数，$T$ は温度である．これはケルビンの式として知られている．液滴が小さくなると蒸気圧は高くなり，蒸発しやすくなる．これに対して，表面が凹型のところでは負の曲率によって蒸気圧は低くなる．凹型および凸型表面に対する曲率半径と蒸気圧の関係を表 4.3 に示す．これらの効果は，液滴径が小さくなることによって顕著になる．

以上，液相を例にとって曲面による圧力変化を説明したが，同様なことは固相であるセラミックスにも適用できる．セラミックス粒子が微粒化すると，蒸気圧はケルビンの式に従い増加する．また，表面の凹凸によっても蒸気圧に差が生じる．その影響で，物質は図 4.32 に示すように凸面部で蒸発し，凹面部に移動してそこで凝縮する．この物質移動は，蒸発-凝縮による粒子の焼結を導く．曲面による圧力変化は，後述する粒子の成長や焼結機構に深く関係する．

### 4.2.3 濡れ現象

固体表面に滴下された液滴が図 4.33 に示すように固相と気相に接し，3 相が共存して平衡にあるときは次のような釣合いが成り立つ．

表 4.3 凹型および凸型表面における 25°C での曲率半径と蒸気圧の関係

| 曲率半径（μm） | $P/P_0$ | |
|---|---|---|
| | 凸型 | 凹型 |
| 1 | 1.001 | 0.9990 |
| 0.5 | 1.002 | 0.9979 |
| 0.1 | 1.011 | 0.9896 |
| 0.05 | 1.021 | 0.9792 |
| 0.01 | 1.111 | 0.9004 |
| 0.005 | 1.234 | 0.8106 |
| 0.003 | 1.419 | 0.7048 |
| 0.002 | 1.690 | 0.5917 |
| 0.001（1 nm） | 2.857 | 0.3501 |

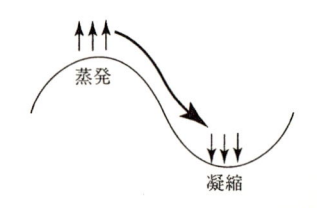

図 4.32 固体表面上での物質移動

$$\gamma_{SG} = \gamma_{SL} + \gamma_{LG} \cos \theta \qquad (4.19)$$

これはヤングの式と呼ばれる．ここで，$\gamma_{SG}$，$\gamma_{SL}$ および $\gamma_{LG}$ はそれぞれ固相-気相の表面自由エネルギー，固相-液相の界面自由エネルギーおよび液相-気相の表面自由エネルギーである．ヤングの式の $\theta$ は接触角と呼ばれ，固相表面に対する液相の濡れやすさの程度を表す重要な量である．

接触角 $\theta$ は $0 \le \theta \le 180°$ の値をとる．固体表面におかれた液体の形態は，接触角 $\theta$ によって分けられる．

① $\theta = 0$
液体は固体表面全体に広がり，表面を濡らす．

② $0 < \theta < 90°$
液体は限られた領域の中で広がり，ある程度表面を濡らす．

③ $\theta > 90°$
液体は固体表面上で広がらず，図 4.34 に示すように，できるだけ接触面積を減らすように小さな球になる傾向を示す．

これらは，全界面エネルギーが最小になるように平衡状態がつくられた結果の現れである．式(4.19)から，

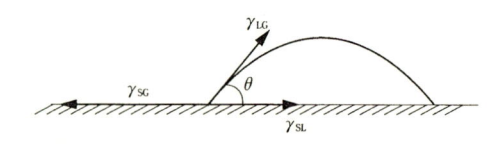

図 4.33 固体表面上での液滴

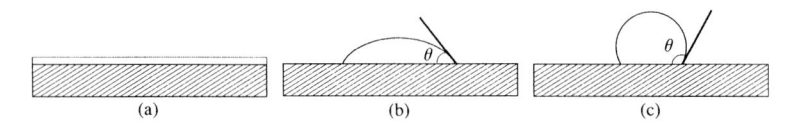

図 4.34 接触角の違いによる液滴の形状変化

$$\cos\theta = (\gamma_{SG} - \gamma_{SL})/\gamma_{LG} \tag{4.20}$$

を得る．式(4.20)からわかるように，固相-気相の表面自由エネルギーより固相-液相の界面自由エネルギーの方が小さい場合には，接触角は 90°より小さな値となる．この場合，液体は固体を濡らす方向に落ち着く．身近な例では，清浄なガラス上におかれた水滴がこれに相当する．これとは逆に，固相-液相の界面自由エネルギーの方が大きい場合は，接触角は 90°より大きな値となる．液相が水の場合，固体表面の濡れの程度は親水性（hydrophilicity）あるいは疎水性（hydrophobicity）という言葉でしばしば表現される．親水性は表面が水で濡れやすいことを指し，疎水性は表面が濡れにくいことを意味する．セラミックスにおける濡れ現象は，水，溶融金属，溶融酸化物，溶融スラグなどとの間で重要となる．また，液相存在下で進行する液相焼結では，液相による個々の粒子の濡れの度合いが微構造形成に影響を及ぼす．

### 4.2.4 多結晶体組織の幾何学的形状

濡れ現象が表面および界面自由エネルギーによって支配されているように，多結晶体の平衡組織もそれらのエネルギーの平衡関係に依存する．

多結晶体の表面を平滑にした後，物質移動が起こりうる温度で十分な時間処理すると，表面には図 4.35 に示すような溝ができる．平衡では，

$$\gamma_{SS} = 2\gamma_{SV}\cos(\phi/2) \tag{4.21}$$

が成り立ち，溝の形状は界面自由エネルギーと表面自由エネルギーの大小によって決められる．

同様な考えは，多結晶体の内部にも適用できる．母相粒子が気孔や異相と平衡にある場合，

$$\gamma_{SS} = 2\gamma_{SV}\cos(\phi/2) \tag{4.22}$$

$$\gamma_{SS} = 2\gamma_{SL}\cos(\phi/2) \tag{4.23}$$

$$\gamma_{SS_i} = 2\gamma_{SS_i}\cos(\phi/2) \tag{4.24}$$

の関係が成り立つ．ここで，$\phi$ は二面角（dihedral angle）と呼ばれ，界面自由

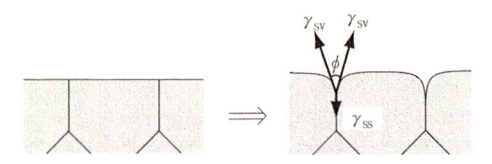

**図4.35** 熱処理による表面形状の変化

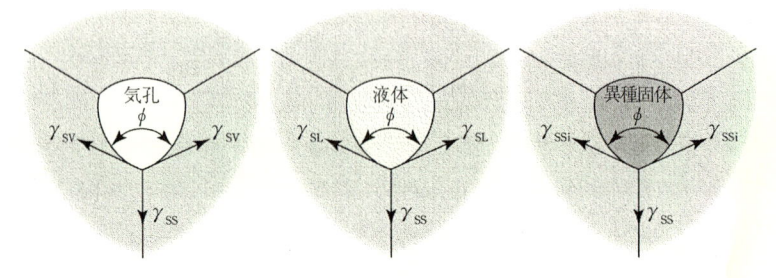

**図4.36** 多結晶体内部での二面角

エネルギーと表面自由エネルギーの大小によって決まる値である．固相の表面および界面自由エネルギーには異方性があるので，二面角 $\phi$ は場所によって異なる．異相が存在しない多結晶体で，界面自由エネルギーが等方的であるとした場合，二面角は 120° となる．これは，多結晶体における理想的な二次元粒子配列は，六角格子のハニカム形状であることを意味する．

　二面角は，物質が決まると，それらの界面自由エネルギーや表面自由エネルギーから求まる値である．いま，ある多結晶体に内在する気孔と粒子の交点での二面角を 108° とした場合，気孔は 5 個の粒子で囲まれたときに安定となる．この場合，粒子の表面は平面となる．気孔を取り囲む粒子が 5 個より少なくなると，粒子表面は図 4.37 に示すように凹面となる．表面が曲面になると圧力差が生じ，その影響でこの場合には気孔を小さくする方向に力が作用する．一方，気孔を取り囲む粒子が 5 個より多い場合には，粒子表面の形状は凸面になり，気孔は広がる傾向にある．二面角が例えば 135° では，気孔は 8 個の粒子によって囲まれたときに安定となる．このように，二面角の値が大きくなるにつれ，気孔はより多くの粒子によって囲まれた方が安定となる．

　少量の液相が多結晶体内に存在する場合，存在する液相の種類によって形成される微構造は大きく変化する．例えば，液相と固相間の界面自由エネルギー $\gamma_{SL}$ が固相-固相の界面自由エネルギー $\gamma_{SS}$ の半分以下の場合は，液相は個々の粒子

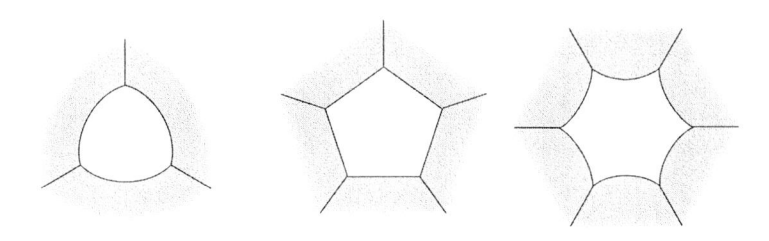

**図 4.37** 二面角を 108° とした場合の粒子数と気孔形状の関係

表面を覆うように分布する．一方，$\gamma_{SL}$ が $\gamma_{SS}$ より大きい場合には，液相は個々の粒子が交差する点で孤立化する．

このように，多結晶体の平衡組織は表面自由エネルギーや界面自由エネルギーに大きく規定されている．実際これらの関係は，セラミックスの焼成時に重要となる．

## 4.3 成形とレオロジー

セラミックスの成形法には，3.6 節で説明したとおり様々なものがあり，それぞれの特徴をもつ．それらの成形法では，原料粉体はほぼ共通的に前処理として溶媒中で種々の処理を受ける．その間に生じる種々の現象は，最終製品の特性に著しい影響を及ぼす．適切な成形を行うには，それら現象の内容を理解する必要がある．

### 4.3.1 粉体の構造

セラミックスの原料粉体は，図 4.38 に示すとおり 0.1～数 $\mu$m 程度の微細な一次粒子からなる．これら一次粒子は単一，あるいは小数の結晶からなる．一次粒子の寸法を一次粒子径というが，しばしば簡単に粒径と呼ぶこともある．粉体

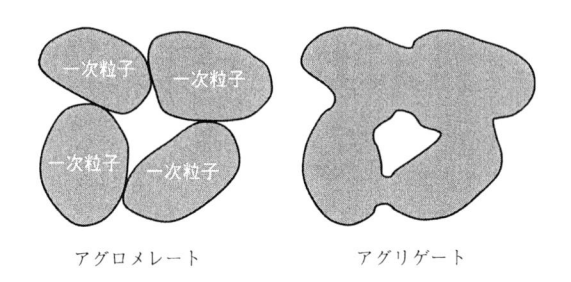

**図 4.38** 粉体の構造

中の粒径は分布をもち，対数正規分布やロジン-ラムラー（Rosin-Rammler）分布則に従うことが多い．この対数正規分布とは，図4.39に示すとおり，粒径を対数でプロットするとき，分布曲線が正規分布の形になるものである．平均粒径を単に粒径という場合もある．

一次粒子は集合体を形成する傾向がある．一次粒子の集合体を二次粒子と呼ぶ．またその大きさを二次粒子径と呼ぶ．二次粒子は凝集体とも呼ばれる．凝集体には，一次粒子がファンデルワールス力などで弱く結合したアグロメレート（agglomerate）と，強く結合したアグリゲート（aggregate）がある．この粒子間の強い結合は化学結合により生じたものであり，その具体的な例は，粒子が焼結により融着したものである．アグロメレートは後で説明する適切な分散操作により容易に一次粒子に分離するため，セラミックスの製造に深刻な影響は及ぼさない．しかしアグリゲートは粉砕操作によっても，容易には一次粒子に分解しない．また，たとえわずかに存在しても，焼結の阻害や破壊源の形成などの原因となる．したがって，その存在はセラミックスの製造においてきわめて好ましくないものである．

多くの粉体では，表面の化学組成はバルク（内部）とは異なる．これは，表面では物質内部の化学結合が切断されていることから生じるものである．酸化ケイ素，アルミナ，酸化チタン，酸化亜鉛などのイオン結晶では，結晶全体および表面を電気的に中性に保つため，表面には水酸基が存在する．この表面水酸基は，高い反応性をもつ．例えば微粉末の酸化亜鉛や酸化ケイ素はゴムの添加剤として用いられるが，これはゴムの分子とこの水酸基とが強い相互作用をもつからである．この表面の高い反応性は，表面への物質の吸着を起こす原因となり，また粒

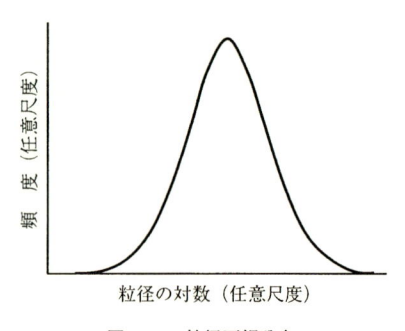

図4.39 粒径正規分布

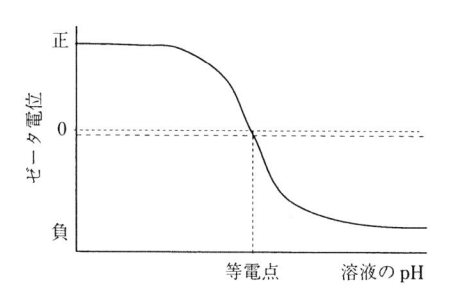

図4.40 ゼータ電位の変化

子の溶媒中での振る舞いを支配するものともなる．

### 4.3.2 溶媒中の粒子

図4.41に模式的に示したとおり，空気中では酸化物粒子の表面は水酸基で覆われている．粒子が水中にあるとき，この表面水酸基は周囲の水素イオン，あるいは水酸化イオンとの相互作用によりイオン化する．これにより，表面は帯電する．表面の電荷はpHが低いとき，つまり酸性側では正であるが，pHが上がるに従い徐々に減少してゼロになり，さらにpHを増すと負となる．表面の帯電がゼロになるpHを等電点と呼ぶ．代表的な物質の等電点を表4.4に示す．

表面は水中のイオンの吸着によっても帯電する．例えば，ヨウ化銀AgIでは，溶液中の$Ag^+$イオン濃度が高いと，これが粒子表面に吸着して表面は正に，また$I^-$イオン濃度が高いと，これが吸着して負に帯電する．さらに，粒子は格子

図4.41 アルミナ表面の構造

表4.4 代表的な物質の等電点

| 物　質 | 酸化ケイ素 | 酸化鉄 | 酸化アルミニウム | 酸化マグネシウム |
|---|---|---|---|---|
| 等電点（pH） | 2.2 | 6.7 | 8.0 | 12.4 |

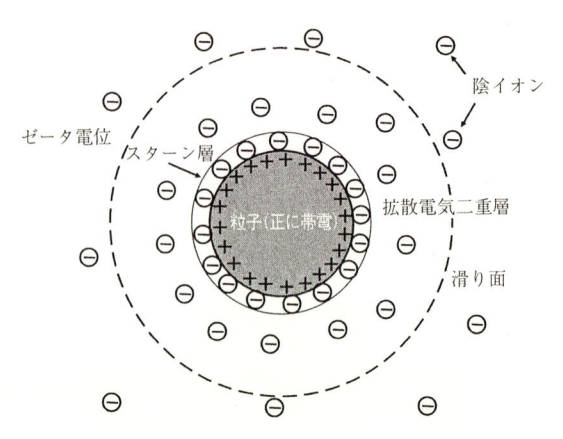

**図 4.42 電気的二重層の構造**

欠陥の存在によっても帯電する．

　図 4.42 のとおり，帯電した粒子の表面付近には電場が生じ，これは周囲にさらなる変化を生じさせる．表面は水中のイオンを引きつけ，それらイオンの一部は表面に強く吸着して固定される．この粒子表面に固定されたイオンの層をスターン層という．スターン層の外表面における電位は，吸着したイオンの量とともに変化し，イオンの量が少ないときには粒子自体の電荷と同じ符号であるが，多いときには逆符号となることもある．電気的には，スターン層は異なる電荷をもつイオンが対向して存在するものであり，電気的二重層である．

　スターン層によっても，粒子の表面電荷は完全には打ち消されないため，その外側でも一般に電場は存在する．この電場は水中のイオンを引きつけ，あるいは排斥するため，粒子の周囲にはイオンが雲のように分布する．これは拡散電気二重層を形成する．拡散電気二重層では，スターン層と粒子自体のもつ電荷と反対の符号をもつイオンは粒子に引きつけられる．しかしイオンは，それらの間に電気的反発力が存在するため，表面付近に密集して存在することはできない．したがってその濃度は，粒子からの距離とともに変化する．粒子に引きつけられる種類のイオンでは，濃度は表面付近で高く，そこから離れるに従い徐々に低くなる．それらと反対の符号の電荷をもつイオンでは，表面付近の濃度は低くなり，そこから離れるに従い徐々に高くなる．

　拡散電気二重層の広がりは，溶媒中のイオン強度と関係する．イオン濃度が高いと，多量のイオンが表面に集まるため，広がりは狭くなる．この広がりの程度

はデバイパラメータ（Debye parameter）$x$ を用いる．電気二重層の厚さは $1/x$ [m] で定義される．イオンの価数を $z$，濃度を $C$ [mmol m$^{-3}$（$10^{-3}$ mol m$^{-3}$）] で表すと，ほぼ次式となる．

$$1/x = 3 \times 10^{-10} C^{-1/2}/z \tag{4.25}$$

粒子自体がもつ見かけの電位は，ゼータ電位ではかられる．ゼータ電位に関係するのは，粒子自体のもつ電荷以外に，スターン層および拡散電気二重層に含まれる電荷の一部である．ここで，拡散電気二重層のすべての電荷が関係しないのは，例えば粒子が溶媒中を移動する際，拡散層中の電荷中で粒子から遠い部分のものは，粒子とともに動かず取り残されるためである．すなわち，拡散電気二重層のある場所で滑りが生じる．この滑り面での電位がゼータ（ζ）電位である．このゼータ電位は，粒子に電場を加える際の運動，あるいは粒子を外力で運動させる際に生じる電場などを測定して求められるものである．

### 4.3.3 粒子間の相互作用

粒子間には引力と斥力が作用する．まずファンデルワールス力はすべての粒子間に常に働く．これは引力であり，これによる粒子間のポテンシャルエネルギーは距離の $-2$ 乗に従い変化する．この力は，大きな物体では重力に比べて非常に小さく目立たないものであるが，微細な粒子では無視できない．例えば，1 μm 程度の寸法の微粒子では，ファンデルワールス力は重力が粒子に及ぼす力より大きい．そのため，粒子は互いに付着して容易には流動しない．

空気中にある粒子間には，さらに粒子間の隙間に凝縮した液体による毛管力による引力も働く．

一方，適当な条件では粒子間には反発力が存在する．粒子表面のイオン雲の重なりにより反発力が生じる．これによりポテンシャルエネルギーは距離とともに指数関数的に増加する．反発力は，粒子表面に吸着した高分子によるエントロピー効果でも生じる．粒子は，これら引力と反発力の両方の力を受け，その結果，凝集あるいは分散する．

粒子に働くファンデルワールス力と，粒子表面の電気的二重層を考慮して粒子の分散や凝集を論ずるのがDLVO理論である．図4.43のとおり，粒子間のポテンシャルエネルギーはそれらの和で与えられる．この和は，粒子間に十分な反発力があり，かつ粒子間の距離がある程度以上のときに2カ所で正となる．つまり，遠距離にある粒子は互いに引き合うが，ある程度の距離まで近づくと，それ

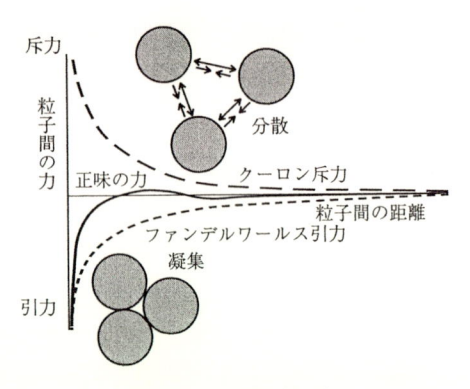

**図4.43** 粒子間に働く力

らの間には反発力が生じる．これにより粒子は分散する．一方，反発力が不十分なときには，粒子間には極近距離の場合を除いてすべての距離で引力が働く．これにより粒子は凝集する．

### 4.3.4 粒子の分散

粒子間に十分な反発力を与えると，粒子はある程度の距離以下には接近できず，分散する．反発力をつくるには，pH制御による方法と分散剤による方法が知られている．

pH制御による方法では，粒子のもつゼータ電位を高め，粒子相互に反発力をつくる．これには，溶液のpHを等電点から離れた値とする．また，電気的二重層が空間的に十分に広がるようにする．これには，溶液中のイオン強度を低くする必要があり，カルシウム，マグネシウム，鉄，硫酸などの多価イオンの濃度を極力低くすることが必要である．

多くの分散剤は，中性あるいはイオン性の高分子やある程度大きな分子量をもつイオンである．その分散作用は次のとおり生じる．図4.44のポリアクリル酸は，酢酸と同じ基本構造からなる高分子のアンモニア塩である．これは，水中では解離して高分子の陰イオンとなる．これら高分子イオンは粉体粒子の表面に吸着し，各粒子を強く負に帯電させる．この電荷により上ですでに説明したのと同

$$\left\{ \begin{array}{c} CH_3 \\ | \\ COONH_4 \end{array} \right\}_n \longrightarrow \left\{ \begin{array}{c} CH_3 \\ | \\ COO^- \end{array} \right\}_n + nNH_4^+$$

**図4.44** ポリアクリル酸アンモニウムの構造とイオン化

様に，粒子間にはクーロン斥力が生じ，これが粒子の凝集を防ぐ．また一般に，粉体表面に吸着した高分子の間には，エントロピー効果による反発力も働く．この効果は，一般に自然は大きな自由度を好み，吸着高分子どうしが込み合う状態を嫌う効果である．これは，高分子が電気的に中性であっても作用するため，一部の高分子は電気的に中性であっても分散剤として働く．

### 4.3.5 スラリーの流動特性

スラリー中の粉体粒子の相互作用を知ることは，セラミックスの製造にとり非常に重要である．これには，粒子間に働く力を直接調べることが理想的であるが，それを調べる方法はいまでも十分に確立されていない．したがって，相互作用を間接的に調べる必要がある．これには，流動特性を調べるのが最も便利である．

流動特性は，スラリーに外部からせん断応力を加えるときのせん断速度を調べるものである．これは，スラリー中の粒子の状況を知る上では間接的な尺度ではあるが，測定は容易であり，また製造工程の管理上でも便利である．また，スラリーに加えたせん断力 $\sigma$ とせん断速度 $\tau$ との関係からは，各せん断速度 $\tau$ での見かけ粘度 $\eta$ が求まる．工業的には，この尺度も便利に用いられる．

$$\eta = \sigma/\tau \tag{4.26}$$

図4.45に，スラリーにおける種々の流動特性を示す．ニュートン流動は，せん断速度とせん断応力の間に比例関係があるものであり，粒子間に相互作用がない場合に認められるものである．このとき，粘度はせん断速度によらず一定である．粘度は，溶媒中の粒子濃度が増すと増加する．これは，実際の流動に関係するのは粒子間の隙間であり，これが粒子濃度の増加とともに減るからである．粒子濃度の極限値として粒子相互が接触すると，流動は不可能となり，見かけ粘度は非常に高くなる．固体濃度が一定の場合には，粒子が細かいほど粒子間の隙間は狭くなり，粘性は高くなる．

セラミックスのスラリーはしばしばニュートン流動を示さず，非ニュートン流動性である．非ニュートン流動には多数の種類があるが，セラミックスの製造に関係するものは，ビンガム流動，準粘性流動およびダイラタント流動である．

ビンガム流動と準粘性流動は，降伏応力をもつ流動である．これは，スラリー中の粉体粒子間に引力が働き，粒子がネットワークなどある種の構造を形成するために起こる．降伏応力は，その構造を壊すための力である．応力を増し，いっ

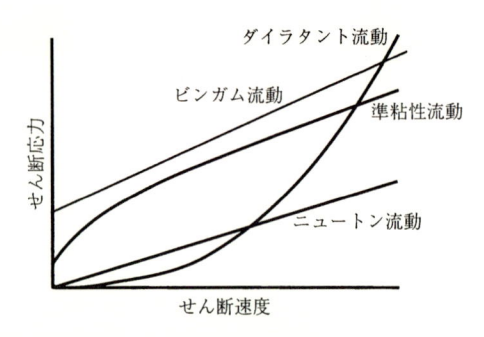

**図 4.45** 流動曲線

たんその構造を壊した後は，流動はニュートン流体と似ており，せん断応力の増加とともにせん断速度が増加する．

　非ニュートン流動では，ネットワーク構造を破壊し流動状態にした後でも，測定時の状況で，異なる結果が得られることがある．これは，壊れた構造が再生するには，時間を要するためである．例えば攪拌を継続した状態では，ネットワーク構造は壊れたままであり粘度は低いが，しばらく静置すると構造が再生される．攪拌を始めるには降伏応力を加える必要があり，見かけ上，粘度は非常に高いものとなる．また同じ理由で，図 4.46 のとおり粘度の測定を，せん断応力を増しながら測る場合と，下げならが測る場合では同じせん断速度での粘度が異なる場合がある．このように，粘度が応力の履歴に依存することをチクソトロピーと呼ぶ．一般にせん断により破壊された構造の回復には時間がかかるため，粘度はせん断速度を増しながらはかるときより，下げながらはかるときの方が低い．

　ダイラタント流動は，せん断速度の増加とともに粘性が増すものである．これは粒子の濃度が高く，それらが規則的な構造をつくるときにみられる珍しい流動

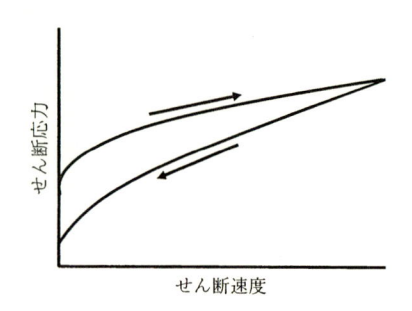

**図 4.46** チクソトロピーを示す流動曲線

である．この現象が生じるのは，せん断により，その構造が壊され，粒子間の隙間が広がるとともに，粒子間を満たす液体が不足気味となる，したがって，粒子相互が移動しにくくなるためである．

### 4.3.6 成形とスラリー特性

スラリーの構造は，成形体中の粒子充填構造と密接に関係する．鋳込成形やドクターブレード成形などの湿式成形では，スラリー構造は直接的に成形体構造に影響を及ぼすため，その制御は非常に重要である．例えば，鋳込成形法では，セッコウ製などの吸水性の型中にスラリーを流し込み，型表面に密な粉体層を形成させる．ある時間後，余分なスラリーを排出し，乾燥させることにより，中空の成形体が得られる．この方法では，スラリーを追加しつつ成形を行うと，中実の成形体を得ることもできる．このとき，粉体粒子の分散がよすぎると，粒子中の大きなものが沈降するため，構造に不均質が生じる．したがって，粒子間にある程度の引力が残るようスラリーを設計する．この場合，スラリーの粘度はやや高くなる．

乾式成形でも，スラリーと成形体の構造の間には深い関係がある．乾式加圧成形では，スラリーをスプレードライで乾燥させて図4.47に示す顆粒状とする．顆粒は球に近い形状をもち，容易に流動するため金型やゴム型の中に均一に充填可能である．この優れた流動性は，自動成形機で高効率の成形を行う際には絶対に必要である．顆粒化を省略すると，乾燥体の形状は不規則となり流動性のよいものとならず，粉体を型内に均一に充填するのはきわめて難しくなる．充填の不

図4.47 セラミックス粉体の顆粒

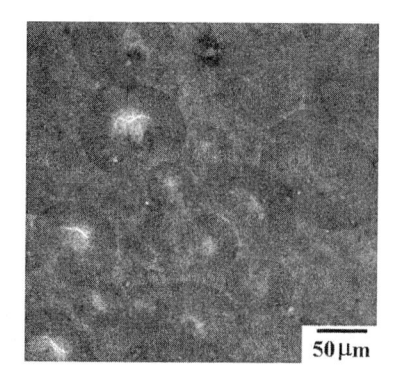

図4.48 新しい観察法で調べた成形体の構造
これは，従来の観察法ではきわめて均一な構造とみえてしまうものである．

均一性は，セラミックス中の傷を生成してその品質を著しく低下させる．

スプレードライの際，生産性や乾燥エネルギー消費の観点では，液体の量は最小とする必要がある．一方，液体を減らすとスラリーの粘度は増す．粘度が高すぎるとスラリーを液滴にできない．したがって，製造上の観点から，スプレードライでは粘度をある限度以下に抑える必要がある．これには，工業生産におけるスラリー調製では，分散剤を添加してその粘性を抑制している．一方，品質の観点では，液体量を最小とするのが最善ではない場合がある．工業生産ではコストや品質も考慮してスラリー特性を制御することが必要である．

もちろん現在の技術でも，粉体を顆粒化して成形体の均一性を上げようと最大の努力を払っている．しかし現実には，まだ完璧に均一な構造をもつ成形体は得られていない．成形体中には種々の要因で生じた不均質が存在し，焼結体の構造，したがってその特性に悪影響を及ぼしている．その一例を図4.48に示す．均一な成形体を実現するのは今後の課題である．

### 4.3.7 粉　　砕

粉砕は原料粉体の粒径をさらに細かくするため，またアグリゲートを破砕するために行われる．時には，さらに混合も同時に行うのにも用いられる．現在生産される粉体はアグリゲートを含むため，それらを必ず除去する必要がある．アグリゲートを含む粉体をその成形に用いると，成形体の構造中にはその周囲に大きな傷が生じる．

粉砕には種々の装置が用いられる．セラミックスの製造では，原料粉体はすでにかなり微粒であるため，微粉砕機が用いられる．代表的な微粉砕機は，図4.49に示すボールミルである．この粉砕機では，原料粉体をボールや溶媒などとともに円筒状の容器に入れ回転させる．粉体粒子は落下するボールの衝撃力や，ボール間のせん断力などにより粉砕される．工業的に用いられるミルには，長さ10 m，直径5 m程度の巨大なものがある．省スペースや粒径分布の制御のため，摩擦ミルも用いられる．この装置では，ボールと粉体および溶媒などを容器中に入れ，その中で腕木を回転させて粉砕を行う．

粉砕では，工業的には溶媒中の粒子をなるべく多くしたい．しかしこのときには，粒子は連続してつながりネットワークを形成する傾向がある．アグロメレートやネットワークが生じると，粉体には衝撃力が加わりにくくなり，粉砕効率が下がる．また時にはスラリーの粘性が高くなりすぎて，粉砕機の運転が困難にな

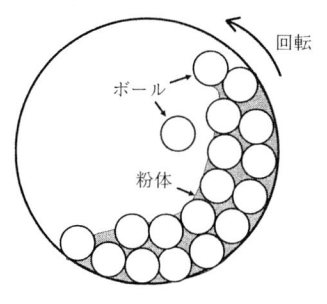

図 4.49 ボールミル

る．したがって工業的な製造では，pH 制御や分散剤などの添加により，それら構造の形成を防ぐ必要がある．

以上，説明したとおり，成形では，スラリーの特性が重要である．また，成形体の構造が最終製品の構造に支配的な影響を及ぼし，したがってその特性に決定的な影響を及ぼすことを考えると，スラリー特性の制御はセラミックス製造における最も重要なポイントともいえる．スラリー特性は，粉体の表面特性，粒子の形状や寸法，分散媒や添加物などにより影響を受ける．また粉体は複雑な構造をもち，成形ではその制御も重要である．

## 4.4 格子欠陥と拡散

固体は静的であると考えている人が多いと思うが，実際は熱エネルギーによって原子やイオンはその格子点を中心に激しく振動し，常に隣の位置にジャンプしたり，また原子どうしが入れ替わったりしている．この動きを拡散 (diffusion) と呼び，電気伝導とともにセラミックの最も重要な特性の 1 つである．例えば，原子やイオンの拡散は粉末の焼結 (緻密化)，クリープ変形，粒成長，イオン伝導および固体間反応などと密接に関係している．

化学ポテンシャルや電気化学ポテンシャルの勾配が存在し，しかも拡散種の移動が可能なとき，拡散による物質移動が生じる．この移動はまた，存在する格子欠陥の種類と濃度によって支配されている．

### 4.4.1 格子欠陥の種類と濃度

格子欠陥 (lattice defect) は，結晶において理想的な原子（イオン）の配列からのずれと定義され，原子（イオン）の欠損，置換原子（イオン），格子間原

子（イオン），さらには電子欠陥などがある．また一次元的に連なったものは線欠陥となり，二次元的に広がると面状の欠陥となり，積層欠陥がその例である．ここでは，拡散に密接に関係する原子（イオン）欠陥（点欠陥）について触れることにする．

結晶の点欠陥には，熱のエントロピー効果から生じた内因性欠陥（intrinsic defect）と，不純物の添加などによって生じた外因性欠陥（extrinsic defect）がある．内因性欠陥には，構造的見地からショットキー欠陥（Schottky defect）とフレンケル欠陥（Frenkel defect）が存在する．

イオン結晶のフレンケル欠陥は図 4.50(a) に示すように，イオンが正規の位置から格子間位置に変位し，欠損と格子間イオンの対で生じている．この場合，化学組成も変化しないし，格子サイズの変化が無視できる場合，密度も変化しない．

一方，ショットキー欠陥は図 4.50(b) に示すように，陽イオンと陰イオンが同時に欠損している．電気的中性が保たれるよう，例えば組成式 MX のイオン結晶では陽イオンと陰イオンの同数の空孔が生じる．また，$MX_2$ では陽イオンは陰イオンの 2 倍の電荷をもつため，各陽イオン空孔当たり 2 個の陰イオン空孔が生じる．それゆえ，化学組成は変わらず，密度は減少するが，厳密には，格子サイズの変化との兼ね合いになる．

これらの内因性欠陥は，結晶の種類に関わりなく必ず存在するが，その濃度は周囲の温度や結晶の結合エネルギーによって決まる．すなわち，欠陥を生じるにはエネルギーを必要とするが，逆にエントロピーが大きくなる．この欠陥生成エネルギー（defect formation energy）とエントロピーからのエネルギーが釣り合って，欠陥の濃度が決まる．

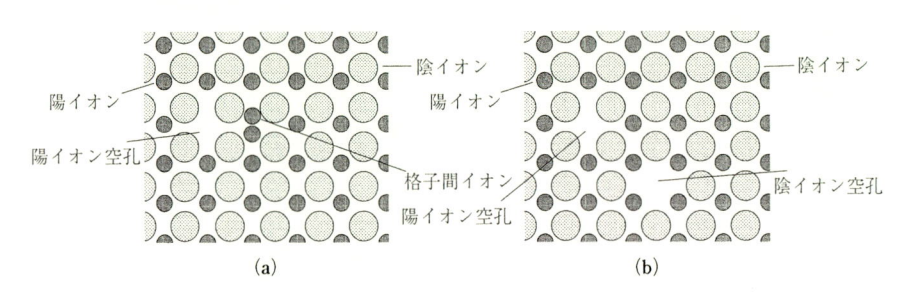

図 4.50 フレンケル欠陥 (a) とショットキー欠陥 (b)

## 4.4 格子欠陥と拡散

固体の場合，系の体積変化は無視できるので，ヘルムホルツ（Helmholtz）の自由エネルギー変化 $\Delta A$ は内部エネルギー $\Delta U$ とエントロピー変化 $\Delta S$ を用いて以下のように表せる．

$$\Delta A = \Delta U - T\Delta S \tag{4.27}$$

ここで，完全結晶である MX のイオンペアが単位体積当たり $N$ 個存在する場合を考える．さらに，1対のショットキー欠陥を生成するのに要するエネルギーを $g_s$ とすると，$n_s$ 個の欠陥対を生成するためのエネルギーは $n_s g_s$ となり，これは内部エネルギーの増加に相当する．

$$\Delta U = n_s g_s \tag{4.28}$$

一方，エントロピーの増加はボルツマン（Boltzmann）の原理から，欠陥の分布確率 $\Omega$ と次式のように関係している．

$$\Delta S = k \ln \Omega \tag{4.29}$$

ここで，$k$ はボルツマン定数である．$n_s$ 個の陽イオン欠陥サイトと $(N-n_s)$ 個の陽イオンで占められたサイトが，$N$ 個のサイトに分布する確率（$\omega_c$）は次式で表せる．

$$\omega_c = \frac{N!}{(N-n_s)!\, n_s!} \tag{4.30}$$

同様な議論は，陰イオン欠陥にも適用できる．陰イオン欠陥の分布の仕方を $\omega_a$ とすると，$\omega_c = \omega_a = \omega$ であり，結果として $\Omega = \omega^2$ となる．したがってエントロピー変化は

$$\Delta S = k \ln \Omega = k \ln \omega^2 = 2k \ln \omega = 2k \ln \frac{N!}{(N-n_s)!\, n_s!} \tag{4.31}$$

となる．ここでの対数の真数は非常に大きいので，スターリング（Stirling）の式 $\ln x! = x \ln x - x$ が適用できる．

$$\Delta S = 2k\{N \ln N - (N-n_s)\ln(N-n_s) - n_s \ln n_s\} \tag{4.32}$$

式(4.27)，(4.28)および(4.32)から

$$\Delta A = n_s g_s - 2kT\{N \ln N - (N-n_s)\ln(N-n_s) - n_s \ln n_s\}$$

ここで，平衡状態では $(\partial \Delta A/\partial n_s)_{T,V}=0$ が成り立つと仮定して，これを計算すると次式が得られる．

$$g_s = 2kT \ln \frac{N-n_s}{n_s} \tag{4.33}$$

これを書き直すと

$$n_\mathrm{s} = (N - n_\mathrm{s})\exp\left(-\frac{g_\mathrm{s}}{2kT}\right) \tag{4.34}$$

が得られる．ここで，欠陥量は格子サイトに比較して十分少ない，すなわち $n_\mathrm{s} \ll N$ であり，$N - n_\mathrm{s} \fallingdotseq N$ と近似されるので，

$$n_\mathrm{s} = N\exp\left(-\frac{g_\mathrm{s}}{2kT}\right)$$

が得られる．したがって，$1/T$ に対して欠陥濃度の対数をプロットすると，図 4.51 に示したように直線関係が得られ，その勾配から $g_\mathrm{s}$ が求まる．例えば，NaCl の場合 $g_\mathrm{s}$ が 188 kJ mol$^{-1}$ であるから，1073 K では $n_\mathrm{s}/N = 3 \times 10^{-5}$ となり，欠陥濃度は 30 ppm 程度である．

一方，フレンケル欠陥数も同様の取扱いにより，

$$n_\mathrm{f} = \sqrt{NN^*}\exp\left(\frac{g_\mathrm{f}}{2kT}\right) \tag{4.35}$$

が得られる．ここで，$N$ および $N^*$ はそれぞれ正規の格子位置数および格子間位置数であり，$g_\mathrm{f}$ はフレンケル欠陥の生成エネルギーである．

一般に，セラミックスのように耐熱性の結晶は，欠陥生成エネルギーが非常に大きいため，欠陥濃度はきわめて小さい．しかし，原子価の異なる元素や不純物の添加，あるいは雰囲気制御による混合原子価の存在などにより，多量の格子欠陥が容易に生じる．このような外因性欠陥は化学組成が整数比からずれた，いわゆる不定比（非化学量論）化合物（nonstoichiometric compound）と呼ばれる化合物を生じる．不定比化合物としては，置換型，格子間型，欠損型の3種類が知られているが，ここでは拡散現象と密接に関係する，格子間型と欠損型につい

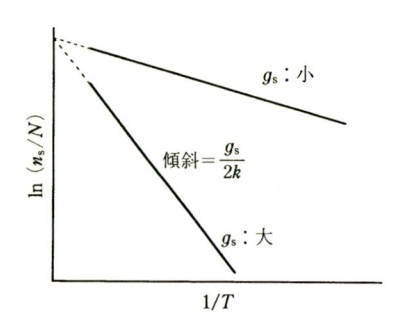

図 4.51 格子欠陥濃度の温度依存性

て簡単に説明する．

　格子間型欠陥は，余分のイオンが格子間に入ったもので，フレンケル欠陥と似ているが，格子欠損とペアになっていない点で異なっている．このタイプの欠陥の代表例として ZnO があり，過剰の $Zn^{2+}$ イオンが格子間に入り，組成は $Zn_{1+x}O$ と書かれる．

　欠損型欠陥には，陽イオン欠損と陰イオン欠損型がある．陽イオン欠損の例には $Fe_{1-x}O$ が知られ，Fe の一部が $Fe^{3+}$ となって電気的中性を保っている．NiO や $Cu_2O$ などもこの種類の欠陥を有している．さらに，タングステンブロンズで代表されるブロンズ構造は $A_{1-x}BO_3$ で表され，図 4.52 で示したペロブスカイト構造 (perovskite-type structure) $ABO_3$ の A サイトが一部欠損した構造と理解される．この場合，$B^{5+}$ の一部が $B^{6+}$ に変化することにより，電気的中性が保たれている．この種の化合物として，$Na_xWO_3$，$K_xWO_3$ などが知られている．

　ペロブスカイト構造はまた，酸化物イオンが欠損しやすい構造であり，$SrFeO_{3-\delta}$，$SrMnO_{3-\delta}$，$(Ba, La)InO_{3-\delta}$ など多くの化合物例がある．さらに，蛍石構造 (fluorite-type structure) においても，比較的多量の酸化物イオンの欠損を生じやすい構造として知られている．$Y_2O_3$ を固溶した $ZrO_2$ がこれに該当し，陰イオン欠損を含む代表的な例である．これは組成が $Zr_{1-x}Y_xO_{2-x/2}$ で表記されるように，$Y^{3+}$ 固溶量に対応した酸素欠損が生成し，結晶の対称性も酸素欠損量により単斜晶，正方晶，立方晶と変化する．このジルコニア系は安定化ジルコニア (stabilized zirconia) と呼ばれ，酸化物イオン伝導体としてよく知られ，

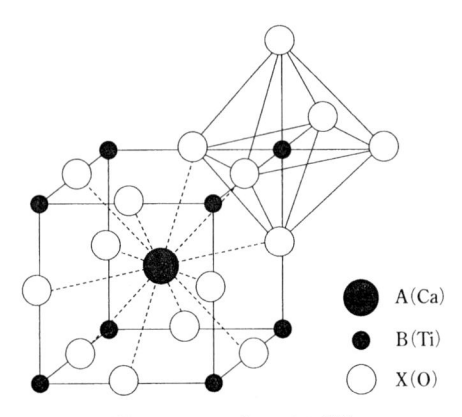

図 4.52　ペロブスカイト構造

● A(Ca)
・ B(Ti)
○ X(O)

酸素センサーとして実用化されている．さらには，固体電解質型燃料電池（solid oxide fuel cell: SOFC）用電解質としての応用も期待されている．

以上のように，格子欠陥を多量に含むことができる構造の特徴として，格子欠陥が増加するその延長上に，関連した安定相が存在するという共通点がみられる．例えば，酸素欠損したペロブスカイト構造におけるブラウンミラライト構造（brownmillerite-type structure）$A_2B_2O_5$，蛍石構造におけるパイロクロア構造（pyrochlore-type structure）$A_2B_2O_7$ などがその例である．なお，格子欠陥と結晶構造に関しての詳細は『結晶化学入門』（佐々木義典，他，基本化学シリーズ 12，朝倉書店，1999）を合わせて参考にされたい．

以上のような欠陥の生成を伴う反応を化学反応のように表すため，しばしば使用される Kröger-Vink 記号について説明する．欠陥が空孔（vacancy）のときは V で表し，空孔のある格子位置を添え字とする．また，あるイオンが格子間（interstitial）位置にあるときは i の添え字をつける．さらに，欠陥の有効電荷がプラスならばドット（˙），マイナスならプライム記号（′），有効電荷がゼロならば（×）（何もつけない場合もある）を肩付きで表す．有効電荷とは，本来その位置に入るイオンのもつ電荷と，実際に入ったイオンの電荷との差である．

例えば，MgO 中の $Mg^{2+}$ の位置が欠損した場合，そのサイトの有効電荷は $(0)-(+2)=-2$ となるため，$-2$ 価に帯電していると考えて，$V_{Mg}''$ と表す．格子間に存在する $Zn^{2+}$ の場合は，格子間位置にはもともとイオンが存在しない位置であり，本来の電荷がゼロのところに $+2$ 価の電荷が入ったと考えて $Zn_i^{\cdot\cdot}$ と示される．これらを用いて欠陥反応式を考える場合，結晶中のサイト数，あるいはサイト比を厳密に保存するとともに，左辺の電荷の合計と，右辺の電荷の合計を等しくしなければならない．以下，いくつかの例について具体的に示す．

MgO でショットキー欠陥が生じた場合は以下のように書かれる．

$$\text{null} \longrightarrow V_{Mg}'' + V_O^{\cdot\cdot} \tag{4.36}$$

ここで，null とは「無」のことであり，結晶中に何の欠陥も存在しないところに新たな欠陥サイトが形成されることを意味している．

AgCl は，$Ag^+$ の一部がもとの格子位置を離れて格子間位置に移動し，フレンケル欠陥を生じている．これは，以下のように記述できる．

$$Ag_{Ag}^{\times} \longrightarrow Ag_i^{\cdot} + V_{Ag}' \tag{4.37}$$

前述の $Y^{3+}$ を固溶した $ZrO_2$ の場合は

$$Y_2O_3 \longrightarrow 2Y_{Zr}' + V_O^{\cdot\cdot} + 3O_O^{\times} \qquad (4.38)$$

のように書ける．

### 4.4.2 拡散現象の巨視的な取扱い

　セラミックスにおける拡散現象は，前項で触れた格子欠陥を介して，非平衡状態から平衡状態に向かうプロセスと理解される．

　したがって，拡散の巨視的な取扱いは，熱の移動と同じ考え方を採用して，フィック（Fick）の第一法則（Fick's first law）および第二法則（Fick's second law）が適用されている．

　まず，フィックの第一法則は定常状態で

$$J = -D \frac{dC}{dx} \qquad (4.39)$$

と書かれる．すなわち，単位時間，単位面積当たりに移動する粒子の数であるフラックス $J$ は，濃度勾配 $dC/dx$ に比例する．式(4.39)におけるマイナスの記号は，拡散物質が高濃度から低濃度に向けて流れ出ることを示している．また，比例定数である $D$ は，拡散係数（diffusion coefficient）と呼ばれる．定義から，$J$ の単位は $\mathrm{mol\ m^{-2}\ s^{-1}}$ で，濃度勾配は $(\mathrm{mol\ m^{-3}})(\mathrm{m^{-1}})$ であるから，$D$ の単位はSI単位系では $\mathrm{m^2\ s^{-1}}$ となる．

　原子やイオンの拡散係数は，結晶格子中における原子やイオンのジャンプのしやすさとジャンプ回数の目安となる．実験的には，$D$ は温度の関数として以下の式で表される．

$$D = D_\circ \exp\left(-\frac{Q}{kT}\right) \qquad (4.40)$$

ここで，$D_\circ$ は頻度因子，$Q$ は拡散のための活性化エネルギー（activation energy），$k$ はボルツマン定数である．すなわち，原子が結晶格子位置をジャンプして拡散するためには，原子はその隣接原子との間に存在するポテンシャルエネルギーの山を乗り越えなければならないことを意味する．

　実際の拡散現象では，濃度 $C$ は時間とともに変化するので，$C$ は場所 $x$ と時間 $t$ の関数となる．そこで $D$ が濃度に依存しないと仮定すると，次式のようなフィックの第二法則が適用される．

$$\frac{\partial C}{\partial t} = -\frac{\partial J}{\partial x} = D \frac{\partial^2 C}{\partial x^2} \qquad (4.41)$$

この偏微分方程式は，実験での初期条件および境界条件を設定すれば解くことができる．いろいろなモデルについて解が求められているが，例えばアイソトープのような拡散源を拡散試料の表面に薄膜状に塗布し，加熱することによって拡散実験を行ったときの濃度変化は，式(4.41)において初期条件を $t=0$, $x>0$ で $C=0$ として解くと，次式が得られる．

$$C(x,t) = \frac{M}{2\sqrt{\pi Dt}} \exp\left(-\frac{x^2}{4Dt}\right) \quad (4.42)$$

ここで，$M$ は単位断面積当たりの拡散種の初期量である．したがって，$\log C(x,t)$ を $x^2$ に対してプロットして得られた直線の勾配から $1/(4Dt)$ が求められ，さらに時間 $t$ が与えられれば，$D$ が計算されることになる．

一方，2種類の金属を接触させ，加熱したときのように，$t=0$ で試料の表面濃度に拡散種を含まず，$t>0$ で表面濃度が常に初期濃度 $C_0$ に保たれる場合，濃度プロファイルの解析には，次式のような誤差関数（error function）erf($z$) を用いて解析できる．

$$C(x,t) = C_0\left\{1 - \mathrm{erf}\left(\frac{x}{2\sqrt{Dt}}\right)\right\} \quad (4.43)$$

ここで，$x/2\sqrt{Dt} = u$ とすると，

$$\mathrm{erf}(u) = \int_0^u \exp(-y^2)\,dy \quad \text{*1} \quad (4.44)$$

である．式(4.44)は，式(4.42)の指数関数を積分した形になっていることに注意されたい．また，この誤差関数は次式のように級数展開ができる[*2]．

$$\mathrm{erf}(u) = \sum_{n=0}^{\infty} \frac{(-1)^n u^{2n+1}}{(2n+1)\,n!} = u - \frac{u^3}{3\cdot 1!} + \frac{u^5}{5\cdot 2!} - \frac{u^7}{7\cdot 3!} + \frac{u^9}{9\cdot 4!} - \cdots \quad (4.45)$$

そこで，式(4.45)を用いて，具体的に誤差関数を計算し，$u$ に対して $1-\mathrm{erf}(u)$ をプロットした結果を図4.53に示す．ただし，$u$ が2を超えると，$10 \leq n$ での計算が必要となることに注意すべきである．また比較のため，式(4.42)の変化も同時にプロットした．この場合，$u$ の定義から，$\exp(-u^2)$ で示した．図から明らかなように，式(4.42)の濃度変化はガウス分布となる．

ここまでは，濃度勾配が拡散の駆動力として働く場合について述べてきたが，結晶中におけるイオンや原子の拡散は，電界や応力などとも密接に関係する場合

---

[*1] 書物によっては，この式に $2/\sqrt{\pi}$ を掛けた式を誤差関数とする場合もある．
[*2] 森口繁一，宇田川銈久，一松　信：数学公式 III, p.24, 岩波書店, 1987.

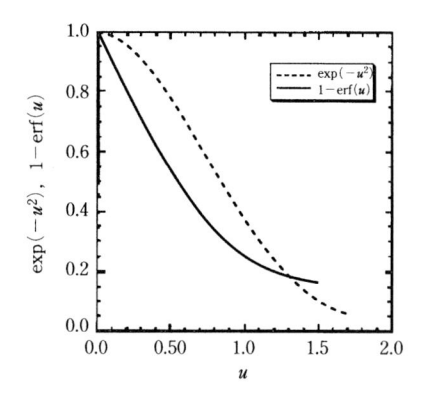

**図 4.53** $\exp(-u^2)$ と $\mathrm{erf}(u)$ の違い

が多い.そこで,拡散の議論をより普遍的にするため,ポテンシャルの勾配を拡散の駆動力とする考え方を導入する.

原子を輸送させるための最も一般的な駆動力 (driving force) $F_i$ は,拡散する原子やイオンに直接働く力であり,それは化学ポテンシャル,または自由エネルギーの勾配として表せることをアインシュタイン (Einstein) は指摘している.これは

$$F_i = \frac{1}{N_A}\left(\frac{d\mu_i}{dx}\right) \quad [\mathrm{J\ m^{-1}\ particle^{-1}}] \tag{4.46}$$

として表せる.ここで,$\mu_i$ は化学種 $i$ の化学ポテンシャル($\mathrm{J\ mol^{-1}}$)で,$N_A$ はアボガドロ定数である.それゆえ,$F_i$ は1個の移動する化学種(particle)にかかる力である.

次に,拡散種と移動度の関係について検討する.移動する化学種 $i$ の移動度 (mobility) $M_i$ は,駆動力 $F_i$ 当たりの速度 $v_i$ と定義されるので,

$$M_i = \frac{v_i}{F_i} \quad [\mathrm{particle\ m^2\ J^{-1}\ s^{-1}}] \tag{4.47}$$

と記述される.この駆動力には化学ポテンシャル勾配,電気ポテンシャル勾配,界面エネルギーポテンシャル勾配,弾性歪みエネルギー勾配など,様々なプロセスにおけるエネルギー勾配が対応してくる.それゆえ,原子,電子,転位,粒界などの移動物質に対してそれぞれの移動度を適用することが可能となる.

移動度と拡散係数の関係を得るには,まずフラックスをより普遍的な形である

濃度と速度の積として表し，これに式(4.47)を適用すると次式が得られる．

$$J_i = c_i v_i = c_i M_i F_i \tag{4.48}$$

さらに，$F_i$ に対して式(4.46)を代入すると，

$$J_i = \frac{1}{N_A}\left(\frac{d\mu_i}{dx}\right) M_i c_i \quad [\mathrm{mol\ m^{-2}\ s^{-1}}] \tag{4.49}$$

が得られる．ここで，理想系に対する化学ポテンシャルは，活量係数は 1 であるので，$\mu_i = \mu_i^\circ + RT \ln c_i$ と表記され，化学ポテンシャルの変化は

$$d\mu_i = RT\, d\ln c_i = \frac{RT}{c_i} dc_i \tag{4.50}$$

で与えられる．したがって，化学ポテンシャルの勾配は

$$\frac{d\mu_i}{dx} = \frac{RT}{c_i}\left(\frac{dc_i}{dx}\right) \tag{4.51}$$

である．すなわち，化学ポテンシャルの勾配は実質的に濃度勾配と関係づけられ，結果としてフィックの第一法則と結びつくことを意味する．得られた $d\mu_i/dx$ を式(4.49)に代入すると

$$J_i = \frac{RT}{N_A} M_i \frac{dc_i}{dx} \quad [\mathrm{mol\ m^{-2}\ s^{-1}}] \tag{4.52}$$

が得られる．ここで，式(4.52)をフィックの第一法則である式(4.39)と比較すると，ボルツマン定数 $k$ は $k = R/N_A$ と関係づけられるので，

$$D_i = kTM_i \quad [\mathrm{m^2\ s^{-1}}] \tag{4.53}$$

となり，拡散係数は原子の移動度に直接比例することがわかる．

### 4.4.3 拡散の原子論的な取扱い

ランダムウォーク理論によると，拡散粒子が時間 $t$ の間に動いた距離は，平均2乗変位 $\overline{x^2}$ で表され，これは拡散係数 $D$ と次式のように関係づけられる．

$$\overline{x^2} \propto Dt \tag{4.54}$$

一方，いまある粒子が $n$ 回のランダムジャンプにより到達する距離 $x$ は，平均2乗変位 $\overline{x^2}$ を用いて，次式で表すことができる．

$$\sqrt{\overline{x^2}} \propto \sqrt{n} \times \lambda \tag{4.55}$$

ここで，$\lambda$ はジャンプ距離である．したがって，式(4.54)，(4.55)から，

$$D \propto n\lambda^2/t$$

の関係が得られる．ここで，毎秒当たりのジャンプ頻度（$\Gamma$）を $\Gamma = n/t$ とし，比例定数を $a$ とすると，

が得られる．ここで，$a$ は結晶構造に依存する比例定数である．例えば立方格子中をある原子がジャンプするとき，隣接するサイト数，すなわち配位数が $N$ ならば，ある方向への拡散は $1/N$ となり，$a=1/N$ で与えられる．それゆえ，配位数が6のとき，

$$D=(1/6)\lambda^2\Gamma \qquad (4.57)$$

となる．また，ジャンプ距離 $\lambda$ は拡散する原子（イオン）の結晶サイト間の距離と考えてよい．

ここまでは，隣接するすべてのサイトに拡散することが可能であると仮定したため，欠陥濃度の影響は考慮しなかったことに注意しなければならない．実際には，$D$ は欠陥の濃度に比例し，欠陥濃度はまた温度に依存して変化することが知られている．したがって，式(4.40)で示した実験式中の $Q$ には，移動のためのエンタルピー $\Delta H_m$ に加えて，欠陥生成エネルギーや会合エネルギーのような他のエネルギーが加わることがある．

### 4.4.4 拡散機構

原子やイオンの拡散には，主として3つのメカニズムが知られている（図4.54）．第一のものは空孔機構（vacancy mechanism）で，原子やイオンが正規の格子位置から隣の空孔位置へジャンプするメカニズムである（図4.54(a)）．第二の機構は格子間機構（interstitial mechanism）と呼ばれ，格子間位置にある原子やイオンが，別の格子間位置に移動するメカニズムである（同図(b)）．第三のメカニズムは準格子間機構（interstitialcy mechanism）で，格子間にある原子が，正規の格子位置の原子を格子間位置に押し出すメカニズムである（同図(c)）．

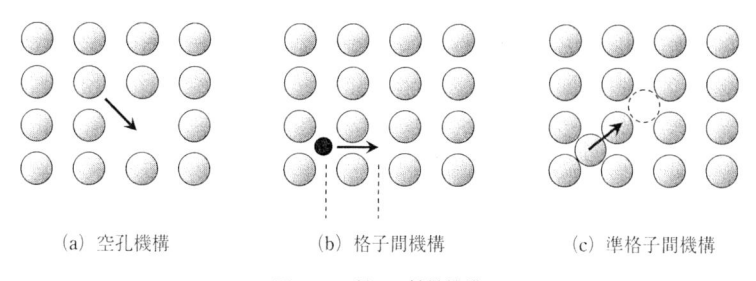

(a) 空孔機構　　(b) 格子間機構　　(c) 準格子間機構

図4.54 種々の拡散機構

原子が化学的ポテンシャル勾配（$\Delta \mu$）の存在下で，ある格子位置から別の格子位置に移るとき，もとの位置での結合を切り，隣接した原子の間をかいくぐらなければならない．すなわちこのプロセスは，エネルギー障壁 $\Delta G_m$ を乗り越えなければならないことを意味する．この様子を図 4.55 に示す．ある温度で，$\Delta G_m$ より高いエネルギーを有する原子の割合はどのくらいなのかを考える．いま原子の振動数が $\nu$ のとき，そのうち実際に $\Delta G_m$ を越えてジャンプする頻度 $\Gamma$ は，ボルツマン分布則（Boltzmann distribution law）を用いて次式のように与えられる．

$$\Gamma = \nu \exp\left(-\frac{\Delta G_m}{kT}\right) = \nu \exp\left(\frac{\Delta S_m}{k}\right)\exp\left(-\frac{\Delta H_m}{kT}\right) \quad (4.58)$$

ここで，$\Delta G_m$ は $\Delta H_m - T\Delta S_m$ であり，$\Delta H_m$ は移動のエンタルピー変化，$\Delta S_m$ は移動プロセスに伴うエントロピー変化である．したがって，式(4.56)の拡散係数は

$$D = a\lambda^2 \Gamma = a\lambda^2 \nu \exp\left(-\frac{\Delta G_m}{kT}\right)$$

$$= a\lambda^2 \nu \exp\left(\frac{\Delta S_m}{k}\right)\exp\left(-\frac{\Delta H_m}{kT}\right) \quad (4.59)$$

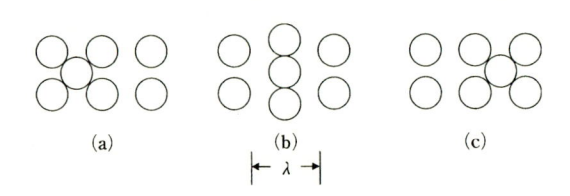

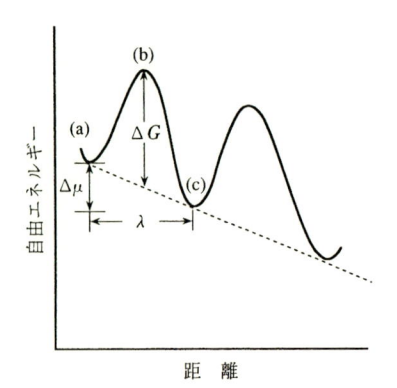

図 4.55　ポテンシャルエネルギーを越えて拡散する原子

となる．また式(4.40)との比較により，$Q=\Delta H_\mathrm{m}$ と仮定すると，
$$D_\circ = \alpha \lambda^2 \nu \exp(\Delta S_\mathrm{m}/k) \tag{4.60}$$
と関係づけられる．ここで，近似的に $\alpha=0.1$，$\lambda=0.2\,\mathrm{nm}$，$\nu=10^{13}\,\mathrm{s}^{-1}$ とし，$\Delta S_\mathrm{m}/k$ がごく小さい値であると仮定すると，$D_\circ$ は $10^{-7}$ から $10^{-3}\,\mathrm{m^2\,s^{-1}}$ の範囲となる．

### 4.4.5 拡散係数の種類

異なった拡散種，または異なった実験手法で求められる拡散係数を明確にするため，ここでいくつかの用語を明確にしておく必要がある．

拡散現象に関わるものとして，
- 格子欠陥の種類…格子空孔，格子間原子など
- 拡散種…格子イオン，不純物イオン
- 拡散経路…格子拡散，表面拡散，粒界拡散
- 拡散プロセス…自己拡散，化学拡散，相互拡散

などがあげられる．

例えば，インキが水溶液内を広がるように，濃度勾配によって拡散する現象を相互拡散（inter diffusion），あるいは化学拡散（chemical diffusion）といい，結晶中のイオンなどが格子欠陥を介して，熱エネルギー，電場勾配や表面エネルギーによって成分元素自体が拡散する現象を自己拡散（self diffusion）と呼んでいる．本項ではこの自己拡散を中心に議論する．

格子欠陥の拡散は特定の点欠陥，例えば空孔または格子間原子，不純物-空孔ペアなどの拡散に対応している．欠陥どうしが相互作用しないような低欠陥濃度領域では，欠陥の拡散は一般に欠陥濃度に依存しない．欠陥の拡散が濃度に依存しないのは，空孔の移動は原子との交換であって，空孔との交換ではないからである．空孔と原子の交換によって，原子が移動する方向は空孔の移動する方向とは逆向きになる．空孔の濃度が薄いとき，隣の格子位置は常に原子によって占められているので，隣の原子と交換できる確率は1に近い．結果として，各々の空孔は他の空孔と相互作用なしに移動できる．

逆に格子イオンの拡散（ホストイオン，不純物，放射性同位元素，安定同位元素を含む）は，欠陥の濃度に強く依存する．自己拡散係数（self-diffusion coefficient）は，ホスト格子イオンの移動であり，例えばMgO中のMg，あるいはOの拡散係数を意味する．この自己拡散係数は，焼結や拡散クリープを含む

プロセスで重要な役割を果たしている．ある方向における陽イオン空孔の濃度勾配は，陽イオンの濃度勾配と逆になる．すなわち，濃度勾配が低下する方向へ流れる空孔の移動量（フラックス）は，逆方向へ移動する陽イオンのフラックスと同じである．この陽イオンのフラックスは，自己拡散係数（$D_s$）で特徴づけられる．もしこの拡散が空孔機構で起こるならば，自己拡散係数は空孔の拡散係数（$D_v$）と空孔濃度［V］の積で与えられる．

$$D_s = [V] D_v \qquad (4.61)$$

ここで，濃度［V］項は，隣のサイトに空孔が存在することによって，イオンの交換が可能になる確率を示すと考えてよい．

また，イオンの格子間拡散（interstitial diffusion）が速いとき，自己拡散係数は格子間拡散係数（$D_i$）と格子間イオン濃度［$M_i$］の積で与えられる．

$$D_s = [M_i] D_i \qquad (4.62)$$

自己拡散係数はそれゆえ，格子の欠陥構造，雰囲気，温度に強く依存することになる．

また自己拡散係数を直接測定することは難しく，通常ホストの化学的性質がほぼ同じで，しかも容易に分析が可能である放射性同位元素や安定同位元素をトレーサーとして使用する場合が多い．この実験手法で求められた拡散係数はトレーサー拡散係数（tracer diffusion coefficient）$D_{tr.}$ と呼ばれ，自己拡散係数に近い値であるが，厳密に同じではない．この理由は，空孔メカニズムで自己拡散する陽イオンの場合，拡散するイオンは区別できないが，トレーサーはたとえ同位体であっても，異種イオンと判定されるからである．例えば，ある欠陥サイトにイオンが置換するとき，ホストイオンだけの場合は，周りのどのイオンが入っても区別できないが（そのため確率は高いが），ホストイオン中にトレーサーが1個存在して，そのトレーサーが欠陥サイトと置換する確率は，ホストイオンだけの場合と比較して当然低くなる．このため，トレーサー拡散係数 $D_{tr.}$ は $D_s$ と相関係数 $f$ で次式のように関係づけられる．

$$D_{tr.} = f \cdot D_s \qquad (4.63)$$

相関係数は，空孔が格子イオンおよびトレーサーと交換する頻度と結晶の立体配置や原子配位に依存している．同位体元素を用いたときのようにジャンプ頻度が同じ場合，相関係数は原子の立体配位にのみ依存することになる．空孔メカニズムにおいて，$f$ は面心立方格子（FCC），六方格子（HCP），体心立方格子

（BCC）および単純格子に対して，それぞれ 0.781，0.781，0.721 および 0.655 と求められている．一方，格子間メカニズムによる拡散の場合には，格子間イオンが隣の位置に移動する確率に差はないので，相関係数は 1 になる．

このほか，自己拡散係数の測定には，電場勾配や表面エネルギーに起因する格子欠陥の濃度勾配の存在により，イオンの拡散が生じるが，これを自己拡散と認識し，自己拡散係数を求める手法がある．具体的な取扱いについては，4.4.8 項で触れる．

不純物拡散は，不純物のイオンサイズや原子価がホストイオンのそれと異なるため，拡散の活性化エネルギーが異なることから，自己拡散やトレーサー拡散とは異なっている．また，不純物と格子空孔の会合が生じた場合も，著しく拡散現象は変化するはずである．

### 4.4.6 拡散現象の具体例

いま NaCl について，$Na^+$ の自己拡散を検討する．純粋な NaCl の場合，$Na^+$ が空孔メカニズムで拡散すると仮定して，具体的に拡散係数を求めてみよう．式 (4.61) から

$$D_{Na} = [V_{Na}]D_V$$

であるから，まず，$D_V$ から考える．空孔の濃度が低いとき，空孔がジャンプできるすべてのサイトは常に原子によって占められているので，空孔の周りの配位数 $N$ が大きいほど，ジャンプする確率が高くなる．それゆえ，式 (4.59) の $D$ とは $D_V = ND$ の関係が成り立つ．さらに，式 (4.59) の移動のエントロピー変化 $\Delta S_m$ は無視できるほど小さいと仮定して，1 mol 当たりで考えると，

$$D_{Na} = [V_{Na}]D_V = [V_{Na}]Na\lambda^2\nu \exp\left(-\frac{\Delta H_m}{RT}\right) \tag{4.64}$$

が得られる．ここで，不純物がないときでも，熱的に生じたショットキー型の欠陥が生じ，その欠陥濃度 $[V_{Na}]$ は

$$[V_{Na}'] = [V_{Cl}^\cdot] = \exp\left(\frac{\Delta S_S}{2R}\right)\exp\left(\frac{\Delta H_S}{2RT}\right) \tag{4.65}$$

で与えられる．ここで，$\Delta H_S$ および $\Delta S_S$ はそれぞれショットキー欠陥の生成エンタルピー変化およびエントロピー変化である．式 (4.65) を式 (4.64) に代入すると

$$D_{Na} = Na\lambda^2\nu \exp\left(\frac{\Delta S_S}{2R}\right)\exp\left(\frac{\Delta H_m + \Delta H_S/2}{RT}\right) \tag{4.66}$$

となる．ここで，

$aN = 1$

$\lambda$（ジャンプ距離）$= a(\sqrt{2}/2) = 0.4$ nm

$\nu$（格子振動数）$= 10^{13}$ s$^{-1}$

$\Delta H_m$（移動のエンタルピー変化）$= 77$ kJ mol$^{-1}$

$\Delta H_S$（ショットキー欠陥生成エンタルピー変化）$= 240$ kJ mol$^{-1}$

$\Delta S_S$（ショットキー欠陥生成エントロピー変化）$= 14R$ J K$^{-1}$ mol$^{-1}$

とすると，

$$D_{Na} = 1.75 \times 10^{-3} \exp(-197 \text{ kJ}/RT) \text{ m}^2 \text{ s}^{-1} \qquad (4.67)$$

と計算される．これは，熱的に生じた欠陥を介して拡散するNaイオンの拡散係数である．図4.56中のAは，この$D_{Na}$をアレニウスプロットしたものである．

一方，NaClに例えば0.01 mol%のCaCl$_2$を添加したときの欠陥平衡式をKröger-Vinkの表記法に従うと，以下のように示される．

$$CaCl_2 = Ca_{Na}^{\cdot} + V_{Na}' + 2Cl_{Cl}^{\times} \qquad (4.68)$$

Naの欠陥濃度は次式に示すように，不純物のCaの濃度で決まり，温度には無関係である．

$$[V] = [V_{Na}'] = 0.0001$$

この濃度を式(4.64)に代入し，他の項の数字は変化しないと仮定すると，0.01 mol%のCaCl$_2$を添加したとき，Naイオンの拡散係数は

$$D_{Na} = 1.6 \times 10^{-10} \exp(-77 \text{ kJ}/RT) \text{ m}^2 \text{ s}^{-1} \qquad (4.69)$$

となる．この拡散係数は図4.56中のBで示してある．また，図中のA+Bは2

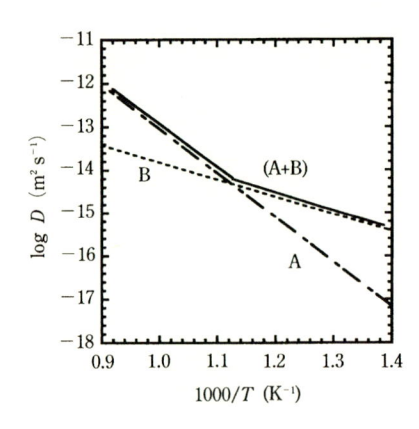

図4.56 拡散係数のアレニウスプロット
A：純粋なNaCl中のNa$^+$の拡散，B：0.01 mol%のCaCl$_2$を添加したNaCl中のNa$^+$の拡散．

種類の拡散係数を合計したものである。この図からもわかるように，低温側では不純物による拡散係数が高いが，高温側では純粋な NaCl における Na の拡散係数の方が高くなる。この低温領域を不純物（extrinsic）領域といい，活性化エネルギーは $\Delta H$ のみを含むが，固有または真性（intrinsic）領域と呼ばれる高温領域の活性化エネルギーは，$\Delta H_m + \Delta H_s/2$ を含む。したがって，この差から欠陥生成エネルギーが求められる。

### 4.4.7 粒界拡散

結晶格子内の拡散現象に，点欠陥が重要な役割を演じていることはすでに述べてきたが，実際の結晶には点欠陥以外に転位や積層欠陥などが存在し，さらに焼結体のような多結晶では粒界が存在するため，これらが拡散に影響を及ぼすことは容易に予想される。特に粒界は粒内に比べて原子の配列は乱れており，格子欠陥が多数存在する。それゆえ，たとえ自己拡散係数でも格子内の拡散は格子拡散（lattice diffusion），結晶粒界の場合は粒界拡散（grain-boundary diffusion），粒子表面の場合は表面拡散（surface diffusion）と呼ばれ，それらの大きさは，一般的に，格子拡散＜粒界拡散＜表面拡散の関係がある。例えば，銀の自己拡散において，表面拡散係数は約 $10^{-9}$ m$^2$ s$^{-1}$（500〜650 K），粒界拡散係数は約 $10^{-12}$ m$^2$ s$^{-1}$（700〜900 K），格子拡散係数は約 $10^{-15} \sim 10^{-13}$ m$^2$ s$^{-1}$（1000〜1200 K）である。

いま，格子拡散を $D_l$ とし，拡散距離が粒径 $d$ より非常に大きい場合を考える。すなわち

$$\sqrt{D_l t} \gg d$$

のとき，実験から得られる見かけの拡散係数 $D_{ap}$ は，$D_{gb}$ を粒界拡散係数とすると

$$D_{ap} = (1-f)D_l + fD_{gb} \tag{4.70}$$

と関係づけられる。$f$ は全体の体積に対する粒界の体積率であり，近似的に次式で与えられる。

$$f \fallingdotseq \frac{3\delta}{d} \tag{4.71}$$

ここで，$\delta$ は粒界の厚さで，約 1 nm 程度である。それゆえ，$D_{gb}$ の大きさにも依存するが，粒径の大きさが 1 μm 以下になると，$D_{gb}$ の影響が現れる。

### 4.4.8 拡散に関わる現象

拡散現象は直接測定される場合もあるが，種々の反応や物性測定の中でイオン

の拡散が影響を及ぼす場合の方が多く知られている．以下に，種々の現象が拡散との関係でメカニズムが説明できる例を取り上げる．

**a. 金属の酸化反応** 固相反応のうちでも最もよく研究されている金属の酸化反応は，金属原子が界面でイオン化するプロセスと，そのイオンが酸化被膜内を拡散する2つのプロセスからなる．反応の律速段階は酸化被膜内の拡散であり，被膜の厚さを $X$，時間を $t$ とすると，被膜の成長速度はフィックの第一法則から

$$\frac{dX}{dt} = \frac{AD\Delta C}{X} \tag{4.72}$$

となる．ここで，$\Delta C$ は両界面間での濃度差，$D$ は拡散係数，$A$ は定数である．この式を積分し，$t=0$ のとき，$X=0$ とすると

$$X^2 = 2AD\Delta Ct \tag{4.73}$$

となる．

しかし，実際の反応では $X$ を直接測定することが難しいので，反応率 $\alpha$ から速度式を求める手法が利用される．例えば，過剰な拡散成分 A が B 粒子の周囲にあり，両者の接触は完全で反応は表面より進行する．また，B 粒子の粒径 $r_B$ はすべて等しいとし，生成物層の濃度勾配は直線的であると仮定する．反応率 $\alpha$ は過小成分 B を基準とすれば，式(4.74)になり，これを変形すれば式(4.75)が得られる．

$$\alpha = \frac{r_B^3 - (r_B - X)^3}{r_B^3} \tag{4.74}$$

$$X = r_B\{1 - (1-\alpha)^{1/3}\} \tag{4.75}$$

この式(4.75)を式(4.74)に代入すると，式(4.76)が得られる．

$$\{1-(1-\alpha)^{1/3}\}^2 = \frac{AD\Delta C}{r_B^2}t = kt \tag{4.76}$$

これがいわゆるヤンダー（Jander）の式として知られている（3.1.3項を参照）．

**b. クリープ現象と拡散** クリープはある応力（$\sigma$）下で時間の経過に応じて変形する現象であり，歪み速度が時間に関して一定である領域を定常クリープという．この領域での変形速度 $d\varepsilon/dt$ は

$$\frac{d\varepsilon}{dt} = \frac{14\sigma\Omega D^*}{d^2 kT} \tag{4.77}$$

と書かれる．ただし，$D^* = D_l + (\pi/d)\delta D_{gb}$ である．ここで，$\Omega$ は原子の体積，

$D_l$ は格子拡散係数,$D_{gb}$ は粒界拡散係数,$\delta$ は粒界有効幅,$D^*$ は見かけの拡散係数である.

$D_l \gg (\pi/d)\delta D_{gb}$ のとき,格子拡散が支配的になり,

$$\frac{d\varepsilon}{dt} = \frac{14\sigma\Omega D_l}{d^2 kT} \tag{4.78}$$

となり,これはナバロ-ハーリング(Nabarro-Herring)のクリープ速度式として知られている.式(4.78)からわかるように,クリープ速度は応力に比例し,粒径の自乗に反比例する.また,$1/T$ に対して $\ln(T d\varepsilon/dt)$ をプロットすると,その勾配はクリープのための活性化エネルギーが求まる.

一方,粒界拡散が優勢な場合,$D^* = (\pi/d)\delta D_{gb}$ となるので

$$\frac{d\varepsilon}{dt} = \frac{14\pi\sigma\Omega\delta D_{gb}}{d^3 kT} \tag{4.79}$$

が得られ,これはコーブル(Coble)のクリープ速度式と呼ばれている.ナバロ-ハーリングのクリープ速度式と異なり,クリープ速度は粒径の3乗に反比例する.

**c. イオン伝導と拡散** イオン伝導は,拡散現象と最も直接的に関係する特性である.拡散係数とイオン伝導度を関係づける理論として,ネルンスト-アインシュタイン(Nernst-Einstein)の式が知られている.以下これについて説明する.

電気的な力による移動を議論するときは,移動の駆動力は化学ポテンシャル勾配ではなく,電気的ポテンシャル $\phi$ の勾配で考えなければならない.したがって,駆動力 $F_i$ は

$$F_i = q_i \frac{d\phi}{dx} = q_i E \qquad [\text{J m}^{-1}\,\text{particle}^{-1}] \tag{4.80}$$

と表される.ここで,$q_i$ は粒子の電荷(C particle$^{-1}$)である.フラックスは移動度 $M_i$ に対して,式(4.53)を変形した $M_i = D_i/kT$ と,式(4.48)から,次式が得られる.

$$J_i = c_i M_i F_i = c_i \left(\frac{D_i}{kT}\right) q_i E = c_i \left(\frac{q_i D_i}{kT}\right) E \tag{4.81}$$

また,$J_i = c_i v_i$ から

$$v_i = \left(\frac{q_i D_i}{kT}\right) E \tag{4.82}$$

の関係が得られる．通常，化学ポテンシャルが $\mu$ で表されるため，これまで移動度に $M$ を用いてきたが，電気伝導に関する議論においては，移動度の記号に $\mu$ が用いられている．そこで，改めて移動度の記号を $\mu$ とすると，$\mu_i = v_i/E$ の関係が知られている．すなわち，$q_i$ の電荷をもつ粒子 $i$ が電界のために力を受けると，その方向に移動し電流となる．このときの粒子の平均移動速度 $v_i$ は，電界の強さ $E$ に比例する．この比例定数が移動度 $\mu_i$ である．それゆえ，

$$\mu_i = \frac{q_i D_i}{kT} \quad [\mathrm{m^2\ V^{-1}\ s^{-1}}] \tag{4.83}$$

が得られる．これが，ネルンスト-アインシュタインの式として知られている（イオン伝導については5.2節を参照）．

## 4.5 焼結のメカニズム

　セラミックスは一般に高融点である．それを溶融して所望の形にするのは，技術的にも問題があり，経済的にもたいへん不利な方法である．その物質の融点以下の温度で成形体を焼き固めること（焼結）でも，十分に高い強度と優れた性質を有する焼結体を得ることができる．しかも，溶融してつくるよりもはるかに簡便である．

　難焼結性の物質では，加圧下や液相存在下で緻密な焼結体を製造する方法が採用される．加圧焼結や液相焼結といわれる方法がこれで，高融点で難焼結性の，例えば，炭化物やホウ化物の焼結などに利用される．特に，実際に多用されるケースでは，低純度や多成分の物質が使用されることが多いので，部分的に液相が生成し液相焼結になる場合が多い．

　常圧における固相焼結に比べ，加圧焼結や液相焼結は緻密化がはやく理論的な取扱いが難しい．そのため，理論よりもむしろ経験的に理解されている部分が多い．しかしながら，いかなる焼結プロセスでも，その基本になる因子はほぼ同一と考えてよい．したがって，焼結プロセスのうちの1つを理解すれば，焼結全体のキーポイントを大雑把に把握することができる．

　このようなことから，本節では，最もよく研究されている固相焼結を取り上げ，焼結を支配する基本的諸因子についてまず述べる．次いで，工業的に多用される液相焼結についてそのポイントを述べる．

### 4.5.1 焼結の駆動力

焼結の駆動力は，表面張力（表面エネルギーとほぼ等価であることは 4.2.1 項で述べた）である．粒子の表面が凸面のときに圧縮応力で，逆に凹面の時には引張応力となる．図 4.57 のように亜鈴形のネック部分では，凹面と凸面の曲率がある．凹面の曲率が負，凸面の曲率が正であるから，凹面には引張応力，凸面には圧縮応力がそれぞれ働く．この場合の表面応力は次式のようになる．

$$P = \gamma \left( \frac{1}{x} - \frac{1}{\rho} \right) = -\frac{\gamma}{\rho} \quad (x \gg \rho) \tag{4.84}$$

ここで，$\rho$ はネック部分の凹面の曲率である．ネックの部分では $x$ よりも $\rho$ の方がはるかに小さいので，相対的に $\rho$ による寄与が大きくなり，負の引張応力がネックでは優位となる．この応力は $\rho$ が小さくなればなるほど大きくなる．この応力に誘起されて，ネック直下に点欠陥の過剰濃度が導入される．

ネック部分の単位体積当たりの過剰の点欠陥濃度 $\Delta n$ は，ショットキー欠陥を仮定した場合，簡単な計算から次式のようになる．

$$\Delta n = \frac{n_0 \gamma \Omega}{\rho k T} \tag{4.85}$$

ここで，$\Omega$ は原子の体積，$k$ はボルツマン定数，$T$ は絶対温度，$N$ は単位体積当たりの原子数である．$n_0$ は平面下の単位体積当たりの平衡の点欠陥濃度で，次式のようになる．

$$n_0 = N \exp\left( -\frac{\varepsilon}{kT} \right) \tag{4.86}$$

$\varepsilon$ は 1 個の点欠陥の生成エネルギーである．式(4.85)からわかるように，ネック

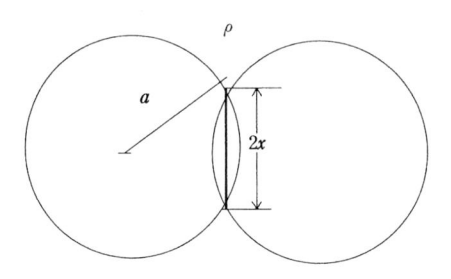

**図 4.57** 等方体を仮定した等大球の焼結モデル
ネック部分が点接触から面接触へ成長する．ネック部分では応力 $P = \gamma/x - \gamma/\rho \fallingdotseq -\gamma/\rho$ が作用しており，幾何学的近似から，$\rho = x^2/2a$ として，クチンスキーは速度式を導出した．

部分の点欠陥濃度は，それ以外の部分と比べて高くなる．粒子が小さければ小さいほど，ネックの半径も小さくなるので，ネック部分の点欠陥濃度もそれに反比例して大きくなる．その結果，ネックの点欠陥濃度の高い部分とそうでない部分との間に点欠陥の濃度勾配ができる．温度が十分高くなると，点欠陥はその濃度勾配を低減する方向に拡散する．点欠陥の拡散する方向はイオンの拡散する方向の逆であるから，イオンの拡散によって，ネック部はだんだんと成長していくことになる．すなわち，焼結が進む．このプロセスは，イオンの拡散の経路によって，体積拡散，粒界拡散，表面拡散に区別される．

平面状の物質の蒸気圧と，半径 $a$ の球状の同一物質の蒸気圧の差，$\Delta P$ は，ケルビンの式（式(4.18)参照）から次のように近似される．

$$\Delta P \approx \frac{2M\gamma P_0}{adRT} \tag{4.87}$$

ここで，$M$ は分子量，$d$ は密度，$R$ は気体定数，$T$ は絶対温度である．式(4.87)からわかるように，蒸気圧は曲率に依存する．この場合，凸面では平らな面上の蒸気圧より $\Delta P$ だけ蒸気圧が高く，凹面では逆に $\Delta P$ だけ蒸気圧が低くなる．その結果，蒸気が十分速く起こる高温においては，蒸発凝縮が進み，物質移動が進むことになる．

図 4.57 のような球状粒子のネック部分の蒸気圧は，ネック以外の部分よりも小さいので，蒸気圧の高いところから低いところへ蒸発-凝縮による物質移動が進み，ネック部分はだんだんに埋められていく．小さな粒子がたくさん接触し合っている成形体のネック部分の蒸気圧は，他の場所より小さいので，ネック部分を物質が埋めるように物質移動プロセスが進む．その結果，粒子の接合面が増加し，成形体の強度は増加することになる．このようなプロセスによる焼結が，蒸発-凝縮といわれる．蒸気圧の高い物質，例えば，塩化ナトリウム，酸化ルテニウムなどでこのような蒸発-凝縮機構が知られている．

### 4.5.2 初期焼結

焼結過程は便宜上，初期，中期，終期焼結に分けて考えられる．粒径 $a$ の粒子が，図 4.57 に示すようなモデルにおいて，ネックが 0 から $0.3a$ まで成長する過程を初期，接触面のネックが $0.3a$ から粒子間に孤立気孔が生成するまでを中期，孤立気孔が消滅し緻密な焼結体ができるまでを終期焼結という．いずれの焼結過程も焼結に関わる主要因子は同一であるので，3 つの過程の 1 つだけを理

解しておけば，焼結の主要因子の理解には十分である．ここでは，最もよく研究されている初期焼結のうちクチンスキー（Kuczynski）の式を例に，その導出と主要因子について考える．クチンスキーの式は等大球の間のネックの成長を取り扱ったもので，粗い近似を用いているが，焼結式の導出と焼結の基本因子の理解にはたいへん便利である．

等大球のネック部分に働く応力 $\gamma/\rho$ によってネック面直下に点欠陥の濃度勾配 $\Delta n/\rho$ が存在すると考える．点欠陥の拡散係数を $D_v$ とおけば，ネックから流出する点欠陥の体積の時間変化 $dV/dt$ はフィックの第一法則から次式のようになる．

$$\frac{dV}{dt} = A'\Omega J = A'\Omega D_v \cdot \frac{\Delta n}{\rho} \tag{4.88}$$

ここで，$A'$ はネックの面積，$\Omega$ は原子の体積，$J$ は単位時間単位面積当たりを拡散する原子の数（流束）である．式(4.88)において，$\rho = x^2/2a$，$A = 2\pi x\rho$，$V = \pi x^2\rho$ を近似して，式(4.88)に代入して積分し，$nD_v = ND$（$D$ は原子の体積拡散係数）と $\Omega = 1/N$ を考慮すると次式が得られる．

$$\frac{x^5}{a^5} = \left(\frac{10\gamma\Omega D}{a^3 kT}\right)t \tag{4.89}$$

収縮率 $\Delta L/L_\circ$ は近似的に $\rho/a = x^2/2a^2$ とおけるので，式(4.89)は次式のようになる．

$$\frac{\Delta L}{L_\circ} = \left(\frac{5\gamma\Omega D}{2\sqrt{2}\,a^3 kT}\right)^{2/5} t^{2/5} \tag{4.90}$$

一般的には次式のようになる．

$$\frac{\Delta L}{L_\circ} = \left(\frac{H\gamma\Omega D}{a^l kT}\right)^m t^m \tag{4.91}$$

ここで，$H$ は定数，$l$ と $m$ は焼結機構により決まる定数で，$l = 3\sim4$，$m = 0.3\sim0.5$ である．

式(4.91)からわかるように，焼結の収縮率（緻密化）は，一定温度一定焼結時間で，粒径 $a$ と拡散係数 $D$ に依存することになる．そして，前者の粒径が小さいほど緻密化が進むことがわかる．セラミックスの超微粒子が注目される理由の1つは，この緻密化しやすいことにある．岩石や鉱物の粉砕で得られる試料の粒径は 0.5 $\mu$m 程度までであるが，金属塩の熱分解反応やその他の方法で得られるものは 0.1 $\mu$m 程度である．粒子が小さいほど緻密化には好ましい．

しかし，0.1μm前後の微粒子は，それが単独の一次粒子として存在することはまずなく，凝集して二次粒子を形成している．微細になればなるほど，粒子間の付着力が相対的に大きくなり，二次粒子を形成しやすくなる．二次粒子それ自身は非常によく焼結して，短時間のうちに1つの大きな粒子になってしまう．二次粒子は大きな粒子と同じように挙動する．一次粒子がどんなに小さくとも，二次粒子を形成している粒子は，結果的に大きな粒子と同じことになり，高密度の焼結体の製造には不向きである．

例えば，図4.58に示すように，イットリウム安定化ジルコニアの緻密化と二次粒子の関係では，一次粒子のみからなる成形体は1100℃，1時間で理論密度の99.5%まで緻密化する．それに対して二次粒子からなる成形体は，同一温度では理論密度の約70%，1500℃でも95%までしか緻密化しない．一次粒子からなる成形体の1100℃，1時間の焼結にはとうてい及ばない．したがって，緻密化するには，一次粒子からなる試料，ないしは二次粒子が成形プロセスで容易に壊れて一次粒子になる試料を用いることがポイントになる．易焼結性の粉末は，このような二次粒子が壊れやすい性質をもっている．

拡散係数の頻度因子は，次式のように点欠陥の濃度項 $n$ を含んでいる．

$$D = An\nu l^2 \exp\left(-\frac{E}{RT}\right) = D_0 \exp\left(-\frac{E}{RT}\right) \quad (4.92)$$

ここで，$D_0$ は頻度因子，$E$ は拡散の活性化エネルギーである．頻度因子 $D_0$ は

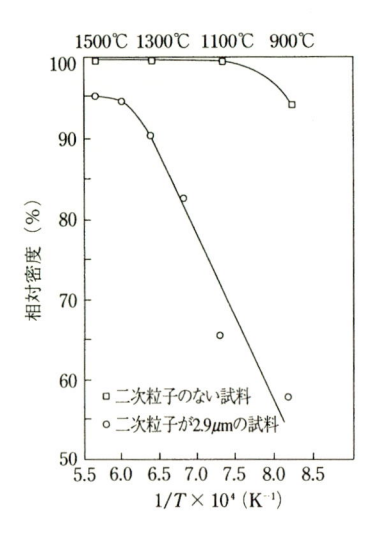

図4.58 イットリウム安定化ジルコニアの焼結における二次粒子の影響

$An\nu l^2$ である．また，$A$ は定数，$n$ は点欠陥濃度，$\nu$ は格子の振動数，$l$ は最近接の格子間距離である．このように，$D$ の頻度因子 $D_0$ には点欠陥濃度が含まれているので，不純物の添加や焼結の雰囲気，例えば酸素分圧を調整することによって点欠陥濃度を増やせば，拡散係数 $D$ が大きくなり緻密化が進むことになる．図 4.59 には，セラミックスの主な拡散係数の値を示した．拡散係数の小さなセラミックスの焼結には，高温が必要なことがわかる．

### 4.5.3 高密度焼結体の製造

前項で，焼結における粒径と拡散係数の重要性について述べたが，理論密度にまで緻密化させるには，粒成長の制御も大切である．

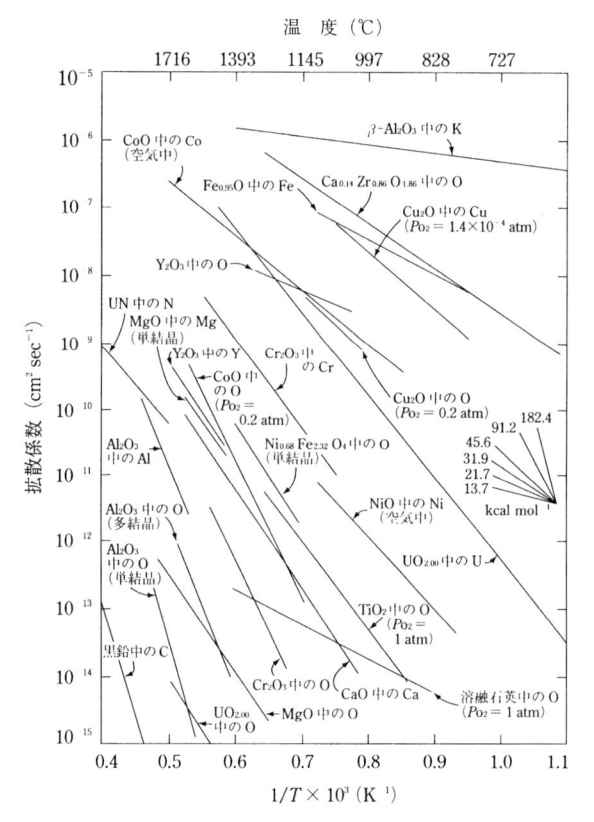

図 4.59 種々のセラミックスの拡散係数
セラミックスにおける拡散係数の活性化エネルギー $E$ は，直線のスロープおよび図中に与えられた傾きから求められる．例えば，$Ca_{0.14}Zr_{0.86}O_{1.86}$ については $E \approx 29 \text{ kcal mol}^{-1}$．

焼結の初期段階では，気孔は粒子間のネック部分に付着している．緻密化が進むにつれて，気孔は粒界に存在するようになる．このような気孔を消滅させ緻密化するには，粒成長速度の制御が必要である．粒界を拡散するイオンの粒界拡散は，固相の中を拡散するイオンの体積拡散よりも速いことを利用する．この特性を利用して，粒界に気孔を付着させておけば，気孔の中のガスは粒界拡散によって焼結体の外に拡散して消滅する．このためには，粒成長を遅くすることが高密度焼結体の製造には必要である．

図4.60に示すように，粒成長は粒界に垂直な方向の物質移動現象である．もし粒成長速度が非常に速いと，粒界は気孔を置き去りにして移動する．その結果，気孔は粒子の内部に取り残される．このような気孔の中に存在するガスが焼結体の外に拡散し消失するためには，ガスを体積拡散によって外に出さなければならない．しかしながら，体積拡散は粒界拡散に比べて非常に遅く，粒内に取り残された気孔中のガスの消滅は事実上困難になり，理論密度の焼結体は得られない．したがって，緻密化するには粒界の移動速度の制御が不可欠である．粒界の移動速度の制御は微量添加物によって可能である．

ルカロックスという透明焼結体は，0.25%以下のMgOを添加して焼結したアルミナである．添加したMgOはアルミナの粒界にスピネルとして存在し，粒界の移動速度を遅延させる．アルミナに対するMgOのように，一般に母相よりも高融点の添加物が粒界の速度，すなわち粒成長速度を遅延させる効果がある．微量添加物によって粒界の移動速度を遅延する機構については，これまで種々の

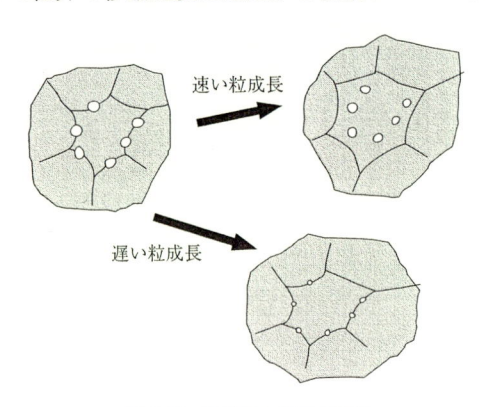

**図4.60 粒成長と気孔の関係**
速い粒成長では，気孔が粒内に取り込まれ，気孔は消滅しない．遅い粒成長では，気孔内のガスは粒界を通って系外へ拡散消失する．

理論的考察がなされている．

　粒界の添加物は，粒界の間に対称的な形を保持しつつ安定に存在している．この析出物が不動のまま粒界だけが移動したとすると，析出物は非対称的に粒界に分布する．その結果，析出物は不安定になり，析出物は粒界をもとの安定な位置に引き戻そうとする．析出物は粒界の移動に対して抵抗となる．これは析出物阻害といわれる．粒界に不純物が固溶している場合にも析出物阻害と同様の作用が働き，粒界の移動を阻害する．これを固溶阻害という．不純物イオンの拡散が母相を構成するイオンの拡散より遅ければ，不純物イオンの拡散が粒界の移動速度を律速することになる．

　粒界の移動速度 $M$ は，単位粒径の粒界エネルギーの粒成長速度として次式のように定義される．

$$M = \frac{dG/dt}{\gamma_b/G} \tag{4.93}$$

粒成長が $G^n - G_0^n = K_G$ である場合には，式(4.93)は次のようになる．

$$M \cong \frac{G^2}{n\gamma_b t} \tag{4.94}$$

ここで，$K_G$ は粒成長の速度係数，$G_0$ と $G$ は初期および $t$ 時間後の粒径，$\gamma_b$ は粒界エネルギー，$n$ は高純度の試料では 2，不純物の多い試料では 3 が一般的である．

　図 4.61 には，酸化物の移動度のデータを示す．図からわかるように，アルミナや MgO の移動度は，微量の不純物の添加によって著しく小さくなる．KCl に対する $SrCl_2$ の添加による移動度の低下は，固溶阻害である．また，PLZT の移動度が著しく小さいのは，拡散種を受容するサイトがないためと考えられている．このように，微量添加物によって粒界の移動度を抑制することができる．しかし例外的なケースとして，$Y_2O_3$ に $ZrO_2$ や $TiO_2$ を添加したときのように，逆に移動度が大きくなる場合もある．

　加圧焼結には，ホットプレス（hot pressing：HP）と静水圧焼結（hot isostatic pressing：HIP）の 2 つがある．いずれの場合も外部から圧力を加えることによって，焼結の駆動力を増加させる方法である．加圧焼結の利点は，炭化ケイ素，窒化ケイ素，窒化ホウ素のような難焼結性のセラミックスを比較的低温でかつ短時間で緻密化しうることにある．しかしながら，連続的な焼結が難しいこ

と，金型で焼結体の形が制約されること，雰囲気の種類や圧力の調整に限界があることなどの欠点もある．

HPの金型には，黒鉛，アルミナ，炭化ケイ素などが用いられる．このうち誘導加熱が可能なことと，対象となる被焼結材料が主として炭化ケイ素や窒化ケイ素であることから，黒鉛の金型が最も利用される．黒鉛は，高温ほど高強度で，摩擦係数が小さく機械加工が容易であることなどの優れた性質を有している．しかし，雰囲気が還元または中性雰囲気に限られる欠点がある．実際の使用には，黒鉛の金型に窒化ホウ素粉を塗付して型離れをよくするなどの方法が講じられる．

HPは一軸加圧であるのに対して，HIPはガスや液体と圧力媒体とする等方的な加圧焼結である．ガラス，金属，ゴムなどのカプセルの中にセラミックス粉を入れ，脱気後カプセルを封じてから加圧しながら焼結する．圧力媒体にはアルゴンガスや水が主に用いられる．この方法は難焼結性セラミックスの焼結や種々のセラミックスの成形などに用いられる．

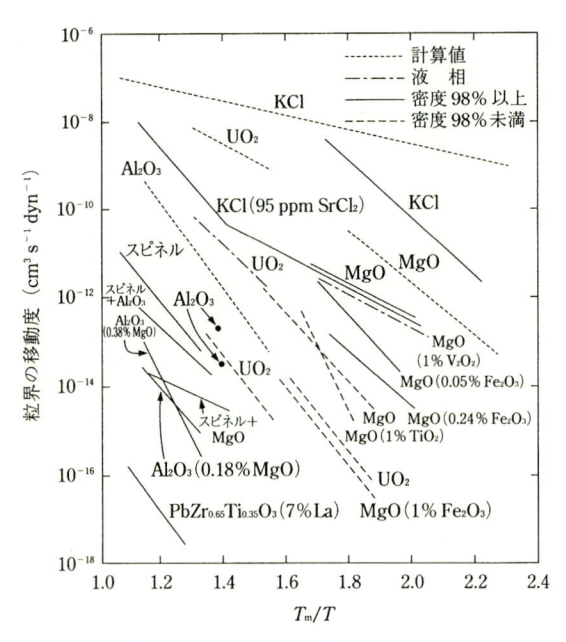

図 4.61 酸化物の粒界の移動度（L.A.P. Maqueda, J.M. Criado, C. Real : *J. Am. Ceram. Soc.*, **85**, 763, 2002）
$T_m$ は融点．

### 4.5.4 液相焼結

多成分系の焼結において，1つまたは複数の成分が液相として関与する焼結をいう．現在，工業的には，耐火物，研磨剤，各種の電子材料などきわめて多種多様な材料が液相焼結でつくられる．

液相焼結の利点は，速い緻密化にある．液相焼結には粒子再配列や溶解-析出などの固相焼結にはない特異なプロセスが進行する．この2つのプロセスが遅滞なく進行するためには，後述するように，液相が固相を濡らすこと，必要十分な液相が存在すること，固相が液相へ溶解することが必要な条件になる．

**a．粒子再配列**　粒子再配列は，液相焼結の特徴的な現象である．これは，表面張力を駆動力として，図4.62のように進行する．表面張力に由来する毛管力のアンバランスによって粒子が再配列し，粉末の成形体が密に充填していく現象である．粒子再配列による緻密化は，液相の量とともに増加する．液相量を増やしていけば粒子再配列のみで完全に緻密化することも可能である．しかしながら，必要以上の液相量は焼結体の機械的性質を低下させるので，粒子再配列だけで緻密化させることはない．

再配列が終了すると，固相の溶解-析出プロセスで，さらに緻密化が進む．液相中のイオンの拡散は固相中のそれよりも速い．これは液相焼結の特徴でもあり欠点でもある．速い緻密化は局所的な不均一性をつくり出し，しばしば焼結体を変形させる．これは液相焼結の理論的取扱いを難しくし，収縮率と時間の関係などの焼結プロセスの予測を困難にする．

粒子再配列と溶解-析出による緻密化のためには，①固相の液相による濡れ，②十分な液相の存在，③固相の液相への溶解が必要である．

固相と液相が反応する組合せほど両者の濡れ性はよい．例えば，ダイヤモンドと金属の濡れ性は，両者の反応性が高い組合せほどよくなる．通常，チタン，ジルコニウム，クロム，マンガン，バナジウム，ニオブなど（d軌道とf軌道が満たされていない金属）はよい濡れ性を示す．他方，銅，銀，金などの貨幣金属

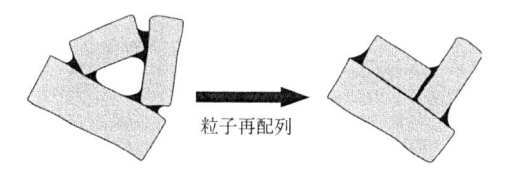

図4.62　粒子再配列による緻密化

(閉殻をもつ金属)は濡れ性が悪い．また，化合物をつくらないような安定な酸化物も濡れ性が悪い．したがって，状態図から物質の濡れ性に関する大雑把な手がかりが得られる．

液相焼結はまず，液相の生成直後の濡れから始まる．次いで粒子再配列が起こり，最後に溶解-析出プロセスで緻密化する．粒子再配列が起こるためには次の5つの要件が必要である．

①液相への固相の溶解度が大きいこと．
②粒子間の接触角が小さいこと．
③二面角が小さいこと．
④固相粒子間の結合が少ないこと．
⑤粒子の充填度が低いこと．

これらの要件を満たす度合いが高いほど再配列が進み，低いほど少なくなる．

粒子再配列には，一次再配列と二次再配列がある．一次再配列は個々の一次粒子の間の再配列である．二次再配列は一次再配列の終了後に起こり，二次粒子(形骸粒子という場合がある)自身の再配列である．このプロセスは，二次粒子の粒界に液相が浸入することにより，二次粒子自身が充填状況を変えて再配列するプロセスである．

再配列による収縮率 $\Delta L/L_0$ と時間の関係は次式のようである．

$$\frac{\Delta L}{L_0} \sim \left(\frac{t}{a}\right)^{1+y} \tag{4.95}$$

ここで，$t$ は時間，$a$ は粒径である．$y$ はゼロに近い値である．したがって，実質的に収縮率は時間 $t$ に比例する．

再配列では，液相の体積分率が重要である．しかし，粒子の形状が不規則で粒径が不均一の場合には，粒子間の摩擦が大きくなるので，同じ液相量であっても再配列による緻密化は小さい．再配列は粒径によって著しく変わる．図4.63には，粒径と緻密化の関係を示す．33 $\mu$m の粗い粒子では再配列はほとんど認められないのに対して，3 $\mu$m の微粒子ではほとんどの緻密化が再配列で進む．式(4.95)からわかるように，再配列による収縮率は時間に比例し，粒径に逆比例する．

焼結は速度論であるから，平衡論を厳密には適用することはできない．しかし，平衡論から得られる情報が緻密化の予測にたいへん役立つ場合がある．平衡

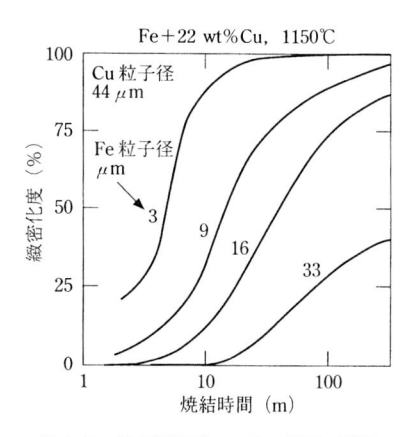

図 4.63　粒子再配列における粒径の影響

状態図から液相焼結の緻密化を予測するのがそれであり，予測の結果は実験結果ときわめてよく一致する．

共晶系の 2 成分系状態図を例に，その関係を図 4.64 で説明する．一般的に液相焼結の焼結温度は，融点の直上が用いられる．その温度まで昇温する過程において，固相の液相への溶解度は状態図からわかるように増加する．このように，固相の溶解度が増加する場合には緻密化する．逆に，温度の上昇とともに溶解度が減少する場合には緻密化せずに逆に膨潤する．すなわち，状態図の示す溶解度から緻密化するか，膨潤するかをあらかじめ予測することができる．

**b．溶解-析出**　粒子再配列を主体とする緻密化プロセスが終了すると，固相のイオンの溶解-析出による緻密化プロセスが支配的になる．焼結体の物性を高めるためには，必要最小限の液相量が用いられるので，再配列後の焼結体にはたくさんの気孔が残留している．これらの気孔を消滅させるには，粒子の形状変化，微細粒子の溶解-析出，粒子の合体，粒成長などのプロセスが必要であり，これらは溶解-析出で進行する．

ケルビンの式から推定されるように，粒子のネック部分では引張応力が作用している．そのため，固相の溶解度はその他の面よりも低い．他方，圧縮応力の作用している接触点では溶解度は高い．その結果，接触点での溶解とネック部分での析出が起こり，接触面の平滑化が進む．同様の理由から，微細粒子の溶解度は粗大粒子のそれよりも高い．そのため，微細粒子の溶解と粗大粒子の成長が進む．これらの緻密化過程を模式的に図 4.65 に示した．

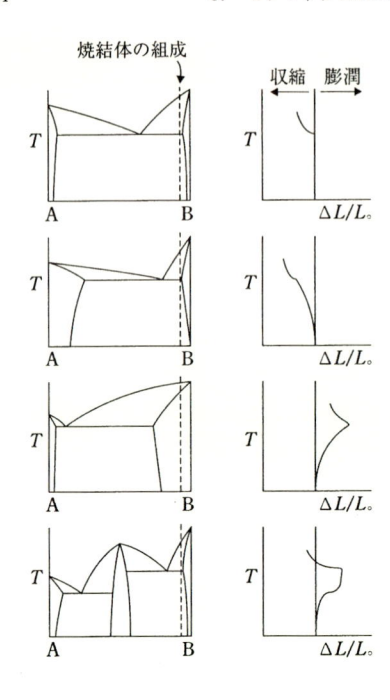

**図 4.64** 状態図と焼結の挙動
固相の液相への溶解度が大きくなるときに緻密化し，逆で膨潤する．A：液相，B：固相．

Kingery はイオンの溶液中の拡散が律速の場合，接触面の溶解-析出プロセスの収縮率を次式で表した．

$$\left(\frac{\Delta L}{L_\circ}\right)^3 = \frac{12\delta\Omega\gamma DCt}{a^4 kT} \tag{4.96}$$

ここで，$\delta$ は粒子間の液相の厚さ，$\Omega$ は原子の体積，$\gamma$ は表面エネルギー，$D$ は固相の液相中の拡散係数，$C$ は液相中の固相の濃度，$t$ は焼結時間，$k$ はボルツマン定数，$T$ は絶対温度である．

開気孔が閉じ込められ閉気孔になる終期過程では，粒成長が主流となる．粒成長は，界面エネルギーを減少する物質移動プロセスである．ケルビンの式からわかるように，固体の溶解度は曲率に依存する．曲率の小さい小粒子は大粒子より溶解度が大きく，溶解しやすい．その結果，小粒子が溶解し大粒子上に析出するプロセスが進行して粒成長する．大粒子は小粒子を同化するように粒成長する．両者の粒径に差があればあるほど，粒成長は速くなる．

粒成長と時間の関係式は一般に次式で表される．

$$G^n - G_0^n = K_l t \tag{4.97}$$

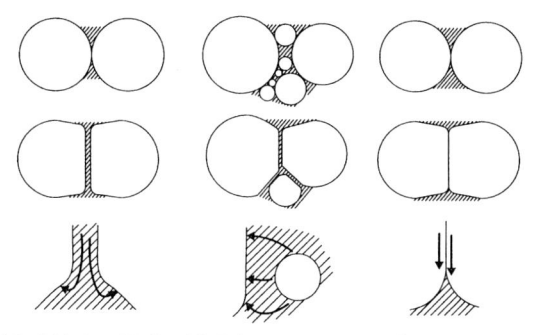

(a) 接触面の平滑化　(b) 微粒子の溶解-析出　(c) 固相の拡散

図 4.65　溶解-析出による緻密化

ここで，$G$ は平均粒径，$K_l$ は速度定数，$t$ は焼結時間，$n$ は定数で拡散律速の場合は 3，界面反応律速の場合は 2 が報告されている．

# 5
## セラミックスの理論と応用

## 5.1 誘電材料

　電子機器中の部品の半数は，コンデンサーからなっているといっても過言でないほど，電子機器ではコンデンサーが重要である．コンデンサーの小型化，大容量化に必要な材料が誘電体である．また，誘電体の中には，圧力を加えると電圧が発生したり，電圧を加えると変位が生じたりする圧電性を示すものや，温度変化により電流の流れる焦電性を示すものがあり，種々の目的に使われている．ここでは，誘電体，圧電体，焦電体に関して扱う．

### 5.1.1 コンデンサー

　コンデンサー（キャパシターとも呼ぶ，英語ではcapacitor）は，加えた電圧に比例して電荷を蓄える素子のことである．用途によっていろいろな呼び名のコンデンサーがあるが，基本的な作用はすべて，「電圧に比例して電荷を蓄える」ということで，違いはない．

　用途の1つに，平滑コンデンサーと呼ばれるものがある．交流から直流を得る場合，ダイオードで交流を一方向の電流に変換するが，これは波状の電圧となる．この波を平滑するのが平滑コンデンサーである．これはため池にたとえられる．ため池は，降雨時とそうでないときの川の流量の変動の影響を平均化する．同様な用途として，バイパスコンデンサーと呼ばれるものがある．これは，半導体素子のすぐ付近におかれ，素子の急激な電流変化に対して，電圧を保持させる役割をする．ビルディングの屋上の給水タンクにたとえられる．また，トランジスターなどの増幅素子で増幅すると，直流成分が交流の信号に重なる．コンデンサーには交流を通し，直流を通さないという性質があり，この性質を利用することにより，交流増幅回路（例えば音響機器）における直流成分を取り除くことが

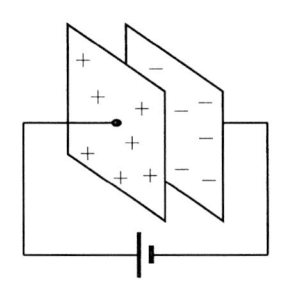

図 5.1 金属板を向かい合わ
せたコンデンサー

できる（直流成分が含まれたまま増幅すると，直流成分も増幅され，扱える電圧範囲をはみ出してしまう）．この目的のコンデンサーはカップリングコンデンサーと呼ばれる．抵抗器とコンデンサーを組み合わせると，交流の位相をずらすことができる．これを利用して，発信器や音質調節器などにもコンデンサーが使われる．

　コンデンサーの基本的な構造は簡単である．図5.1のように，2つの金属板を平行に対面させ，電圧を加えると相向き合った金属内のプラスとマイナスが引き合うようにして電荷がたまる．この場合の金属板は，電極（electorode）と呼ばれる．たまる電荷は，加える電圧に比例する．比例定数は電気容量（capacitance）と呼ばれる．

$$Q = CV \tag{5.1}$$

電荷の単位はC（Coulomb）である．1Cは1Aの電流が1秒間流れた電荷に等しい．電圧の単位はV（Volt），電気容量の単位はF（Farad）となる．また，たまる電荷は電極の面積 $S$ に比例し，電極間の距離 $d$ に反比例する．したがって，

$$C = \varepsilon \frac{S}{d} \tag{5.2}$$

となる．$\varepsilon$ は比例定数で，誘電率（dielectric constant または，permittivity）と呼ばれる．後で述べる比誘電率と区別するためには，絶対誘電率（absolute dielectric constant）と呼ぶ．電極間が真空のときの誘電率は $\varepsilon_0$ で表され，真空の誘電率と呼ばれる．$\varepsilon_0 = 8.854 \times 10^{-12}\,\mathrm{F\,m^{-1}}$ となる．

　金属間に絶縁体を入れると，電気容量が増加する．すなわち

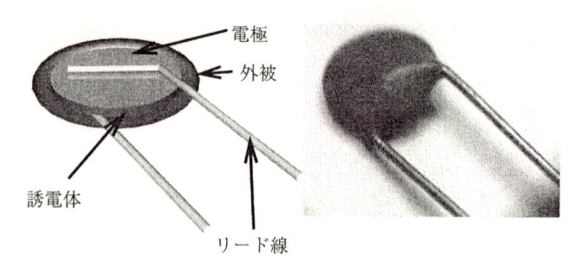

図 5.2 セラミックコンデンサーの構造

$$C = \varepsilon_s \cdot \varepsilon_0 \frac{S}{d} \tag{5.3}$$

$\varepsilon_s$ は比誘電率（relative dielectric constant または specific dielectirc constant）と呼ばれる．比誘電率は単に誘電率と呼ばれることが多く，単に $\varepsilon$ で表すことも多い．コンデンサーの容量を増加させる目的で使われる絶縁体を，誘電体と呼ぶ．

セラミックスコンデンサーの基本的な構造は，図 5.2 に示すようなものである．板状セラミックス誘電体の両面に電極がつけられ，そこからリード線が引き出されて絶縁と保護を兼ねた外被で覆われている．図の左側では電極の構造を示すため，外被が透かせて描かれている．右が実際のコンデンサーである．コンデンサーは式(5.3)からわかるように，誘電体の厚さが薄いほど電気容量が大きくなる．しかし，誘電体の厚さを薄くするには限度がある．これを解決するのに，セラミックスが結晶粒の集合体であることを利用したうまい方法がある．セラミックスを半導体化させた後，結晶粒界のみ絶縁体化させる方法である．このようなコンデンサーは boundary layer（粒界層）の頭文字をとり，BL コンデンサーと呼ばれる．図 5.3 にその構造を示す．半導体部分は電極の一部と考えることができ，誘電体の実質的な厚さを減らしたのと同等の効果が得られる．

また，コンデンサーは電極の面積が大きいほど電気容量を大きくとれる．大きな電気容量をもつ小型のコンデンサーをつくるため，図 5.4 のような構造のコン

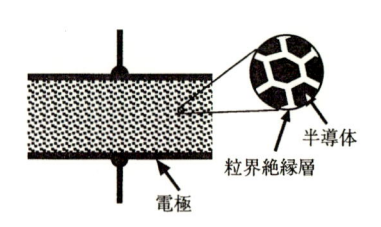

図 5.3 BL コンデンサーの構造

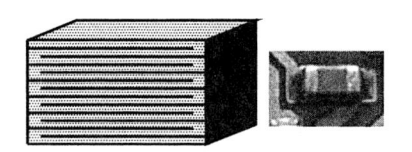

**図 5.4** 積層型コンデンサーの構造（左）と基板への実装例（右）

デンサーが多く用いられている．図は内部電極がみえるよう断面を示したものである．内部電極が互い違いに入っていて，小型でありながら電極面積が広くとれるような構造となっている．また，誘電体の厚さも非常に薄く，それによっても電気容量が高くとれる．多くの場合，リード線をもたず，このままプリント基板に実装される．1 mm 以下のサイズのものが多く使われている．

### 5.1.2 分　極

金属のあい対する平行板の間に絶縁体を入れると，電気容量が増加することは前節で述べた．式(5.1)と式(5.3)より

$$Q = \varepsilon \cdot \varepsilon_0 \frac{S}{d} \cdot V \tag{5.4}$$

なる関係があり，変形すると

$$\frac{Q}{S} = \varepsilon \cdot \varepsilon_0 \frac{V}{d} \tag{5.5}$$

となる．ここで，$Q/S$ を電気変位と呼び，記号 $D$ で表す．$D$ は単位面積当たりにたまっている電気量といえる．また，$V/d$ は電界 $E$ である．したがって，

$$D = \varepsilon_s \cdot \varepsilon_0 \cdot E = \varepsilon \cdot E \tag{5.6}$$

となる．真空中におかれた平行板コンデンサーにたまる電荷は，自由電荷と呼ばれる．ここに誘電体を挟むと，加えられた電界により誘電体に分極が誘起される．この分極に対応した分の電荷は，束縛電荷と呼ばれる．図 5.5 に，誘電体を挟んだ平行板コンデンサーの電荷のたまる様子を模式的に示した．四角で囲んで示した電荷が自由電荷，円で囲んで示した電荷が束縛電荷である．楕円で示されたものが分極である．したがって，電気変位は以下のように表すことができる．

$$D = \varepsilon_0 \cdot E + P \tag{5.7}$$

ここで，$P$ は誘電体の分極である．$P$ は低い電界の範囲で電界の強さに比例する．したがって，

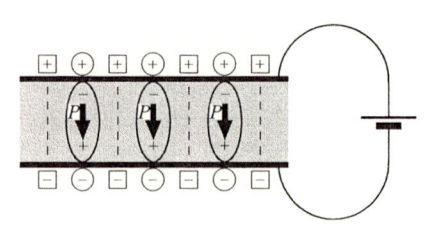

**図 5.5** 束縛電荷と自由電荷
⊕⊖：束縛電荷，⊞⊟：自由電荷．

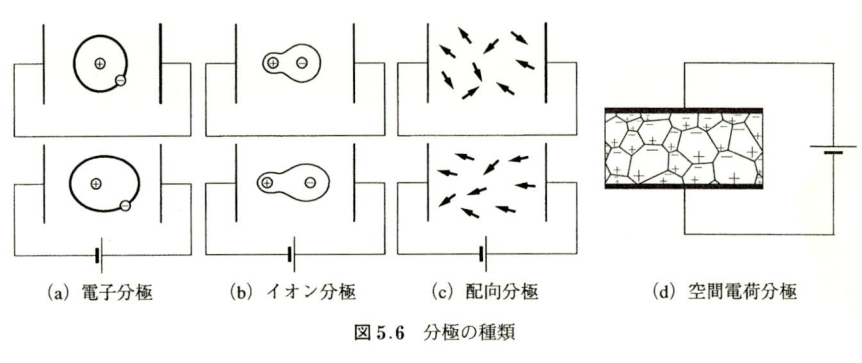

(a) 電子分極　　(b) イオン分極　　(c) 配向分極　　(d) 空間電荷分極

**図 5.6** 分極の種類

$$P = \varepsilon_0 \cdot \chi_e \cdot E \tag{5.8}$$

となる．$\chi_e$ は透電率と呼ばれる．

　誘電体内で生じる分極を図 5.6 に示す．分極の種類には，電子分極，イオン分極，双極子分極，空間電荷分極などがある．電子分極は，外部電界により原子核の周りにある電子雲に偏りが生じる分極である．(a)にその模式図を示した．イオン分極は(b)に示すように，プラスとマイナスに偏りのある分子の偏りの度合いが外部電界により変化することに起因する分極である．プラスとマイナスに偏りをもった永久双極子は，熱運動によりランダムな方向を向いている．ここに電界が加わると，電界の大きさに比例して電界の方向に配向する度合いが増す(c)．このようにして全体に現れる分極を，配向分極と呼ぶ．誘電体にある程度の導電性があり，電極と誘電体との間で電荷のやりとりに何らかのバリアがある場合や，セラミックスの結晶粒がある程度の導電性を持ち，結晶粒界の導電性が低い場合，界面に電荷が蓄積される(d)．これによる分極は，空間電荷分極と呼ばれる．

　誘電体に交番電界が加えられたとき，それぞれの分極は，ある周波数以上で，その電界に追従できなくなる．このため，その周波数以上ではその分極が誘電挙

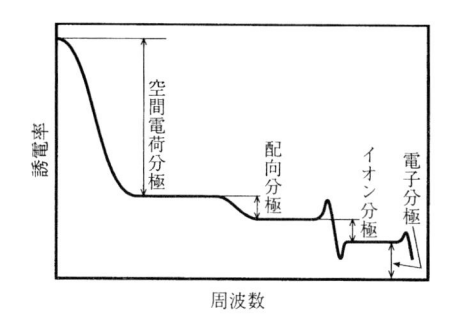

図5.7 誘電体の誘電率の周波数依存性

動に関わらなくなる．その結果として，誘電体の誘電率は図5.7に示すように段階的に減少する．分極が追従できなくなる辺りの挙動は5.1.4項で述べる．

### 5.1.3 コンデンサーの材料

セラミック系のコンデンサー材料には，酸化チタンやペロブスカイト系の化合物が多く用いられる．ペロブスカイト系化合物は一般式$ABO_3$で表され，$BaTiO_3$，$PbTiO_3$，$SrTiO_3$など多くの化合物が知られている．また，$Pb(Mg_{1/3}Nb_{2/3})O_3$，$Pb(Yb_{1/2}Nb_{1/2})O_3$，$Pb(Zn_{1/3}Ta_{2/3})O_3$など，B位置（$ABO_3$の結晶構造の中でBが入る場所）のイオンの価数が平均して4価になる化合物，あるいは，それらの固溶体は誘電率が高く，温度依存性が少ないので特に多く用いられている．

チタン酸バリウムは，図5.8(a)に示すようなペロブスカイト型構造をもつ．実際の各イオンの大きさは互いに接するような大きさであるが，中までみえるよう小さく描かれている．室温では正方晶（$a=b\neq c$，$\alpha=\beta=\gamma=90°$）で，$c$軸がわずかに長い（$c/a=1.010$）．$Ti^{4+}$が相対的に体心位置より上か下にずれている．(b)に体心の位置を通る断面図を示した．ここでは，実際に近いイオンの大きさで示されている．これにより，陽イオンの重心と陰イオンの重心とにずれが

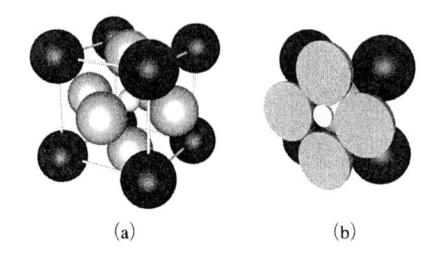

図5.8 チタン酸バリウムの単位胞 (a) とその断面 (b)
黒：バリウム，白：チタン，灰：酸素．

生じ，分極が起こる．この分極は式(5.8)の分極と異なり，電界が加わっていないときにも存在し，自発分極（spontaneous poralization）と呼ばれる．セラミックスにおいては，あるまとまった微細な領域で，同一の方向に自発分極の向きがそろっている．その領域を分域（domain）と呼ぶ．焼結しただけのチタン酸バリウムは，それぞれの分域がでたらめの方向を向いていて，全体として分極の効果は現れない．チタン酸バリウムに高い電界を加えると，$Ti^{4+}$ のずれる方向が変わりうる．$Ti^{4+}$ のずれが上下逆方向に変化すると，分極の方向は 180° 変化する．これによる分域の変化は 180° 分域反転と呼ばれる．$Ti^{4+}$ のずれが $a$ 軸方向に変わると，その方向が新たな $c$ 軸方向となり，分極もその向きに変わる．この分域の向きの変化は 90° 分域反転と呼ばれる．高い電界を加え，分域の向きをそろえる操作を，分極処理（polling）と呼ぶ．分極処理により，焼結体全体として分極の効果が現れる．チタン酸バリウムのように，自発分極をもっていて，外部電界によりその向きを変えうる物質を強誘電体（ferroelectrics）と呼ぶ．

誘電体に交流を加え，電気変位（$D$）と電界（$E$）との関係（$D$-$E$ 曲線）を表すと，常誘電体では通常，直線関係を示す．強誘電体では図 5.9 のような形になる．この曲線の変化は，矢印の方向である．正の電界が高くなるにつれ，分極がそろい始め十分に高い電界では飽和する．それ以上の電気変位の変化は，常誘電性分によるものである．この部分の傾きを電界ゼロに内挿（破線）した値は，常誘電成分を差し引いた自発分極 $P_s$ の値である．加えられる電界が最大値を過ぎ減少し始めると，自発分極の向きは少しずつ崩れ始め電気変位は減少する．しかし，電界がゼロになってもある程度残存する．この値は残留分極 $P_r$

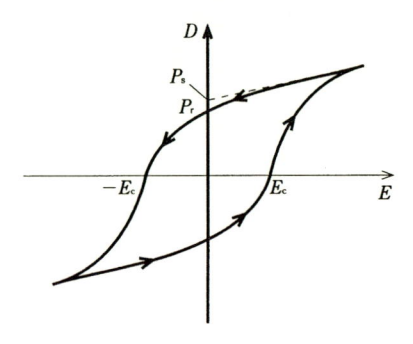

**図 5.9** 強誘電体の $D$-$E$ 曲線

（remanent polarization）である．電界がゼロになった後，電界が負に転じてある値 $-E_c$ になったとき初めて分極がゼロとなる．$E_c$ を抗電界と呼ぶ．

　チタン酸バリウムは120℃以上になると立方晶に転移し，自発分極が消失する．どのような強誘電体にもこのような温度が存在し，キュリー温度（Curie temperature）と呼ばれる．誘電率はキュリー温度でピークを示し，それより温度が高いところでは

$$C = \frac{K}{T - T_0} \tag{5.9}$$

の式に従う．このような式に従って電気容量が変化することを，キュリー-ワイスの法則（Curie-Weiss law）と呼ぶ．$K$ はキュリー定数である．

### 5.1.4　コンデンサーの特性と物性

　コンデンサーに加える電圧を変化させると，その時々のたまる電荷が変化するので，電荷の出入りが生じる．電荷の出入りが生じるということは，電流が流れるということである．交流では，電圧は常に変化しているので，「コンデンサーは交流を流す」ということになる．電気量の変化が電流であるであるから，式(5.1)を用いて，

$$i = \frac{dQ}{dt} = \frac{dC \cdot v}{dt} = C \frac{dv}{dt} \tag{5.10}$$

となる．ここで，$i$ は交流電流（時間の関数），$v$ は加える交流電圧である．$v$ が正弦波（sin-wave）であるとき，すなわち

$$v = V_0 \sin(\omega t) \tag{5.11}$$

のとき（$V_0$ は電圧の最大値，$t$ は時刻，$\omega$ は角速度 $= 2\pi f$，$f$ は周波数），コンデンサーには

$$i = C \frac{dv}{dt} = C \frac{dV_0 \sin(\omega t)}{dt} = C \cdot \omega \cdot V_0 \cos(\omega t) = C \cdot \omega \cdot V_0 \sin\left(\omega t + \frac{\pi}{2}\right) \tag{5.12}$$

の電流が流れる．加えた交流電圧に対して電流は，90°（$\pi/2$）だけ位相が進むことがわかる．

　ここで，複素数を用いた交流の表し方について述べておく．この方法を用いると，交流の取扱いが簡便になる．横軸が実数軸，縦軸が虚数軸の複素空間において，始点が原点にあり，長さが $A$ のベクトルが始点を中心に $2\pi f$ の角速度で回転している状態を考える．図5.10に示すように，虚数軸方向の大きさを時間に

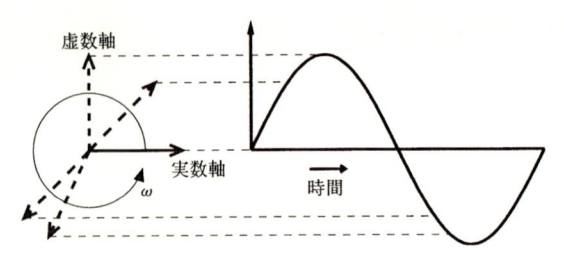

**図 5.10** 交流の複素表現

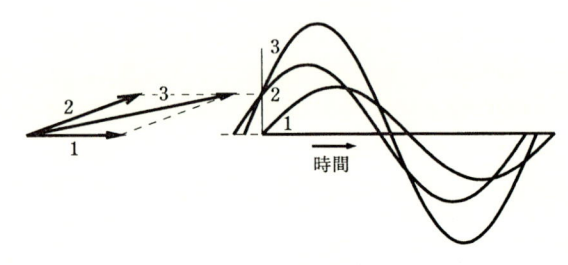

**図 5.11** 波の合成

関して描くと正弦波になる．図 5.11 に示すように，波 1 より大きさが少し大きく，回転も少し先に進んでいるような波 2 は，その右側に示したようになる．2 つの波の合成は，2 つのベクトルが足されたもの 3 で示される．これらの波は

$$\dot{v} = V_0\{\cos(\omega t + \phi) + j\sin(\omega t + \phi)\} \tag{5.13}$$

と表すことができる．なお，$j^2 = -1$ である．ここで，コンデンサーに加える電圧を

$$\dot{v} = V_0\{\cos(\omega t) + j\sin(\omega t)\} \tag{5.14}$$

とすると，流れる電流は式 (5.12) を参照して

$$\dot{i} = C \cdot \omega \cdot V_0\left\{\cos\left(\omega t + \frac{\pi}{2}\right) + j\sin\left(\omega t + \frac{\pi}{2}\right)\right\} \tag{5.15}$$

となる．オームの法則

$$I = \frac{E}{R} \tag{5.16}$$

($I$ は電流，$E$ は電圧，$R$ は抵抗) を交流に拡張すると，

$$\dot{i} = \frac{\dot{v}}{\dot{Z}} \tag{5.17}$$

となる．ここで，$\dot{Z}$ はインピーダンスである．$\dot{i}$，$\dot{v}$ が複素数で表されるので，$\dot{Z}$ も複素数である．インピーダンスは実数成分と虚数成分に分けて

$$\dot{Z} = R + jX \tag{5.18}$$

と表すことができる．ここで，$R$ は抵抗成分，$X$ はリアクタンスである．インピーダンスの逆数はアドミッタンスと呼ばれ，$\dot{Y}$ の記号が使われる．アドミッタンスも次式のように実数成分と虚数成分とに分けて表すことができる．

$$\dot{Y}\frac{1}{\dot{Z}} = G + jB \tag{5.19}$$

ここで，$G$ はコンダクタンス（単位 S，ジーメンス），$B$ はサセプタンスと呼ばれる．

コンデンサーの場合，式(5.14), (5.15)の $\dot{v}$, $\dot{i}$ を式(5.17)に代入することにより，

$$\dot{Z} = \frac{\dot{v}}{\dot{i}} = \frac{V_0\{\cos(\omega t) + j\sin(\omega t)\}}{C \cdot \omega \cdot V_0\{\cos(\omega t + \pi/2) + j\sin(\omega t + \pi/2)\}} = \frac{1}{j\omega C} \tag{5.20}$$

のインピーダンスをもつことがわかる．また，コンデンサーのアドミッタンスは，この逆数であるから

$$\dot{Y} = j\omega C \tag{5.21}$$

となる．この式に式(5.3)の $C$ の値を代入すると，

$$\dot{Y} = j\omega \cdot \varepsilon \cdot \frac{S}{d} \tag{5.22}$$

となる．

理想的な誘電体を用いたコンデンサーのアドミッタンスは虚数成分のみであるが，現実の誘電体を用いた場合のコンデンサーは，図5.12に示すように，理想的なコンデンサーと抵抗成分が並列になったものと等価である．並列回路の合成アドミッタンスは，それぞれのアドミッタンスの和で表される．

$$\dot{Y} = j\omega \cdot C_\mathrm{p} + \frac{1}{R_\mathrm{p}} \tag{5.23}$$

このように，現実のコンデンサーでは，アドミッタンスに実数成分が含まれるようになる．そのような材料に関しても式(5.22)の形の式が有効であるためには，誘電率を複素数で表す必要がある．

$$\dot{Y} = j\omega \cdot \dot{\varepsilon} \frac{S}{d} \tag{5.24}$$

ここで，$\dot{\varepsilon}$ は複素誘電率である．複素誘電率に関しても実数成分と虚数成分とに分けて表すことができる．

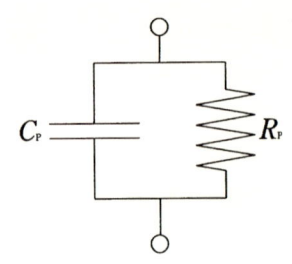

**図 5.12** 現実のコンデンサーの等価回路

$$\dot{\varepsilon} = \varepsilon' - j\varepsilon'' \tag{5.25}$$

式(5.23)〜(5.25)から

$$\varepsilon' = C_\mathrm{P} \cdot \frac{d}{S} \tag{5.26}$$

$$\varepsilon'' = \frac{d}{\omega \cdot R_\mathrm{P} \cdot S} \tag{5.27}$$

となる.

　先に述べたように,コンデンサーに流れる交流電流は,加えられた交流電圧に対して位相が 90° 進む.現実のコンデンサーは,図 5.12 の等価回路と同じ挙動を示す.電流の位相の進みは,電圧に対して 90° より小さくなる ($90°-\delta$).$\tan\delta$ は誘電損率と呼ばれ,その値が小さいほど優れた材料といえる.また,この逆数は $Q$ と呼ばれ,コンデンサーの品質を表す指数として用いられる.$Q$ は大きいほど優れた材料である.コンデンサーに加える交流を $\dot{v}$ とし,流れる電流を $\dot{i}$ とすると,式(5.23)とオームの法則から

$$\dot{i} = j\omega \cdot C_\mathrm{P} \cdot \dot{v} + \frac{\dot{v}}{R_\mathrm{P}} \tag{5.28}$$

となる.したがって,電流と電圧との関係は図 5.13 に示したようになる.これより

$$\tan\delta = \frac{1}{\omega \cdot C_\mathrm{P} \cdot R_\mathrm{P}} \tag{5.29}$$

なる関係がある.式(5.29),(5.26),(5.27)から,

$$\tan\delta = \frac{\varepsilon''}{\varepsilon'} \tag{5.30}$$

となる.

　5.1.2 項で,誘電体中の分極はある周波数以上で追従できなくなることを述べ

**図 5.13** 現実のコンデンサーの電流と電圧の位相関係

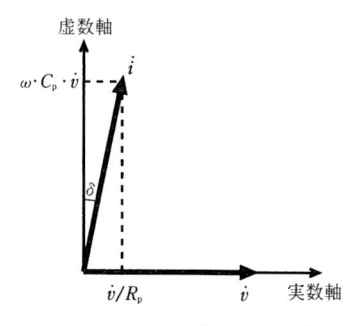

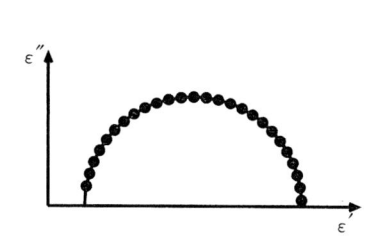

**図 5.14** コール-コールプロット

た．その周波数付近での複素誘電率は

$$\dot{\varepsilon} = \varepsilon_\infty = \frac{\varepsilon_0 - \varepsilon_\infty}{1 + j\omega\tau_0} \quad (5.31)$$

の式で表されるような変化をする．ここで，$\tau_0$ は緩和時間（$1/\tau_0$ を緩和周波数と呼ぶ），$\varepsilon_\infty$ は緩和周波数より十分に高い周波数での誘電率，$\varepsilon_0$ は十分低い周波数での誘電率である．このような現象を誘電緩和と呼ぶ．縦軸に $\varepsilon''$ を，横軸に $\varepsilon'$ をとり，周波数を変えてプロットすると図 5.14 のような半円を示す．このようなプロットは，コール-コール（Cole-Cole）プロットと呼ばれ，誘電緩和現象の解析に用いられる．誘電緩和の周波数に分布があると，円心は $\varepsilon'$ 軸より下に位置する．

### 5.1.5 圧 電 体

物質に応力（単位面積当たりに加わる力．[N m$^{-2}$]）を加えたとき，ある種の物質は電圧が発生したり，電流が生じたりする．このような性質を圧電性と呼び，圧電性を示す物質を圧電体と呼ぶ．圧電体に電圧を加えると変位が生じる．強誘電体はすべて圧電体でもある．焼結直後のセラミックスでは，個々の分域がランダムな方向を向いているため，打ち消し合いにより全体として圧電的性質は示さない．分極処理をすることにより，初めて全体としての圧電性が観察される．チタン酸ジルコン酸鉛は，図 5.8 に示したチタン酸バリウムと同じ構造をもっていて，Pb$^{2+}$ がチタン酸バリウムの Ba$^{2+}$ の位置に入り，Ti$^{4+}$ と Zr$^{4+}$ が Ti$^{4+}$ の位置にランダムに入っている結晶である．酸化鉛，酸化チタン，酸化ジルコニウムの混合物を焼成すると

$$\text{PbO} + x\text{ZrO}_2 + (1-x)\text{TiO}_2 \longrightarrow \text{Pb}(\text{Zr}_x\text{Ti}_{1-x})\text{O}_3 \quad (5.32)$$

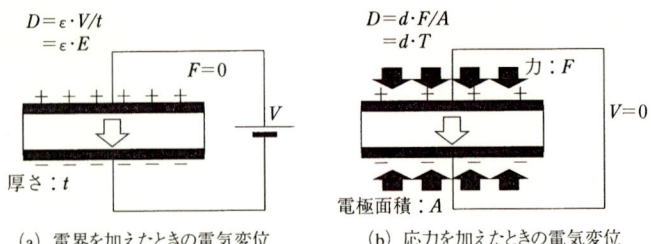

(a) 電界を加えたときの電気変位　　(b) 応力を加えたときの電気変位

**図5.15** 圧電体の電気変位と電界, 応力との関係

の反応により生成する. 焼結体を分極処理したものは, 圧電性を示す (チタン酸バリウムも圧電性を示す). チタン酸ジルコン酸鉛は, 構成陽イオンの化学式の頭文字をとって PZT と呼ばれ, 圧電体として最も優れた系である.

平行板コンデンサーの電極に現れる電荷を, 電極面積で割った値が電気変位 $D$ であることは前に述べた. 電気変位は, 加える電界に比例するが (式(5.6), 図5.15(a)参照), 圧電体においては, 応力 $T$ [N m$^{-2}$] を加えても生じる (図5.15(b)参照). したがって, 圧電体の電気変位は

$$D = \varepsilon^T \cdot E + d \cdot T \tag{5.33}$$

で表される. ここで, $d$ は圧電定数 ($d$ 定数), $\varepsilon^T$ は応力一定のときの誘電率である. 圧電体の誘電率は, 電界を加えても変位が生じないように (歪みが生じないようにするのと同意) 固定してある場合 (図5.16(a)) と, 自由に変位が起こるようにしてある場合 (同図(b)) とでは異なる. 応力一定ということは, 歪みは自由に変化しうる状態であるということを意味する. 変位が固定された状態での誘電率は, $\varepsilon^S$ で表される.

一方, 応力を加えるとそれに比例して歪み $S$ (単位長さ当たりの変位. m/m

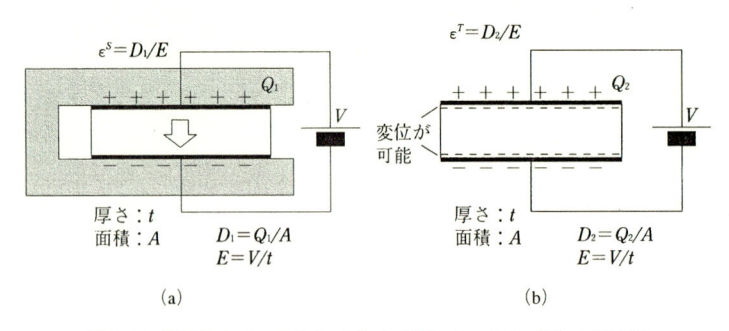

**図5.16** 束縛されているとき (a) と束縛のないとき (b) の誘電率

となるので無次元である)が生じるのに加え,圧電体においては電界を加えることによっても歪みが生じる.このことは,

$$S = d \cdot E + s^E \cdot T \tag{5.34}$$

の式で表される.$s$ は弾性コンプライアンスと呼ばれ,応力と歪みとの関係の比例定数である.ここで,$s$ の肩付きの $E$ は,加える電界が一定であることを意味する.電極間をショートさせるか,一定の電圧が加わっているとき,応力の変化により生じる電荷は回路を通って変化するので,電気変位はそれに応じて変化する.このような状態での弾性コンプライアンスが $s^E$ である.一方,電極間を解放してあるときは異なった弾性コンプライアンスの値を示す.このとき電荷の変化は起こらないので,電気変位は一定である.この場合の弾性コンプライアンスは,電気変位一定のときの値という意味で $s^D$ で表される.$s^E$ と $s^D$ は条件が異なるので,異なった値となる.

式(5.33)と式(5.34)は $d$ 定数を使った関係式なので $d$ 形式と呼ばれる.$D$,$E$,$T$,$S$ などの値のどれを独立変数とし,どれを従属変数とするかによって,圧電特性は,$d$ 形式のほかに,$e$ 形式,$g$ 形式,$h$ 形式によっても表すことがある.

圧電体に交流電圧を加えると振動する.物体はその形状により,種々の機械的共振をもつ.共振周波数付近の交流を加えたとき,圧電体は強く共振し,その影響は電気的特性にはね返って現れる.図 5.17 は圧電体に加える周波数を変えたときの,インピーダンスの絶対値と周波数との関係を示したものである.共振周波数付近でインピーダンスがいったん急激に減少し,次に急激に上昇する.さらに周波数が増加すると,通常の誘電体の周波数依存性と同じ変化に戻る.物体の形状により種々の共振モードがあるため,それぞれの共振点付近で同様の変化が観察される.圧電体の機械的共振が電気的特性に反映されることを利用して,圧

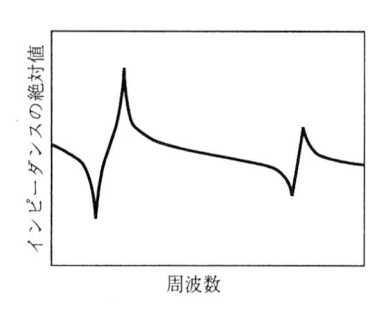

図 5.17 圧電体の周波数特性

電体を周波数フィルターや，発振素子とすることが可能である．

圧電体の各振動モードでの共振周波数は，そのモードでの音波の伝播方向の寸法に反比例する．その比例定数を周波数定数と呼ぶ．

### 5.1.6 焦 電 体

自発分極をもっていて，温度によりその大きさが変わる物質を焦電体と呼ぶ．両面に電極を施した焦電体の自発分極の大きさが変化すると，それと釣り合うための電極の電気量が変化する．電極間を導線で結んでおくと，電流が生じる（図5.18）．これが焦電流である．焦電体を薄片にして両面に電極をつけ，赤外線を吸収しやすいように黒色の塗料を塗ると，赤外センサーとすることができる．図5.19のような構成でセンサーの前を人が横切ると，センサーの温度がわずかに変化し，焦電流が発生する．この電流を引き金として，警報機を作動させたり，自動ドアを動作させたりする電気回路に接続される．実際の使用では，鏡と組み合わせて方向性や感度を改善している．

焦電体においては，自発分極の温度依存性が大きいほど，同じ温度変化に対して大きな電流が生じる．単位温度変化当たりの自発分極の変化は焦電係数と呼ばれ，次式で定義される．

$$p = \frac{dP_s}{dT}$$

ここで，$dT$ は微小温度変化，$dP_s$ [C m$^{-2}$] はそれに伴う自発分極の変化分である．焦電体の温度を一定速度で変化させると，焦電流が発生する．電流 $I$ は，

$$I = \frac{dQ}{dt} = \frac{dP_s A}{dt} \qquad (5.35)$$

である．ただし，$Q$ は生じる電気量，$t$ は時間，$A$ は電極面積である．昇温速度を $U$ [°C s$^{-1}$] とおくと，

$$U = \frac{dT}{dt} \qquad (5.36)$$

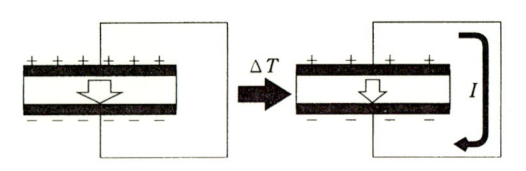

**図 5.18 焦電流**
焦電体の温度を変えたとき電流が流れる．

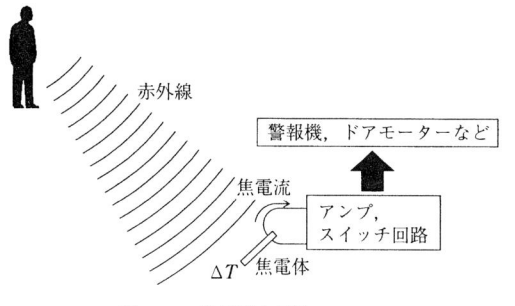

図 5.19 焦電型赤外線センサー

これより,

$$I = \frac{dP_s A}{dT/U} = p \cdot A \cdot U \tag{5.37}$$

したがって焦電係数は

$$p = \frac{I}{A \cdot U} \tag{5.38}$$

により求められる．焦電係数の単位は $[\mathrm{C\,m^{-2}\,K^{-1}}]$ である．

電極を施した薄板焦電体に赤外線が当たった瞬間，微小な温度変化が生じ，電極間に電圧が生じる．発生する電圧を照射赤外線強度で除いた値は，感度 $R_v$ である．

## 5.2 導電材料

セラミックスは，歴史的には主として絶縁材料として使用されてきた．しかし近年，各種センサー，サーミスター，透明電極，燃料電池などにおいて電気伝導性を応用したセラミックス材料が多く用いられている．本章では電気伝導のメカニズムを明らかにするとともに，その応用についても触れたい．

### 5.2.1 電子伝導性とエネルギーバンド構造

Li 原子の電子配置は $(1s)^2(2s)^1$ であり，2つの Li が近づくと 2s 軌道は結合軌道と反結合軌道に分かれ，パウリの原理に従い，結合軌道に2つの電子が入る．3つの Li 原子の場合は結合軌道，非結合軌道，反結合軌道の3つの分子軌道ができ，電子は結合軌道に2個，非結合軌道に1個入る．多数の Li 原子，例えば $n$ 個の Li 原子が集まると $n$ 個の分子軌道ができるが，もはや個々の分子軌

道は区別できず，帯状になり，その半分が電子で満たされている状態になる．この様子を図5.20に示した．このような軌道の帯をエネルギーバンド（energy band）という．しかも半分は空であるから，温度が低いときでも電子は自由に動き回ることができるので，電気伝導性に優れる．温度が高くなると，熱エネルギーにより電子の運動が激しくなり，電子どうしの衝突のため伝導度が下がることになる．

一方，共有結合からなる Si の価電子は $(3s)^2(3p)^2$ となっており，4つの $sp^3$ 混成軌道を形成している．これが2原子集まると，4つの結合軌道と4つの反結合軌道を生じ，結合軌道は8個の電子で満たされているが，反結合軌道は空のままである．Si原子が多数になると，それぞれの軌道はある幅（帯）をもつようになる（図5.21）．この結合軌道幅を価電子帯（valence band），反結合軌道幅を伝導帯（conduction band）と呼んでいる．金属の場合と異なるのは，結合軌道と反結合軌道のバンドの間には，電子がとどまることができない禁制帯（forbidden band）と呼ばれる領域が存在することである．このエネルギーギャップはバンドギャップ（band gap）と呼ばれる．このバンドギャップは，Siで $106\,\mathrm{kJ\,mol^{-1}}$，Geで $64.6\,\mathrm{kJ\,mol^{-1}}$ である．これらは，低温ではほとんど絶縁体であるが，温度が上昇すると電子が価電子帯から伝導帯に励起され，電気伝導

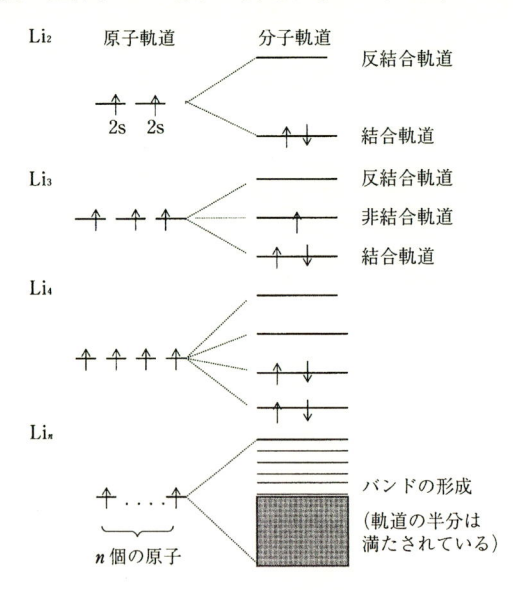

図5.20　金属 Li における分子軌道からのバンド形成過程

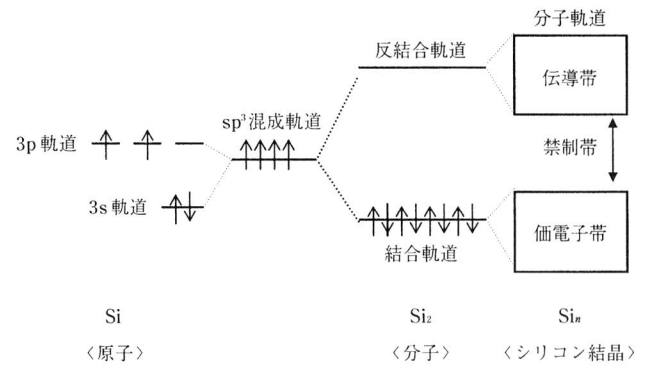

図 5.21 シリコンの分子軌道からのバンド形成過程

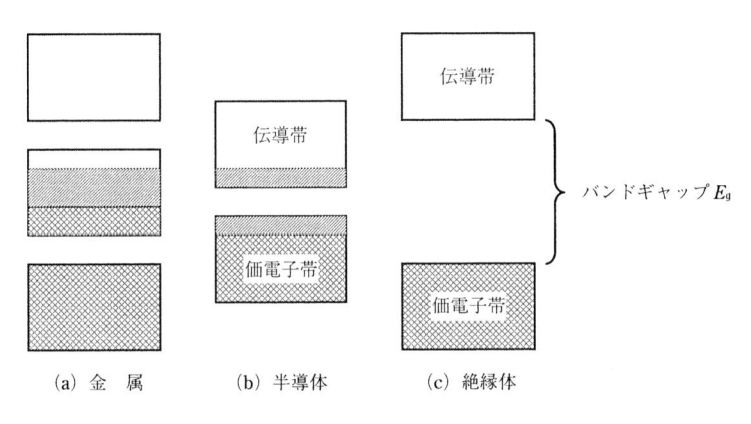

図 5.22 バンド構造による金属，半導体，絶縁体の分類

性が現れる．これを真性半導体（intrinsic semiconductor）と呼び，後に触れる n 型，p 型半導体と区別している．

イオン結晶では，陽イオン，陰イオンが電子をやりとりして，ともに閉殻電子配置を担っているため，両者のエネルギーギャップは非常に大きく，例えば NaCl の場合で 878 kJ mol$^{-1}$ と，Si の約 10 倍となっている．

以上述べた金属，半導体，イオン結晶のエネルギーバンドの特徴を図 5.22 にまとめて示した．

### 5.2.2 絶 縁 性

電気伝導材料というと，当然半導体のような材料が脚光を浴びることになる

が，それらの機能を十分に果たすには，絶縁材料の存在が不可欠である．絶縁性セラミックスはそういった意味で，古くは絶縁碍子，点火プラグ，近年では回路基板などに不可欠な材料である．

通常，電気抵抗が $10^8\,\Omega\,\mathrm{cm}$ 以上のものを絶縁材料というが，用途によっては誘電率，耐電圧，熱膨張なども考慮する必要がある．特に通信用に使用されるIC回路基板には，高周波特性が重要になる．これは，高周波電界のもとで容量性抵抗が下がるため，絶縁性能が保てなくなるからである．それゆえ，高周波用絶縁材料には，比誘電率が小さい，誘電損失が小さい，直流抵抗が大きいなどの性能が要求される．

絶縁材料としては，アルミナ（$Al_2O_3$）-ムライト（$3Al_2O_3\cdot 2SiO_2$）系，ステアタイト（$MgO\cdot SiO_2$）-フォルステライト（$2MgO\cdot SiO_2$）系などが使用されている．回路基板として $Al_2O_3$ が使用されてきたが，LSIの高集積化，高密度化などに対応する材料として，$Al_2O_3$ より熱伝導性に優れる AlN が注目されている．また，最近では銅に近い熱伝導性を備えた高熱伝導・電気絶縁性 SiC セラミック基板が開発されている．通常，SiC は $10^2\sim 10^5\,\Omega\,\mathrm{cm}$ の比抵抗を示すが，これに 1 wt% の BeO を添加し，ホットプレス法により焼結すると，$10^{10}\,\Omega\,\mathrm{cm}$ 以上の比抵抗となり，熱伝導性も Al の値（$239\,\mathrm{W\,m^{-1}\,K^{-1}}$）を上回り，IC用 92% $Al_2O_3$ 基板の約 20 倍となる．表 5.1 に代表的な回路基板の特性を比較した．

### 5.2.3 半導性

真性半導体については前項で説明したが，高純度の Si に微量の P や B の不純物を添加することにより，n 型半導体や p 型半導体が得られる．n 型半導体の場合，Si より 1 個余分の電子は電子で満たされた価電子帯に入れず，伝導帯より

表 5.1 各種基板材料の主な特性

| | $Al_2O_3$ | BeO | AlN | Si |
|---|---|---|---|---|
| 熱拡散率（$\mathrm{cm^2\,s^{-1}}$） | 0.06 | 0.89 | 0.29〜1.08 | 0.71 |
| 熱伝導率（$\mathrm{W\,m^{-1}\,K^{-1}}$） | 17 | 260 | 70〜260 | 125 |
| 熱膨張係数 ($10^{-6}$/K, $RT\sim 400^\circ\mathrm{C}$) | 6.5 | 7.5 | 4.2〜4.6 | 3.6 |
| 比抵抗（$\Omega\,\mathrm{cm}$） | $10^{14}$ | $10^{15}$ | $10^{14}$ | $10^{-3}\sim 10^3$ |
| 誘電率（1 MHz） | 8.5 | 7.1 | 8.8〜10 | 12 |
| 密度（$\mathrm{g\,cm^{-3}}$） | 3.6 | 2.9 | 3.25 | 2.33 |
| 曲げ強さ（MPa） | 310 | 190 | 270〜490 | 480〜540 |
| ヤング率（GPa） | 260 | 310 | 390 | 760 |

やや低いところのエネルギー準位に存在すると考える．この順位はドナー準位（donor level）と呼ばれ，この準位にある電子は，伝導帯に容易に励起される．

一方，価電子が1個少ないBを添加した場合，隣接する4個のSiと共有結合するには，最外殻電子が1つ不足する．この電子が不足した状態の準位は，アクセプター準位（acceptor level）と呼ばれ，価電子帯よりわずかに高いところに位置する．価電子帯にある電子がアクセプター準位に励起すると，価電子帯に正孔が形成される．この正孔が電気伝導のキャリアとなる半導体を，p型半導体という．n型半導体と，p型半導体のエネルギー準位をバンド構造に基づいて示すと図5.23のようになる．

一般に，電気伝導度 $\sigma$ は

$$\sigma = n\mu e \tag{5.39}$$

で表され，$n$ はキャリア濃度，$\mu$ は移動度，$e$ はキャリアの電荷である．まず，半導体の電気伝導を担うキャリア濃度を検討してみよう．絶対温度0Kにおいて，真性半導体では電子はパウリの排他則に従ってあるエネルギー準位までつまっていく．このエネルギー準位を，フェルミ準位（Fermi level）という．温度が上昇するにつれて電子は励起され，ある割合でフェルミ準位以上のエネルギー準位に分布する．いま，半導体の電子があるエネルギー準位 $E$ に存在する確率 $f_e(E)$ は，フェルミの分布関数によって表される．

$$f_e(E) = \frac{1}{\exp\{(E - E_F)/kT\} + 1} \tag{5.40}$$

ここで，$E_F$ はフェルミ準位，$k$ はボルツマン定数である．ここで，室温付近で

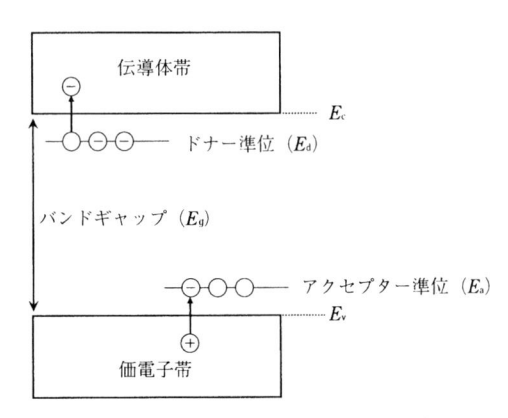

図5.23　不純物半導体における不純物準位

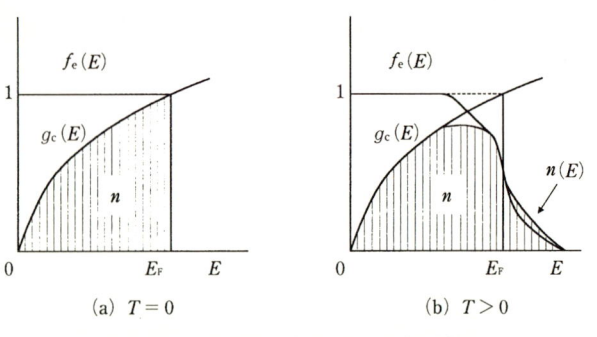

図5.24 自由電子の密度分布と温度の関係

は $(E-E_F)/kT \gg 1$ であるから, $f_e(E) \fallingdotseq \exp\{-(E-E_F)/kT\}$ と近似でき, ボルツマン分布と同じになる.

一方, 金属の自由電子近似理論から, 単位体積当たり, 単位エネルギー当たりのエネルギー準位密度を状態密度 (density of states) というが, 伝導帯中の状態密度 $g_c(E)$ は

$$g_c(E)=(8\pi\sqrt{2}/h^3)(m_e^*)^{3/2}(E-E_c)^{1/2} \qquad (5.41)$$

で与えられる. ここで, $m_e^*$ は電子の有効質量, $h$ はプランク定数, $E_c$ は伝導帯の下端のエネルギーである. 図5.24に $f_e(E)$ と $g_c(E)$ の関係を示した.

具体的に伝導帯中の電子の濃度 $n_e$ を求めるには, $f_e(E)$ と $g_c(E)$ の積を $E_c$ から $\infty$ まで積分すればよい.

$$n_e=\int_{E_c}^{\infty}f_e(E)g_c(E)dE=N_c\exp\{-(E_c-E_F)/kT\} \qquad (5.42)$$

上式で $(8\pi\sqrt{2}/h^3)(m_e^*)^{3/2}=N_c$ としたが, この $N_c$ は伝導帯中の有効状態密度と呼ばれる. 正孔についても同様に計算できる. 正孔の占有確率 $f_h(E)$ は

$$f_h(E)=1-f_e(E) \qquad (5.43)$$

で与えられる. したがって, 価電子帯中の正孔の濃度 $n_h$ は占有確率 $f_h(E)$ と価電子帯の状態密度 $g_v(E)$ の積を, $-\infty$ から価電子帯の上端のエネルギー $E_v$ まで積分すればよい.

$$n_h=\int_{-\infty}^{E_v}f_h(E)g_v(E)dE=N_v\exp\{-(E_F-E_v)/kT\} \qquad (5.44)$$

$N_v$ は価電子帯の有効状態密度で, $N_v=(8\pi\sqrt{2}/h^3)(m_h^*)^{3/2}$ である. ここで, $m_h^*$ は正孔の有効質量である. それゆえ,

$$n_e n_h = N_c N_v \exp\{-(E_c - E_v)/kT\} \tag{5.45}$$

と得られる．ここで，真性半導体は $n_e = n_h$ であり，また $(E_c - E_v)$ はバンドギャップ $E_g$ であるから，

$$n_e = n_h = (N_c N_v)^{1/2} \exp(-E_g/2kT) \tag{5.46}$$

となる．また，式(5.42)と式(5.44)に $n_e = n_h$ の条件を当てはめると，式(5.47)が得られる．

$$E_F = \frac{E_c + E_v}{2} + \frac{kT}{2} \ln\left(\frac{N_v}{N_c}\right) \fallingdotseq \frac{E_c + E_v}{2} \tag{5.47}$$

これは，真性半導体のフェルミ準位が，禁制帯のほぼ中央に位置することを意味している．

n 型半導体のフェルミ準位は式(5.47)で，$E_v$，$N_v$ をドナー準位 $E_d$ およびドナーの有効状態密度 $N_d$ に置き換えればよい．

$$E_F = \frac{E_c + E_d}{2} + \frac{kT}{2} \ln\left(\frac{N_d}{N_c}\right) \tag{5.48}$$

このときの電子のキャリア濃度は

$$n_e = (N_c N_d)^{1/2} \exp\{-(E_c - E_d)/2kT\} \tag{5.49}$$

また，p 型半導体のフェルミ準位は，$E_c$，$N_c$ をそれぞれアクセプター準位 $E_a$，アクセプターの有効状態密度 $N_a$ に置き換えて

$$E_F = \frac{E_a + E_v}{2} + \frac{kT}{2} \ln\left(\frac{N_v}{N_a}\right) \tag{5.50}$$

が得られる．同様に，正孔のキャリア濃度は

$$n_h = (N_v N_a)^{1/2} \exp\{-(E_a - E_v)/2kT\} \tag{5.51}$$

となる．

実際の伝導度は $\sigma = n\mu e$ であるから，これを $1/T$ に対してプロットすると図 5.25 に示したように2つの領域からなる．すなわち，低温領域での直線の勾配は式(5.49)の $(E_c - E_d)$ に相当し，この領域を不純物領域という．高温領域では電子は価電子帯から伝導帯に励起されるため，直線の勾配は真性半導体としてのバンドギャップ $E_g$ に対応している．

### 5.2.4 セラミックスの電子伝導とその応用

セラミックの電子伝導は，不純物や格子欠陥などの存在によって生じる場合が多い．

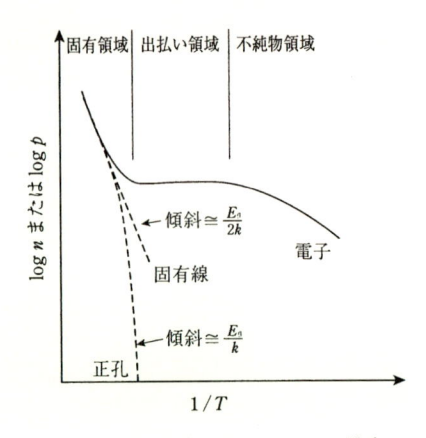

**図5.25** n型半導体におけるキャリア濃度の温度変化

 代表的な格子欠陥による電気伝導を検討する．$Mn_{1-x}O$，$Fe_{1-x}O$，$Co_{1-x}O$など$M_{1-x}O$で表記される例で，陽イオン欠損を生成するとともに，$M^{2+}$が$M^{3+}$に酸化されている．この反応はKröger-Vink記号を用いると，以下のように書ける．

$$(1/2)O_2(g) \longrightarrow O_O^{\times} + V_M^{\times} \quad (5.52a)$$

ここで，2つの正孔hが陽イオン空孔にトラップされた状態と考えている．ところで，この正孔が局在化しない場合を考慮すると

$$V_M \longrightarrow V_M' + h \quad (5.52b)$$

$$V_M' \longrightarrow V_M'' + h \quad (5.52c)$$

と書ける．ここで，式(5.52a)〜(5.52c)の平衡定数を$K_1, K_2, K_3$とし，酸素分圧を$p(O_2)$とすると，質量作用の法則により

$$[V_M^{\times}] = K_1 p(O_2)^{1/2} \quad (5.53a)$$

$$[V_M'][h] = K_2[V_M^{\times}] \quad (5.53b)$$

$$[V_M''][h] = K_3[V_M'] \quad (5.53c)$$

となる．ここで，[V]，[h]はそれぞれ欠陥の濃度，正孔の濃度を表している．そこで主欠陥が$V_M'$のとき，$[h] = [V_M']$と近似できるから，

$$[h] = (K_1 K_2)^{1/2} p(O_2)^{1/4} \quad (5.54)$$

となり，正孔による伝導度は酸素分圧の1/4に比例する．また主欠陥を$V_M''$とすると，

$$[\mathrm{h}] = 2[\mathrm{V_M''}] = (2K_1 K_2 K_3)^{1/3} p(\mathrm{O_2})^{1/6} \tag{5.55}$$

が得られ，h は $p(\mathrm{O_2})$ の 1/6 に比例することがわかる．例えば，図 5.26 で示すように $\mathrm{Co_{1-x}O}$ において，主欠陥は高酸素分圧側で $\mathrm{V_M'}$，低酸素分圧側で $\mathrm{V_M''}$ であることが知られている．

一方，陰イオン欠損を有する酸化物 $\mathrm{MO_{1-x}}$ の場合を検討する．このとき，電子のトラップの状態により以下の 3 通りが考えられる．

$$\mathrm{O_O^\times} \longrightarrow (1/2)\mathrm{O_2} + \mathrm{V_O^\times} \tag{5.56a}$$

$$\mathrm{V_O^\times} \longrightarrow \mathrm{V_O^\cdot} + \mathrm{e} \tag{5.56b}$$

$$\mathrm{V_O^\cdot} = \mathrm{V_O^{\cdot\cdot}} + \mathrm{e} \tag{5.56c}$$

上記の反応の平衡定数をそれぞれ $K_1', K_2', K_3'$ とし，質量作用を適用すると，

主欠陥が $\mathrm{V_O^\cdot}$ のとき，$[\mathrm{e}] = [\mathrm{V_O^\cdot}] = (K_1' K_2')^{1/2} p(\mathrm{O_2})^{-1/4}$ (5.57)

主欠陥が $\mathrm{V_O^{\cdot\cdot}}$ のとき，$[\mathrm{e}] = 2[\mathrm{V_O^{\cdot\cdot}}] = (2K_1' K_2' K_3')^{1/3} p(\mathrm{O_2})^{-1/6}$ (5.58)

となり，欠陥の解離状態により，電子のキャリア濃度 $[\mathrm{e}]$ は酸素分圧の $-1/4$，あるいは $-1/6$ に比例して変化する．陰イオン欠損を伴うこのケースは，$\mathrm{TiO_{2-x}}$ や遷移金属酸化物でしばしばみられる．これらの電子伝導を利用して各種センサー，NTC サーミスタなど，いろいろな用途に応用されている．

セラミックスの特殊な電気伝導特性の例として，バリスタ特性，PTCR 特性などが知られている．例えば，強誘電体として知られる $\mathrm{BaTiO_3}$ に希土類元素を添加することにより，室温で n 型半導体になる．しかも，温度を上げていくと強誘電相－常誘電相転移温度（キュリー点）付近で急激に抵抗が高くなる（図 5.27）．この現象は，PTCR (positive temperature coefficient of resistance) 効果として知られている．この現象を説明するのに，Heywang は，粒界のポテ

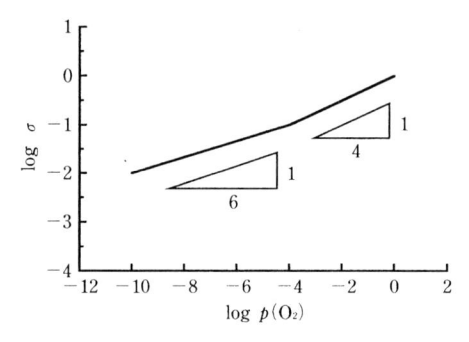

図 5.26　$\mathrm{Co_{1-x}O}$ の電気伝導度の酸素分圧依存性

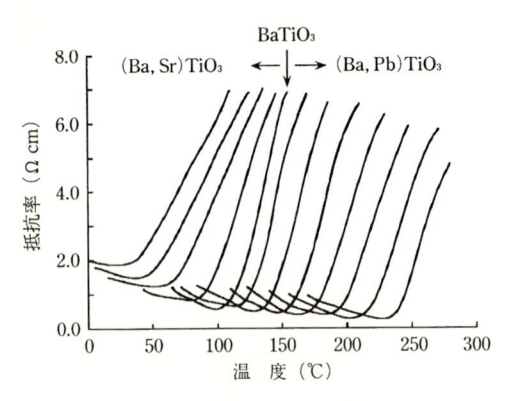

**図 5.27** 種々の PTCR サーミスタの抵抗の温度特性

ンシャル（$\phi$）は

$$\phi = \frac{eN_d l^2}{2\varepsilon_0 \varepsilon} \tag{5.59}$$

で表せるとした．ここで，$N_d$ はドナーの濃度，$\varepsilon$ は比誘電率，$l$ は障壁の幅である．抵抗率 $\rho$ は

$$\rho = \rho_0 \exp\left(\frac{\phi}{kT}\right) \tag{5.60}$$

で表せるから，キュリー点で急激に比誘電率が減少すると，$\phi$ は増加し，抵抗は増加する．この特異な現象を利用して，自己制御型ヒータや保温器に応用されている．一方，$Bi_2O_3$ を添加した ZnO 焼結体は結晶粒界（結晶粒子間の境界）に電子伝導に対するバリアが存在し，ある電圧以下では絶縁体として振る舞い，それ以上では急激に電流を流す性質をもっている．これはバリスタ素子として知られ，回路保護素子などとして使用されている．これらはいずれも焼結体の粒界の存在が重要な働きをしている例である．

### 5.2.5 イオン伝導体

電気伝導の電荷担体が電子ではなくイオンのときの伝導は，イオン伝導と呼ばれ，特に酸化物イオンが電荷担体である場合，酸化物イオン伝導体（oxide ion conductor）という．酸化物イオン伝導体は，固体電解質型燃料電池（solid oxide fuel cell：SOFC），酸素センサーをはじめとする各種センサー，化学反応メンブレン（膜）など多くの応用が期待されるため，活発な研究が行われている．

**a．理論的背景** 電気伝導度に関する式(5.39)を，イオン伝導体の電気伝

導度 $\sigma_i$ に適用すると

$$\sigma_i = n_i q_i \mu_i \tag{5.61}$$

と書かれる．ここで，$n_i, q_i, \mu_i$ はそれぞれ伝導キャリアの濃度，電荷および移動度であり，添え字の $i$ は伝導イオン種を表している．また，イオン伝導を支配する移動度が，結晶中の自己拡散係数 $D$ と次式のネルンスト-アインシュタインの式で関係づけられることは4.4.8項ですでに述べた．すなわち，

$$\mu_i = \frac{q_i D}{kT} \tag{5.62}$$

である．それゆえ，電気伝導度と拡散係数は

$$\sigma_i = n_i q_i \left(\frac{q_i D}{kT}\right) \tag{5.63}$$

と関係づけられる．一方，拡散係数は

$$D = D_\circ \exp\left(-\frac{\Delta G_m}{kT}\right) \tag{5.64}$$

で与えられる．ここで，$\Delta G_m$ は移動に際しての自由エネルギー変化で，

$$\Delta G_m = \Delta H_m - T \Delta S_m \tag{5.65}$$

である．式(5.64)と式(5.65)を式(5.63)に代入すると，最終的に

$$\sigma_i = \left(\frac{A_T}{T}\right) \exp\left(-\frac{E_a}{kT}\right) \tag{5.66}$$

が得られる．式(5.66)において，$\Delta H_m = E_a$ とし，エネルギー的に等価なサイトが $C$ 個あり，可動イオンの占有率 $n_c = c_i/C$ が温度に依存しないとすると，$A_T$ は

$$A_T = \left(\frac{Cq^2}{k}\right) n_c D_\circ \exp\left(\frac{\Delta S_m}{k}\right) \tag{5.67}$$

となる．式(5.67)をより詳細に検討するために，$D_\circ$ の内容の検討を試みる．

2つの原子が同じサイトを占めることができないことから，$0 < n_c < 1$，またあるイオンが隣のサイトにジャンプする確率は，$z(1-n_c) f\nu(E)$ で与えられる．ここで，$(1-n_c)$ は隣の等価サイトが空である確率，$z$ は隣の等価サイト数，$f$ はジャンプパスに関係した幾何学的因子を示す．また，ジャンプの振動数 $\nu(E)$ は

$$\nu(E) = \nu_\circ \exp\left(-\frac{\Delta G_m}{kT}\right) \tag{5.68}$$

で表され，$\nu_\circ$ は可動イオンの光学モード振動数で，$10^{12} \sim 10^{13}$ Hz の範囲にある．

電界 $E$ の存在により,電界方向にイオンがジャンプするときのエンタルピー ($\Delta H_m - qEl_x/2$) は,反対方向へのジャンプのエンタルピー ($\Delta H_m + qEl_x/2$) より低い.ここで,$l_x$ は隣の等価サイト間のジャンプ距離 $l$ の $x$ 成分であり,ポテンシャルエネルギー障壁は $l_x/2$ で最大になる.電界方向への正味の移動速度 $v_x$ は,$l_x/2$ と,電界方向と反対方向へのジャンプ確率の差との積で表されるので

$$v_x = \left(\frac{l_x}{2}\right) z(1-n_c) f\nu \left\{\exp\left(\frac{qEl_x}{2kT}\right) - \exp\left(-\frac{qEl_x}{2kT}\right)\right\} \quad (5.69)$$

ここで,$qEl_x/2 \ll kT$ のとき,$\exp(qEl_x/2kT) \fallingdotseq qEl_x/2kT$ と近似できるので,次式が得られる.

$$v_x = \left(\frac{qE}{kT}\right)\left(\frac{l_x^2}{2}\right) z(1-n_c) f\nu \quad (5.70)$$

立方晶では $l_x^2 = l_y^2 = l_z^2$ であるから,$l_x^2/2$ は $l^2/6$ となり,$\mu_i = v_x/E = qD/kT$ から,次式が得られる.

$$D = \left(\frac{l^2}{6}\right) z(1-n_c) f\nu \quad (5.71)$$

結局,式(5.67)は

$$A_T = \gamma \left(\frac{Cq^2}{k}\right) n_c (1-n_c) l^2 \nu_0 \quad (5.72)$$

$$\gamma = f\left(\frac{z}{6}\right) \exp\left(\frac{\Delta S_m}{k}\right)$$

となる.したがって,$\sigma$ を大きくするには,

① 活性化エネルギー $E_a$ を小さくする
② $n_c(1-n_c)$ を大きくする:高キャリア濃度
③ 等価サイト間のジャンプ距離 ($l$) を大きくする

ことなどが有効である.

**b. 代表的なイオン伝導体**　セラミックスのイオン伝導体の種類としては,酸化物イオン,陽イオン,プロトン伝導体などが知られ,そのイオン伝導度は結晶構造と密接に関係している.

ⅰ) 酸化物イオン伝導体:　通常,酸化物は酸化物イオンが最密充填した隙間に陽イオンが入った構造であるため,酸化物イオンが移動するには,欠損した酸化物イオンサイトの存在が不可欠である.この欠損サイトを介してイオンがジ

ャンプする場合,これを空孔機構(vacancy mechanism)という.

酸化物イオン伝導体の代表例として,$ZrO_2$ に 8 mol% の $Y_2O_3$ を固溶させた安定化ジルコニア(YSZ)が有名である.この場合,2 原子の Y 当たり,1 個の酸素欠損が生じる.すなわち

$$Y_2O_3 \xrightarrow{ZrO_2} 2Y_{Zr}' + V_O^{\cdot\cdot} \qquad (5.73)$$

と書ける.

図 5.28 に,ジルコニアに CaO や $Y_2O_3$ などの低原子価元素を添加した系の,イオン伝導度変化を示す.添加量の少ない領域では,添加量とともにイオン伝導度が増加している.しかし,添加量がある程度以上になると,酸素欠損量が増加するにもかかわらず,逆に伝導度が低下する傾向がある.

この原因としては,有効電荷が正の $V_O^{\cdot\cdot}$ と負の Ca や Y の置換イオン $Ca_{Zr}''$,$Y_{Zr}'$ 間に生じるクーロン力によって,($Ca_{Zr}''$-$V_O^{\cdot\cdot}$)タイプの会合が起こり,電荷担体である $V_O^{\cdot\cdot}$ が特定の位置に固定されたためと一般的に考えられている.しかし,仮に($Ca_{Zr}''$-$V_O^{\cdot\cdot}$)の会合が生じたとしても,伝導度の増加率は減少するが,低下するとは考えにくい.一方,伝導度の低下の原因として,$ZrO_2$-CaO 系などで認められたように,$ZrO_2$ 相と $CaZr_2O_5$ 相の間に存在する $CaZr_4O_9$ 相などが微少領域で析出したためという議論もある.

酸化物イオン伝導体として,ジルコニア以外に $Ce_{1-x}Sm_xO_{2-\delta}$ 系やペロブスカイト構造を有する $(La,Sr)(Ga,Mg)O_{3-\delta}$ 系などが知られている.

ⅱ) 陽イオン伝導体: 室温でウルツ鉱型 β 相である AgI は,147°C 以上の

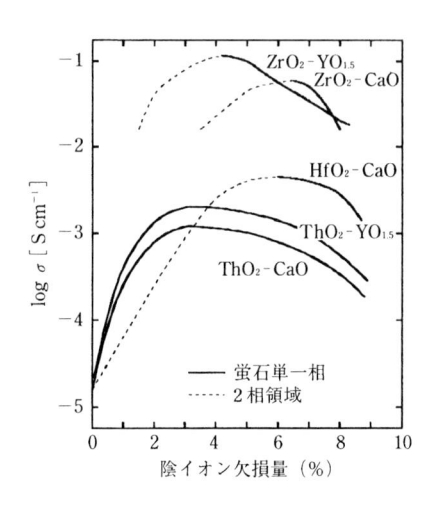

図 5.28 種々の酸化物イオン伝導体の酸素欠陥と伝導度特性

温度で立方晶の α 相に転移し，$Ag^+$ のイオン伝導度が3桁以上高くなる．この α-AgI は，体心立方を形成している $I^-$ の周りに $Ag^+$ が占めることができるサイトが単位格子中に42個あり，$Ag^+$ がそのサイトの中を液体のように動き回ることができるため，高い伝導度を示す．これに RbI を加えて安定化させた $RbAg_4I_5$ は，室温でも高い伝導度（$\sim 0.12\ S\ cm^{-1}$）を示す．

β-$Al_2O_3$ は層状構造からなり，組成式が $R_2O \cdot 11Al_2O_3$（R＝Na, K, Ag, Li）で表される陽イオン伝導体である．これは，Al と O でつくるスピネルブロックの間に R と O の層が挟まれた構造であり，この層内が $R^+$ イオンの高速伝導パスとなる．層内では4個の酸素中3個が欠けており，その欠損位置の半分に $Na^+$ が入っている（図5.29）．したがって，β-$Al_2O_3$ は面に平行方向で高い伝導性を示すが，垂直方向では伝導度が数桁小さくなる．

一方，$Na_3Zr_2Si_2PO_{12}$ で表せる NASICON（ナシコン）の結晶中には三次元網目状にトンネルが走っているため，$Na^+$ の伝導度は非常に高く，室温で $\sim 0.3\ S\ cm^{-1}$ にもなる．

プロトン伝導体は当初，$HU_2PO_4 \cdot 4H_2O$，$H_3(PMo_{12}O_{40}) \cdot nH_2O$ および $H_3(PW_{12}O_{40}) \cdot 29H_2O$ など，熱的に不安定な水和物において見出されており，その伝導度は室温で $10^{-1} \sim 10^{-4}\ S\ cm^{-1}$ である．一方，β-$Al_2O_3$ 中の $Na^+$ をイオン交換により $H_3O^+$，あるいは $NH_4^+$ で置換すると，比較的高い伝導度を示すプロトンイオン伝導体になることも知られているが，200〜400℃ で $H_2O$ や $NH_3$ を失って分解する欠点がある．最近になり，ペロブスカイト型構造を有する $SrCe_{0.95}Yb_{0.05}O_{3-\delta}$ は水蒸気が存在すると

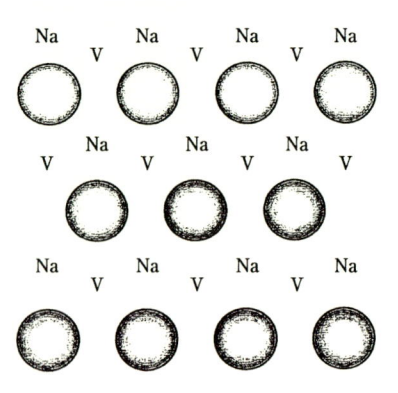

図5.29 β-アルミナのイオン配列

$$H_2O + 2h \longrightarrow 2H^+ + (1/2)O_2 \qquad (5.74)$$

の反応により，高いプロトン伝導度（$\sim 10^{-2}\,S\,cm^{-1}$）を示すことが報告されている．

### 5.2.6 イオン伝導体の応用

イオン伝導体は高い温度で種々の機能を発揮するため，高温度のガスセンサーや電池などに応用されている．

**a．二次電池**　　二次電池への応用の1つに，ナトリウム-イオウ電池がある．$\beta$-$Al_2O_3$を挟み，負極に金属ナトリウム，正極にイオウを用い，300〜350℃で作動させる．このときの放電反応は

$$(正極) \quad Na^+ + (x/2)S + e \longrightarrow (1/2)Na_2S_x \qquad (5.75a)$$
$$(負極) \quad Na \longrightarrow Na^+ + e \qquad (5.75b)$$

で示される．外部から逆向きに電流を流せば，逆反応により充電される．このナトリウム-イオウ電池は単位重量当たりの発電量が大きく，従来の鉛蓄電池の数倍の値に相当する100〜200 W h kg$^{-1}$の発電量を示すため，エネルギー貯蔵用電池として期待されている．

**b．ガスセンサー**　　安定化ジルコニアを用いた酸素ガスセンサーは，自動車の排気ガス中の酸素濃度を検出し，エンジンに供給する燃料と空気の割合を制御するのに使用されている．

このときの電極反応は

$$(正極) \quad O_2 + 4e \longrightarrow 2O^{2-} \qquad (5.76a)$$
$$(負極) \quad 2O^{2-} \longrightarrow O_2 + 4e \qquad (5.76b)$$

で表され，電子伝導が存在しない（酸素イオン輸率＝1）とき，ネルンストの式から次式の起電力を生じる．

$$E = \frac{RT}{4F} \ln \frac{P_{O_2}(測定極側)}{P_{O_2}'(参照極側)} \qquad (5.77)$$

ここで，$R$は気体定数，$F$はファラデー定数，$T$は絶対温度である．一般に，参照極側は大気であるので，$P_{O_2}' = 0.21\,atm$である．

**c．燃料電池**　　燃料電池（fuel cell）は，一方の極に酸素ガス，もう一方の極に水素やメタノールなどの燃料を送り込むと，次式のような反応が連続的に起こり発電されるという原理である．図5.30に，燃料電池の原理を模式的に示した．

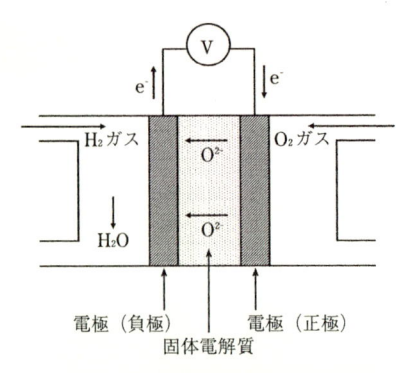

**図 5.30** 固体電解質型燃料電池の原理

$$（正極）\quad (1/2)O_2 + 2e \longrightarrow O^{2-} \quad (5.78a)$$

$$（負極）\quad H_2 + O^{2-} \longrightarrow H_2O + 2e \quad (5.78b)$$

燃料電池の起電力は

$$E = -\Delta G/nF \quad (5.79)$$

で与えられる．ここで，$\Delta G$ は全反応の自由エネルギー変化，$n$ は反応電子数である．具体的には，$\Delta G = -228.6 \text{ kJ mol}^{-1}$，$n=2$ であるから，$E = 1.1 \text{ V}$ となる．

　電解質に酸化物イオン伝導体のような固体を用いた燃料電池は，固体電解質型燃料電池と呼ばれ，通常 1000℃ 付近の温度で作動する．発電効率は，通常の火力発電の 20〜30% と比較して 50〜60% と高く，有害ガスをほとんど排出せず，小型化が可能なため，オンサイトでの発電が可能であること，また発熱する熱も同時に利用できることから，コジェネレーション（1つのエネルギーから複数のエネルギーを同時に取り出すこと．この場合，電気と熱）用としても期待されている．

## 5.3 磁 性 材 料

　人類が初めて磁気的性質を利用し始めたのは，15 世紀中頃からであった．それは，マグネタイト（$Fe_3O_4$）と呼ばれるセラミックスの方位磁石としての使用である．その後，磁性材料の利用は通信機器の発達に伴って急速に増大している．本節では磁性の起源から，その特性について解説する．

### 5.3.1 磁性の起源

　原子内の電子は原子核の周りを回転すると同時に，自転（スピン）している．

物質の磁気的性質の起源は，電子の回転と自転に密接に関係している．原子核の周りを回転は円電流にたとえられる．

**a. 軌道磁気モーメント**　$-q$ と $+q$ の磁極が距離 $d$ だけ離れて存在するときのベクトル

$$M = qd$$

が磁気モーメント（magnetic moment）と定義される．したがって磁気モーメントの単位は［Wb m］となる．Wb（ウェーバー）は磁極の単位であり，電荷のクーロン［C］に相当する単位である．しかし，実際には磁極 $q$ は存在しないので，むしろ $M$ を用いて磁気を論ずる方が現実的である．単位体積当たりの磁気モーメントの大きさを磁化の強さ，あるいは単に磁化（magnetization）と呼ぶことからも，磁気モーメントとは磁石の強さの尺度と理解できる．

一般に $i$［A］の電流が面積 $S$［m²］の周りを回るとき，その円電流は

$$M = \mu_0 iS$$

の磁気モーメント（$M$）をもつことが知られている（図5.31(a)）．ここで，$\mu_0$ は真空中の透磁率で，$4\pi \times 10^{-7}$ Wb A$^{-1}$ m$^{-1}$（= H m$^{-1}$）* である．いま，1個の電子が角速度 $\omega$ で半径 $r$ の円周上を等速円運動している場合を考える．この場合の円電流は $e\omega/2\pi$［A］に相当するから，軌道運動による磁気モーメント $M$ は

$$M = -\mu_0(e\omega/2\pi)\pi r^2 = -\mu_0 e\omega r^2/2 \tag{5.80}$$

となる．式(5.80)のマイナス符号は，回転する粒子が負の電荷をもつ場合，角運動量と磁気モーメントの方向が逆になることを示している．一方，電子の質量を

---

*［透磁率 $\mu$ の単位］

ある場所に磁界 $H$［A m$^{-1}$］を加えたとき，磁束密度が $B$［Wb m$^{-2}$ = T］（T はテスラと読む）になったとすると，$B/H$ が透磁率 $\mu$ であるから，

$$\mu \text{ の単位} = \frac{[\text{Wb}]}{[\text{m}^2]} \cdot \frac{[\text{m}]}{[\text{A}]} = \frac{[\text{Wb}]}{[\text{A m}]}$$

一方，自己インダクタンス $L$［H］（H はヘンリーと読む）はコイルに1Aの電流を流したとき，生じる磁束（Wb）に等しいことから，

$$[\text{Wb}] = [\text{H}][\text{A}]$$

ゆえに，$\mu$ の単位 = H m$^{-1}$ となる．

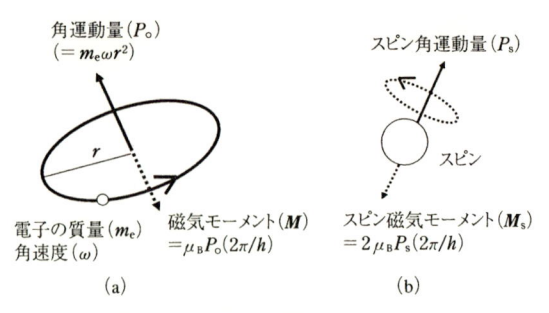

図5.31 電子の軌道運動による磁気モーメント (a) とスピンによる磁気モーメント (b)

$m_e$ とすると,軌道角運動量 ($P_o$) の大きさは

$$P_o = m_e \omega r^2 \tag{5.81}$$

であるから,角運動量を用いて式(5.80)を書き直すと,磁気モーメントは

$$M = -(\mu_o e/2m_e) P_o \tag{5.82}$$

となる.ここで,量子力学の結果を用いると,軌道角運動量量子数(方位量子数) $l$ をもつ電子の角運動量 $P_o$ は $l(h/2\pi)$ のとびとびの値をとることが知られているから,電子の磁気モーメントは

$$M_l = (\mu_o eh/4\pi m_e) l \tag{5.83}$$

となる.ここで,$l=0$ (s軌道) のときは $M_l = 0$ となり,磁気モーメントをもたない.また $(\mu_o eh/4\pi m_e)$ をボーア磁子 (Bohr magneton) ($\mu_B$) と呼び,磁気モーメントの最小単位に相当し

$$\mu_B = \mu_o eh/4\pi m_e = 1.165 \times 10^{-29} \text{ Wb m} \tag{5.84}$$

である.それゆえ,式(5.83)は

$$M_l = \mu_B l \tag{5.85}$$

と書ける.厳密な量子力学的議論によると,角運動量は単に $h/2\pi$ の整数倍ではなくて,$\sqrt{l(l+1)}$ に比例しているので,式(5.85)は

$$M_l = \mu_B \sqrt{l(l+1)} \tag{5.86}$$

となる.

**b. スピン磁気モーメント** 一方,電子自身の回転(スピン)による磁気モーメント ($M_s$) が伴う.これは

$$M_s = -\mu_o e P_s / m_e \tag{5.87}$$

で与えられる（図5.31(b)）．$P_s$ はスピン角運動量であり，$h/2\pi$ の整数倍となる．したがって軌道の磁気モーメントと同様に，スピンによる磁気モーメントは

$$M_s = 2\mu_B s \tag{5.88}$$

となる．ここで，$s$ はスピン量子数であり，1/2 であるので，1電子の $M_s$ は1ボーア磁子である．しかし，これも量子力学的議論より，厳密には次式で表せる．

$$M_s = 2\mu_B \sqrt{s(s+1)} \tag{5.89}$$

以上の議論から，全磁気モーメントは

$$M = g(\mu_0 eh/4\pi m_e)(l+s) \tag{5.90}$$

とまとめられる．ここで，$g$ はランデの因子（Lande splitting factor）と呼ばれ，スピンのみの場合は $g=2$ で，軌道運動の場合は $g=1$ である．

**c． 多電子の原子またはイオンにおける全磁気モーメント**　これまでは1個の電子について説明してきたが，一般に，原子は多電子を含んでいるので，全軌道角運動量，全スピン角運動量は個々の電子のベクトル和となり，

$$L = \sum l_i, \qquad S = \sum s_i \tag{5.91}$$

となる．したがって全角運動量も全軌道角運動量，全スピン角運動量のベクトル和となり，

$$J = L + S \tag{5.92}$$

で表される．これは，ラッセル-サンダー結合（Russell-Saunders coupling）として知られている．ところで実際には，鉄族遷移金属イオンの 3d 軌道は最も外側に存在するため，結晶場の影響を強く受けて $L$ と $S$ のベクトル結合が破れ，磁気モーメントに対する軌道運動の影響はほとんど消失し，$L=0$ となる．それゆえ $J=S$ となり，イオンの磁気モーメント（$M_{ion}$）は単に

$$M_{ion} = 2\mu_B \sqrt{S(S+1)} \tag{5.93}$$

で与えられる．表 5.2 に，3d 遷移金属イオンの磁気モーメントの計算値と実測値をまとめて示した．

一方，4f 軌道はずっと内側にあるため結晶場の影響は受けにくく，しかも $LS$ 結合が強いため，実測の磁気モーメントは軌道の磁気モーメントを考慮した計算値と一致する．

### 5.3.2　磁気モーメントの配列による磁性体の種類

前項で説明したように，イオンが磁気モーメントを有するとき，室温における磁気モーメントの配列の仕方により，常磁性（paramagnetism），強磁性（fer-

表 5.2 3d 遷移元素イオンの磁気モーメント

| イオン | 電子配置 | 計算値 $2\mu_B\sqrt{S(S+1)}$ | 実測値 |
|---|---|---|---|
| $Sc^{3+}$, $Ti^{4+}$ | $3d^0$ | 0.00 | 0.0 |
| $V^{4+}$, $Ti^{3+}$ | $3d^1$ | 1.73 | 1.8 |
| $V^{3+}$ | $3d^2$ | 2.83 | 2.8 |
| $V^{2+}$, $Cr^{3+}$ | $3d^3$ | 3.87 | 3.8 |
| $Mn^{3+}$, $Cr^{2+}$ | $3d^4$ | 4.90 | 4.9 |
| $Mn^{2+}$, $Fe^{3+}$ | $3d^5$ | 5.92 | 5.9 |
| $Fe^{2+}$ | $3d^6$ | 4.90 | 5.4 |
| $Co^{2+}$ | $3d^7$ | 3.87 | 4.8 |
| $Ni^{2+}$ | $3d^8$ | 2.83 | 3.2 |
| $Cu^{2+}$ | $3d^9$ | 1.73 | 1.9 |
| $Cu^+$, $Zn^{2+}$ | $3d^{10}$ | 0.00 | 0.0 |

romagnetism），反強磁性（antiferromagnetism），フェリ磁性（ferrimagnetism）などの違いが生じる．これらの磁気的性質と磁気モーメントの並び方の違いを，図 5.32 に模式的に示した．常磁性（同図(a)）は磁気モーメントが勝手な方向を向いていて，規則配列はない．磁気モーメントがすべて同じ向きに並んだものが強磁性（同図(b)）で，多くの金属磁性体はこれに属する．

磁気モーメントが交互に逆向きに並び，全体として自発磁化が現れないのが反強磁性（図 5.32(c)）である．フェリ磁性（同図(d)）は基本的には反強磁性であるが，逆向きの磁気モーメントが完全にキャンセルされないとき，その差が外に現れ，見かけ上強磁性となる．スピネル型酸化物やガーネット型酸化物など，多くのセラミックス磁性体はこれに属している．

一方，磁気モーメントをもたない場合は反磁性（diamagnetism）と呼ばれる．反磁性は，不対電子をもたない閉殻構造のイオンに外部から磁場をかけると，その磁束変化を妨げる方向に誘導電流が流れ，外部磁場を打ち消す効果（レンツの法則：Lenz's law）として現れたものである．そのため，物質内部の磁場は外部磁場より小さくなる．反磁性は実用上あまり重要ではないので，これ以上は触れないでおく．

ここで，磁場（あるいは磁界）（$H$）と磁束密度（$B$）の関係を明らかにしておく．磁場は電流によって生じる．例えば半径 $r$ [m] の円の周囲を電流 $i$ [A] が流れるとき，その中心の磁場は $i/2r$ で与えられる．それゆえ，磁場の単位は A m$^{-1}$ となる．そこでこの磁場により，空間に磁束密度 $B$ が生じたと考える．

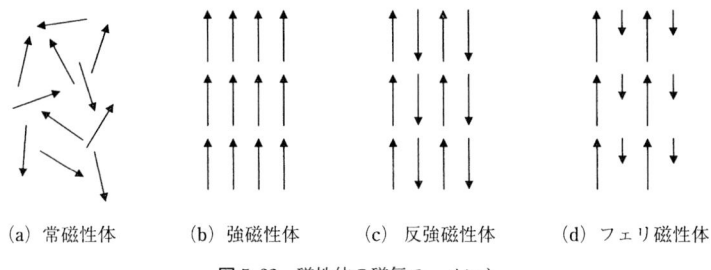

(a) 常磁性体　　(b) 強磁性体　　(c) 反強磁性体　　(d) フェリ磁性体

図 5.32　磁性体の磁気モーメント

空間が真空のとき，$B$ と $H$ は次式の関係にある．

$$B = \mu_0 H \tag{5.94}$$

ここで，$\mu_0$ は真空中の透磁率で，$4\pi \times 10^{-7}$ Wb A$^{-1}$ m$^{-1}$ である．それゆえ，$B$ の単位は Wb m$^{-2}$（$=$V s m$^{-2}=$T(tesla)$=10^4$ G(gauss)）となる．

空間に固体が存在するとき，

$$B = \mu_0 H + I \tag{5.95}$$

となる．ここで，$I$ は固体の磁化 (magnetization) で，次式のように単位体積当たりの磁気モーメントと定義される．

$$I = M_{\text{Ion}} / V \tag{5.96}$$

$I$ の単位は Wb m$^{-2}$ で，$B$ と同じ単位である．$H$ は電流や，その物質の外におかれた永久磁石によっても生ずるが，$I$ は試料固体の内部のスピンや軌道角運動量によって生じる点が異なる．

真空でないとき，$B$ は $H$ に関して直線的に変化する．

$$B = \mu H \tag{5.97}$$

ここで，$\mu$ は固体の透磁率 (permeability) である．固体が強磁性やフェリ磁性体のときは $B$ と $H$ は直線的な関係でなくなり，したがって $\mu$ は $H$ とともに変化する．また試料固体の磁化率 (magnetic susceptibility) は

$$\chi = I / H \tag{5.98}$$

で定義される．さらに式(5.95), (5.97), (5.98)から，$\mu = \mu_0 + \chi$ が得られ，$\mu/\mu_0 = \mu_r$，$\chi/\mu_0 = \chi_r$ をそれぞれ比透磁率 (relative permeability) および比磁化率 (relative susceptibility) とすると，$\mu_r$ と $\chi_r$ は次式のように関係づけられる．

$$\mu_r = \chi_r + 1 \tag{5.99}$$

**a．磁化率の温度変化**　各種の磁性体が存在することはすでに触れたが，

それらを区別するには，磁化率の温度変化を調べることが有効である．

常磁性の場合，磁化率（$\chi$）は温度とともに減少し，その関係は次式のように与えられる．

$$\chi = C/T \tag{5.100}$$

この関係はキュリーの法則として知られており，$C$ はキュリー定数（Curie constant）と呼ばれる．図 5.33 に $\chi$ の温度変化を模式的に示した．

ここで，$C$ のもつ意味について検討する．常磁性の固体は，磁場のないとき，その磁気モーメントは熱振動によりあらゆる方向を向いているが，磁場をかけることにより，ある程度磁気モーメントが磁場の方向にそろうようになる．このときの磁化（$I$）は，ランジュヴァン（Langevinn）の取扱いにより，

$$I = NM_{\text{ion}}^2 H / 3kT \tag{5.101}$$

で表せる．ここで，$N$ は単位体積当たりの磁気イオンの数である．そこで，式(5.98)を適用すると

$$\chi = NM_{\text{ion}}^2 / 3kT \tag{5.102}$$

となり，

$$C = NM_{\text{ion}}^2 / 3k \tag{5.103}$$

が求まる．すなわち，磁化率の温度変化から磁気モーメントが計算される．

一方，強磁性やフェリ磁性の場合，磁化率の温度変化はキュリー温度（Curie temperature, $T_C$）以上で

$$\chi = C/(T - T_C) \tag{5.104}$$

の関係が成り立ち，これはキュリー–ワイスの法則と呼ばれている．$T_C$ 以下で強

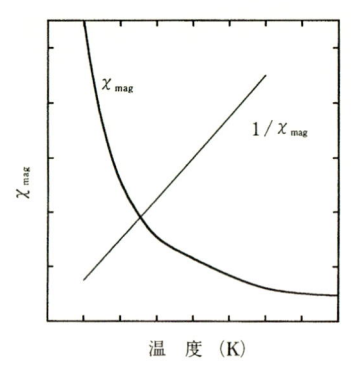

図 5.33 常磁性体の磁化率の温度変化

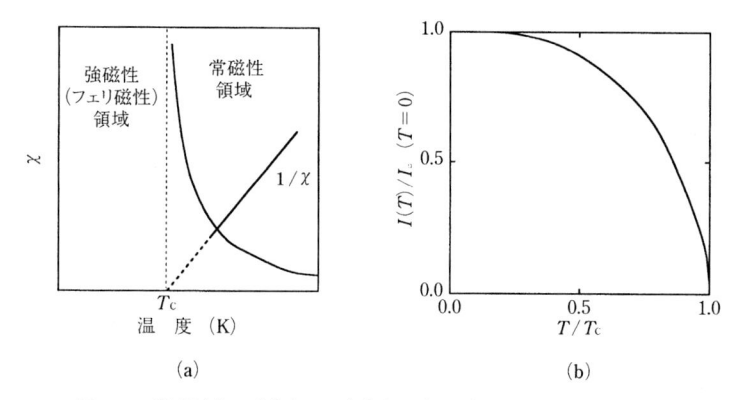

図5.34 強磁性体の磁化率の温度変化 (a) と自発磁化の温度変化 (b)

磁性やフェリ磁性が現れる．図5.34(a)に強磁性の $\chi$ の温度変化を模式的に示した．また同図(b)には，フェリ磁性領域のある温度での磁化 $I$ と $T=0$ K での磁化 $I_0$ の比を $T/T_C$ に対してプロットした結果を示す．ワイスの分子磁界の理論によれば

$$\frac{I}{I_0}=\frac{J+1}{3J}\left(\frac{T}{T_C}\right) \tag{5.105}$$

という関係が成り立つので，この曲線を解析すれば $J$ が算出される．

さらに，反強磁性の磁化率の温度変化は

$$\chi=C/(T+T_C) \tag{5.106}$$

となり，$T_C$ は負の値になる．また，磁化率はネール温度（Neel temperature, $T_N$）で最大値を示し，その温度以上でキュリー-ワイスの法則に従う．$T_N$ 以下で磁気モーメントが配列している．反強磁性は $MnF_2$, $MnO$, $FeF_2$, $CoF_2$, $NiO$, $CoO$, $FeO$ などの Mn, Fe, Co の酸化物やフッ化物でみられる．図5.35に，$MnO$ の磁気モーメントの配列およびその温度変化を模式的に示した．

**b. 超交換相互作用** このような種々の磁気的性質の違いは，結晶中に存在する磁気モーメントの配列の違いであることはすでに述べたが，それではこの配列の違いはどこからくるのであろうか．

量子力学的議論から，一般的にスピン $S_1$ と $S_2$ が存在するとき，その間に

$$E=-J_e\left(\frac{1}{2}+\frac{2S_1S_2}{(h/2\pi)^2}\right) \tag{5.107}$$

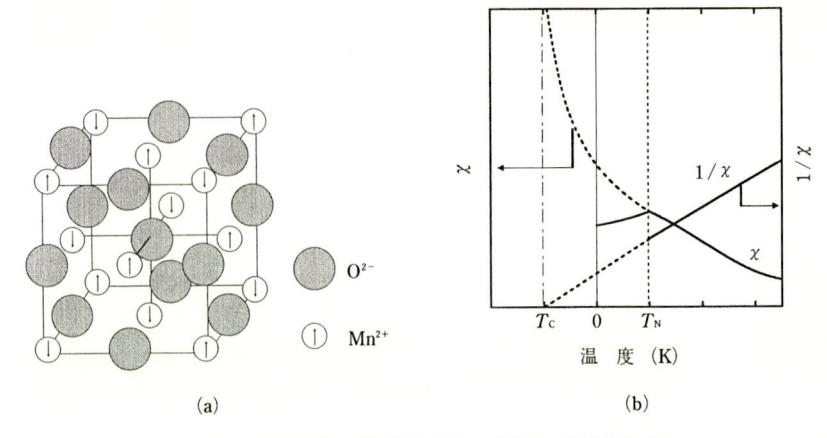

**図 5.35** 反強磁性体の磁気構造（a）と磁化率の温度変化（b）

で示されるエネルギーが存在する．このエネルギーを交換エネルギー（exchange energy）と呼び，スピン間の作用を交換作用と呼んでいる．ここで，$J_e$ は交換積分と呼ばれ，1つの軌道に電子1と電子2が互いに交換して入ることで生じるエネルギーである．2つのスピンが平行の場合と反平行の場合でエネルギーが異なり，その差は

$$E(\uparrow\uparrow) - E(\uparrow\downarrow) = \Delta E = -2J_e$$

となり，$J_e$ の符号によって，平行と反平行のどちらが安定かが決まることになる．定性的には，核間距離と電子軌道の広がりとの兼ね合いで決まり，核間距離に対して電子軌道が小さいとき，$J_e$ は正となり，スピンは平行な方が安定になる．これが Co，Ni，Fe のスピンが平行に配列し，強磁性を示す根拠である．ところが，Mn，Cr，V などの金属は逆に，核間距離に対して軌道の広がりが大きいため，$J_e$ は負となり，反平行の方が安定になる．その結果磁気的には反強磁性を示す．ちなみに，水素分子のような場合も核間距離に対して電子軌道の広がりが大きいため，$J_e$ は負となり，反平行の方が安定になる．

ところで，実際には酸化物のようなイオン結晶では，磁気モーメントをもつイオンの間に非磁性の陰イオンが存在するため，直接の交換作用は起こりえないはずである．これを理解するために，陰イオンを介して磁性イオンに交換作用が働くと考えるのが超交換作用（superexchange interaction）である．例えば，岩塩構造を有する MnO の $Mn^{2+}$ は $3d^5$ である．また $O^{2-}$ は $2p^6$ で p 軌道は6個の電子で満たされ，磁気モーメントは0である．Mn-O-Mn は直線的に結合して

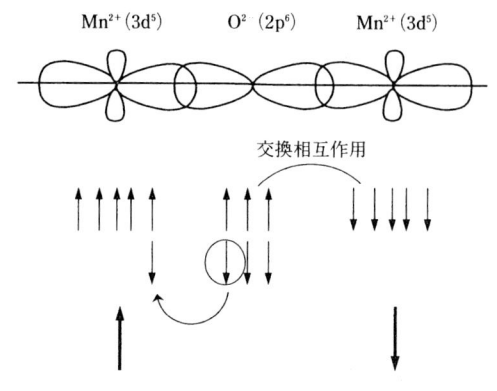

図5.36 MnOにおける超交換相互作用

おり，したがって，直線を$z$方向とすると，Mnの$\psi_{z^2}$とOの$\psi_{p_z}$が重なることができる．そこで，$O^{2-}$から1個の電子が$Mn^{2+}$に移った場合を考えると，酸素は磁性イオンとなり，$Mn^{2+}$との間に交換作用が働く．この交換作用$J$を負とすると，結果的には$Mn^{2+}$-$Mn^{2+}$の間に負の交換作用が働くことになる．この様子を図5.36に示した．この相互作用は，M-O-Mが直線のとき最も大きく，直角のときは弱くなる．

### 5.3.3 応用における磁気特性

強磁性体中では磁気モーメントはそろっているが，通常磁界がないときは磁区（magnetic domain）と呼ばれる微少領域（$\sim 10^{-5}$ m）に分かれており，磁区内では磁気モーメントは一定の方向を向いているが，磁区間ではその向きは異なり，全体として磁化が0になるように配列している（図5.37）．

いまこれに外部から磁界がかけられた場合を考える．磁界が高くなるにつれて，磁界の方向に近い磁区はしだいに広がるため，磁界方向の磁化が大きくなる．磁界がさらに高くなると，磁区内の磁気モーメントが回転して完全に磁界の方向にそろう．このときの磁化を飽和磁化（saturation magnetization, $I_s$）と呼ぶ．それゆえ，飽和磁化はイオンの磁気モーメントと単位体積当たりのイオン数$N$との積で表せる．

$$I_s = N\boldsymbol{M}_{\text{ion}}$$

逆に磁界を下げていくと，磁化はもとの曲線をたどらず低下する．磁界が0になったとき，残っている磁化を残留磁化（remnant magnetization, $I_r$）と呼ぶ．

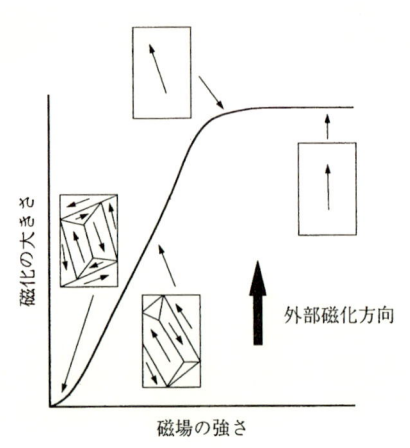

図 5.37 磁化過程

この残留磁化を完全に 0 にするのに必要な逆向きの磁界を抗磁界，または保磁力 (coercive magnetic field, $H_c$) と呼ぶ．図 5.38 はこの様子を表したものであり，$I$-$H$ 曲線あるいは磁化のヒステリシス曲線 (hysteresis curve) と呼んでいる．縦軸に $B$ を選んだ場合 ($B$-$H$ 曲線)，$I$ に $\mu_0 H$ が加わるため，ヒステリシス曲線の形状が変わるため注意すべきである．ヒステリシス曲線で囲まれた面積は，磁気エネルギーが熱エネルギーとして消費したエネルギーに相当し，これをヒステリシス損失といい，特に高周波領域での使用するとき重要になる．また，作製後，磁界をかけていない試料の $B$-$H$ 曲線において，磁界が小さい領域での

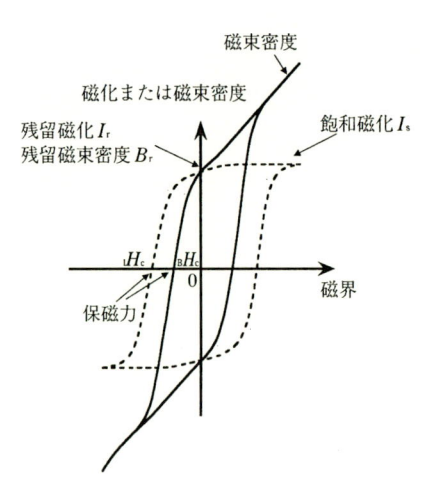

図 5.38 磁化ヒステリシス曲線

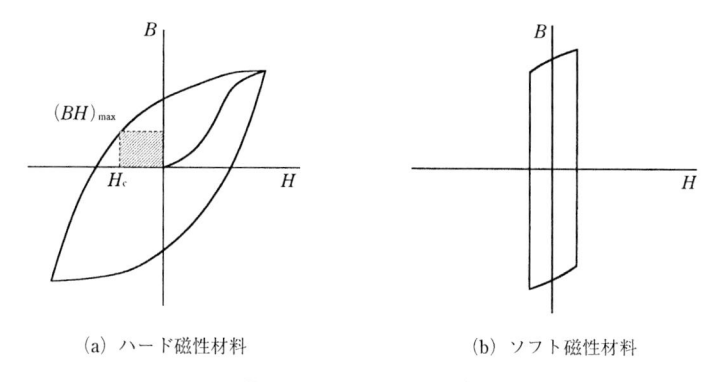

(a) ハード磁性材料　　　　　　　　(b) ソフト磁性材料

図 5.39　ヒステリシス曲線

磁束密度の増加率を初透磁率($\mu_i$)と呼び，実験的には$\mu_i=(B/H)_{\text{initial}}$より求まる．初期の比透磁率($\mu_{ri}$)は$\mu_i/\mu_o$から得られる．初透磁率は，高周波用変圧器などで重要な特性である．

このヒステリシス曲線の形状によって，磁気材料はソフトとハード材料に分類される．この違いを図5.39に示す．ソフト磁気材料は残留磁化が大きく，保磁力が小さい．これに相当する材料として，スピネル化合物であるMn-Znフェライト，Ni-Znフェライトなどの酸化物が知られ，電気抵抗が高く，渦電流による損失が少ないため高周波トランス，ブラウン管の偏向ヨーク，磁気シールドなどの磁心として用いられている．

また，ハード磁性材料は高い飽和磁化を有し，保磁力が大きいため，永久磁石として用いられている．永久磁石の性能を示すのに最大エネルギー積である$(BH)_{\text{max}}$が用いられている．セラミックス材料としては，$MO\text{-}6Fe_2O_3$($M=Ba$, $Sr$)で代表されるマグネトプランバイト構造が知られている．

一方，磁気テープや磁気ディスクは記録しやすく(ソフト)，しかも記録したものを残す(ハード)必要があるため，ソフトとハードの中間的性質が必要である．

### 5.3.4　セラミックス磁性材料とその特性

スピネル型酸化物の構造を図5.40に示す．この酸化物はスピネル型フェライトと呼ばれ，磁気材料として多くの化合物が知られている．

磁気的に重要なスピネルは，逆スピネル構造 $(B)[AB]O_4$ である．そこでは，A，B2種類の陽イオンは酸素を介して比較的直線に近い配列（125°9′および154°34′）になっているため，5.3.2項で述べたように強い超交換作用が働く．

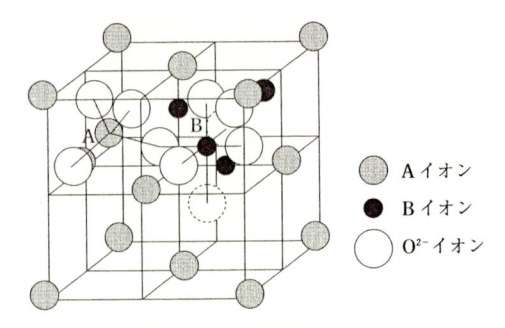

図5.40 スピネル型酸化物の構造

それに比較して A-O-A は 79°38′,B-O-B 結合は 90°と 125°2′であり,超交換作用は A-O-B 結合に比べて弱いと考えられる.そこで,第一近似としてフェライトの磁性は,A-B 間の反強磁性的相互作用のみを考慮する.例えば,Ni フェライトでは

$$(Fe^{3+})[Ni^{2+}Fe^{3+}]O_4$$
$$-5\mu_B + 2\mu_B + 5\mu_B = 2\mu_B$$

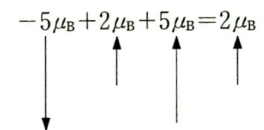

*この値は式(5.93)から求めた値と一致しないが,強磁性や反強磁性体の場合,1つの不対電子の磁気モーメントを1ボーア磁子として議論する.すなわち,$n$ 個の不対電子を持つイオンの磁気モーメントは $n\mu_B$ となる.

となり,1分子当たり $2\mu_B$ の磁気モーメントをもつことになる*(矢印は磁気モーメントの大きさを示す).スピネル型酸化物に属する磁性材料として,人類が知った最初の磁石であるマグネタイト($Fe_3O_4$),磁気テープに用いられる $\gamma$-$Fe_2O_3$,Li フェライト,Cu フェライトなどが知られており,表5.3に代表的なデータを示す.

ガーネット型フェライトの一般式は,$R^{3+}_3Fe^{3+}_5O_{12}$(または $3R_2O_3\text{-}5Fe_2O_3$)と

表5.3 スピネル型酸化物の磁気特性

| | 磁気モーメント ($\mu_B$) | | $I$ (Wb m$^{-2}$) | | $T_C$ (K) |
|---|---|---|---|---|---|
| | 計算 | 実測 | 0 K | 室温 | |
| $ZnFe_2O_4$ | 0 | 反強磁性 | — | — | $T_N = 9.5$ |
| $MnFe_2O_4$ | 5 | 4.6 | 0.70 | 0.50 | 573 |
| $FeFe_2O_4$ | 4 | 4.1 | 0.64 | 0.60 | 858 |
| $CoFe_2O_4$ | 3 | 3.9 | 0.60 | 0.53 | 793 |
| $NiFe_2O_4$ | 2 | 2.2 | 0.38 | 0.34 | 858 |
| $CuFe_2O_4$ | 1 | 2.3 | — | — | 728 |
| $\gamma$-$Fe_2O_3$ | 3.3 | 2.3 | — | — | 848 |

5.3 磁性材料

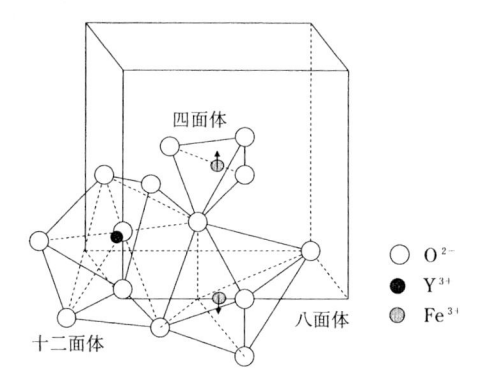

図 5.41 ガーネット型酸化物の構造

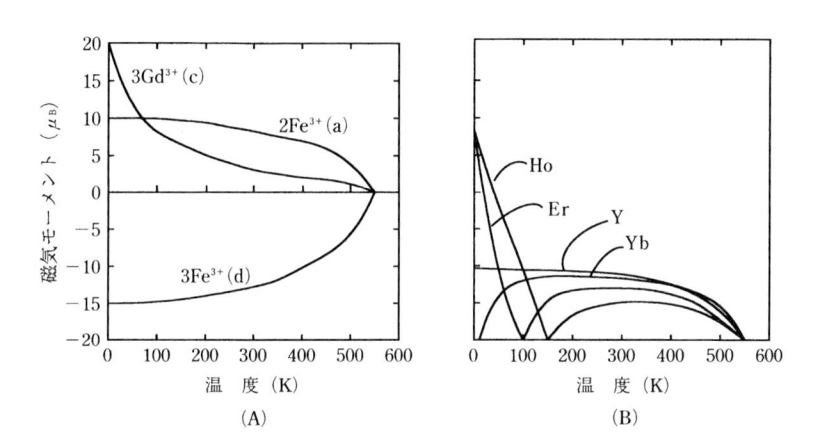

図 5.42 ガーネット型酸化物の磁気特性
(A) 構成イオンの磁気モーメントの温度変化，(B) ガーネット型酸化物としての磁気モーメントの温度変化．

書かれ，RはY，および3価の希土類イオンである．ガーネット構造は単位格子が8つの化学組成よりなっているため，合計160個のイオンを含んだ立方晶である．金属イオンの入る格子位置にc，a，dの3種類あり，化学組成当たり，それぞれ3，2，3カ所となっている．c位置は酸素の十二面体配位，a位置は八面体配位，d位置は四面体配位である．これらのサイトを区別するために，例えば $Y_3Fe_5O_{12}$ の場合，$\{Y_3\}[Fe_2]Fe_3O_{12}$ と表す．この場合，a位置とd位置のスピンは逆向きになるため，式量あたりの磁気モーメントは0Kで，$3×5.92-2×5.92=5.9\mu_B$ となり，これは実測値 $4.96\mu_B$ とほぼ一致している．c位置に希

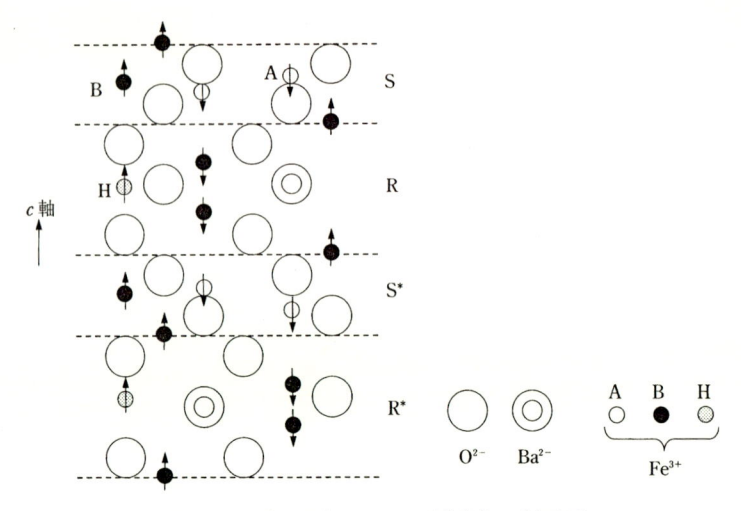

**図 5.43** マグネトプランバイト型酸化物の磁気配列

土類イオンが入ると，スピンは a 位置と平行で，d 位置と逆方向になる．図 5.41 にガーネットの構造，図 5.42 に磁気モーメントの温度変化を示す．このガーネット型酸化物で特徴的なのは温度変化とともに磁気モーメントが一度消滅し，再び現れることである．

永久磁石として用いられているのは，マグネトプランバイト (magnetoplumbite) と呼ばれる結晶である．この一般式は $MO \cdot 6Fe_2O_3$ と書かれ，M は Ba, Sr, Ca, Pb などである．単純化した構造は図 5.43 に示すように，S ブロックと R ブロックに分けられる．S ブロックはスピネル構造と同じ部分で，2 つの A 位置と 4 つの B 位置を含み，スピンはそれぞれ逆向きである．また R ブロックは Ba が入った立方晶型の部分で，5 つの B 位置と 1 つの H 位置がある．スピンの向きは 5 つの B 位置のうち 3 つが H 位置のスピンと平行で，残りの 2 個は逆向きになる．両ブロックは平行なので，

$$[(4-2)+(1+3-2)]\ 5.9\ \mu_B = 23.9\ \mu_B$$

と計算され，実測値の $20\ \mu_B$ とほぼ一致している．

### 5.4 光学材料

光ファイバーは，多量の情報をのせた光を遠距離まで伝えることができ，情報社会にとって重要な役割を担っている．蛍光材料とその実装技術の発展により，

薄く大型のプラズマディスプレーが開発されている．高密度記録が可能なDVDドライブには，青色レーザーが必要となる．赤外レーザーからSHGにより青色レーザーに変換する方法が実用化されている．ここでは，まず光の基本的な特性を解説し，さらにこれらの材料の具体例について述べる．

### 5.4.1 屈 折 率

物質の屈折率 $n$ は，物質内を伝播（でんぱ）する電磁波である光の速度に関連している．さらに，電磁波の伝播速度は物質の誘電率 $\varepsilon$ によって決められる．

$$n = \frac{c}{v} = \sqrt{\varepsilon} \tag{5.108}$$

ここで，$c$ は真空中での光の速度，$v$ は物質中の光の速度である．一般に物質は方向により誘電率が異なる．したがって，光の波の電界の振幅方向により屈折率が決定される（光の進む方向ではない）．このような，波の振幅の方向により異なる屈折率は図5.44に示すような，屈折率楕円体により表される．

図5.44(a)は，どの振動方向に対しても同じ屈折率をもつ（等方性）物質についての屈折率楕円体である．この場合には球となる．同図(b)は $x,y$ 方向の屈折率と $z$ 方向の屈折率が異なる．回転楕円体の原点を通る断面が真円となる面の法線を，光軸と呼ぶ．(b)の場合，光軸は1本であるので，一軸性と呼ぶ．$z$ 軸方向に電界を加えた透明焼結体は一軸性である．同図(c)の場合，$x,y,z$ 方向とも屈折率が異なるもので，光軸は2本存在する．

ここで，$z$ 方向に光軸をもつ一軸性の物質に，光軸と45°の振動面をもつ偏光が入射した場合を考える（図5.45）．光がこの物質中に入ると，偏光の $y$ 成分と $x$ 成分の速度が異なる．$z$ 成分の屈折率が $y$ 成分の屈折率より低い場合，$z$ 成分の速度が $y$ 成分の速度より速くなり（$v = c/n$），両成分間で位相の差が生じる．

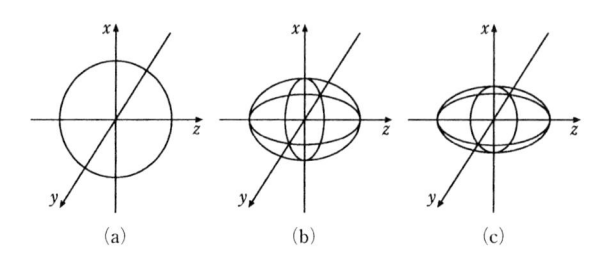

図5.44 屈折率楕円体
(a) 等方性，(b) 一軸性，(c) 二軸性．

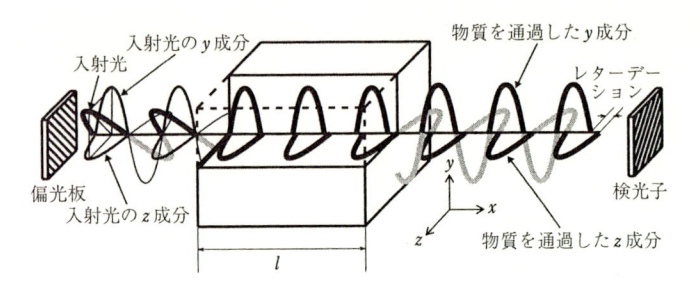

図 5.45 一軸性物質に入射した偏光の進み方

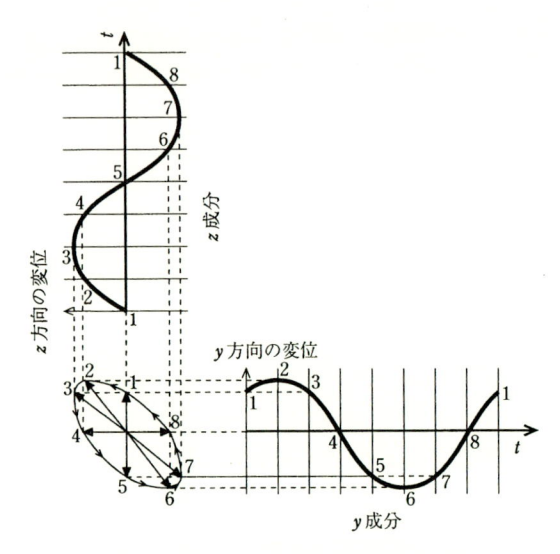

図 5.46 直行する成分に位相差があるときの波

このずれを距離で表したものをレターデーション (retardation) と呼ぶ．光の両成分の通過時間の差 $\Delta t$ は

$$\Delta t = l/v_z - l/v_y \qquad (5.109)$$

である．この時間差により，両成分の真空中での差（レターデーション $\Gamma$）は

$$\Gamma = c \cdot \Delta t = l \cdot (c/v_z - c/v_y) = l \cdot (n_z - n_y) = l \cdot \Delta n \qquad (5.110)$$

となる．ここで，$n_z, n_y$ はそれぞれ $z$ 方向，$y$ 方向の屈折率，$\Delta n$ は屈折率の差である．

このように直交する2つの波の成分に位相差があるときの波は，楕円偏光となる．図5.45の物質を通過した $y$ 成分と $z$ 成分の合成を考える（図5.46）．1か

ら8の数字は時刻を表している．時刻1のとき，$z$成分はちょうど0からプラスに波が立ち上がる瞬間である．$y$成分は位相が少し進んでいるため，すでにプラスのある値をもっている．合成された各時刻での変位を左下に示してある．ここでのベクトルは複素平面ではなく，上方向が$y$方向，左方向が$z$方向を表す実空間でのベクトルである．時刻が1, 2, 3, …と進むにつれて合成された変位の方向は，大きさを変えながら左回転をする（この場合）．ベクトルの終点の軌跡は楕円である．このような偏光を楕円偏光と呼ぶ．

図5.45に示したように，物質の先に入射と直交する向きに偏光面をもつ偏光板（検光子）をおくと，両成分の検光子を通る成分（図5.47）が合成される．レターデーションがない場合には，図5.48(a)のように両成分の合計はゼロとなる．すなわち，光は通過しない．レターデーションがゼロでない場合は，波の合成がある値をもつ．位相の異なった波の合成は，複素数を用いた方法（5.1節参照）が使える．図5.48(b)は図5.47に例示したレターデーションがあった場合の波の和で，細い実線（合成された波）で示したような振動の光が通過する．一定のレターデーションに対して，波長により，位相のずれは異なる．そのため，あるレターデーションに対して，ある波長は強め合い，またある波長は弱め合う．これにより，透過する光には色がついてみえる．偏光顕微鏡は，試料の前後

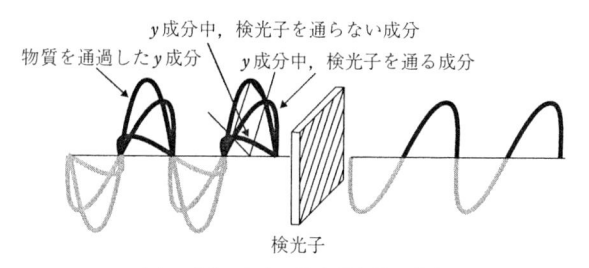

(a) $y$成分のうち，検光子を通る成分

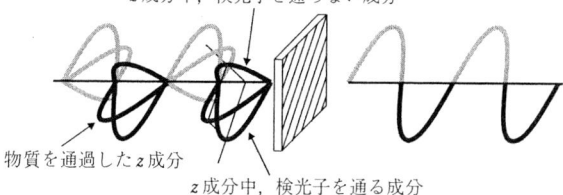

(b) $z$成分のうち，検光子を通る成分

図5.47 一軸性物質を通過した光の成分中，検光子を通過する成分

（a）レターデーションがゼロの場合

（b）レターデーションがある場合

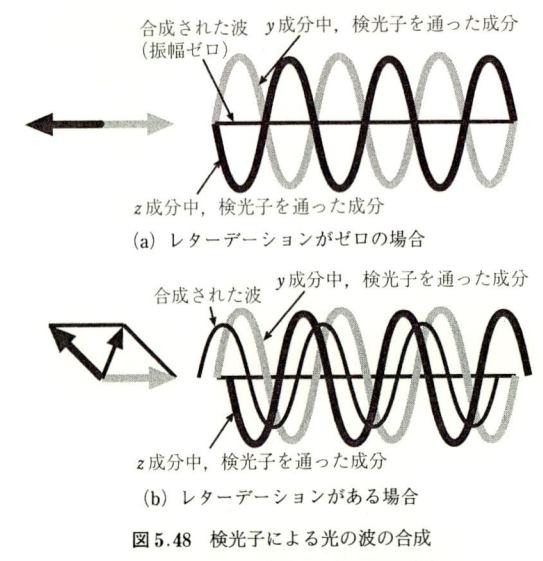

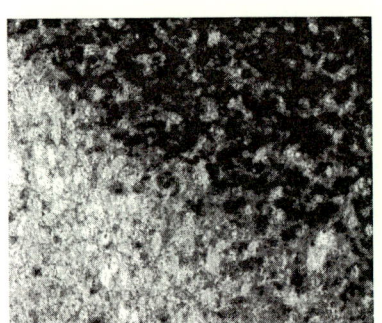

**図 5.48** 検光子による光の波の合成

**図 5.49** アルミナの偏光顕微鏡写真（ここではモノクロのため赤を明るく表示）

に偏光板が入っていて，このような現象を利用している．セラミックスや岩石の薄片を偏光顕微鏡で観察したとき，組織に色がついてみえるのはこのような原理による（図 5.49）．

### 5.4.2 電気光学効果

PLZT は，電界を加えることにより屈折率が変化する．PLZT を図 5.45 の一軸性物質の位置におき，$y$ 方向に電圧を加えると，電圧によりレターデーションを変化させることができ，それにより透過光量をコントロールできる．図ではみやすいように $l$ を長く描いているが，実際には 1 mm 以下で十分である．

電界による屈折率変化は，一般に次式で表される．
$$n = n_0 + \alpha \cdot E + \beta \cdot E^2 + \cdots \tag{5.111}$$
ここで，$n_0$ は電界を加えていないときの屈折率である．立方晶 PLZT では，正負の電界に対して屈折率は対称的であるから $E$ の一次の項はない．また，三次以降の項は無視できる．したがって透過光量は電圧に対して放物線状に変化する．このような特性を示す電気光学効果はカー効果（Kerr effect）と呼ばれる．一方，分極処理された正方晶 PLZT を用いた場合には，電界ゼロの状態からある程度の光の透過があり，分極の方向と同じ方向に電界を加えることにより透過光量は増加し，反対方向の電界で透過光量は減少する．この場合には，二次以降の項は無視でき，透過光量は印加電圧に対して直線的に変化する．このような効果はポッケルス効果（Pockels effect）と呼ばれる．

強誘電性の多結晶体では，分極の方向がそろっていない場合，分域間で屈折率の違いによる光の反射が起こる．これは全体的にみると，光が散乱されるということである．外部より高電圧を加えると分極の方向がそろい，散乱が減少し光の透過率は増加する．ここから逆向きの電界を適度加えると，そろった分極は再びランダムとなり，光の透過率が減少する．これらの状態は，電界を取り去っても持続するためメモリ機能をもつ．

### 5.4.3 光の減衰

物質中を光がある距離だけ進んだとき，光の強度が半分になったとすると，この倍の距離を進むとその強度はさらに 1/2，トータルで 1/4 になることが感覚的に理解されるであろう．そのような光の減衰は
$$I = I_0 \exp(-\mu \cdot x) \tag{5.112}$$
の式で表される．ここで，$I_0$ は入射光の強度，$I$ は距離 $x$ 進んだ後の強度，$\mu$ は吸収係数（absorption coefficient）である．吸光係数とも呼ばれる．$\mu$ は物質自体による光の減衰と，散乱による光の減衰との和である．

光は，屈折率の異なる媒質を横切るとき，一部が反射される．反射の強さは屈折率が異なるほど大きくなる．光が境界を垂直に横切るときの反射率は
$$(n-1)^2/(n+1)^2 \tag{5.113}$$
で与えられる．ここで，$n$ は屈折率の異なる媒質を横切るときの屈折率である．真空から物質に光が入射するときには，物質そのものの屈折率となる．反射の分だけ透過光は減衰する．

### 5.4.4 光ファイバー

電波に信号をのせて伝達しようとするとき,単一の周波数の電波で信号が送れるわけではない.信号をのせた電波の形は,サイン波が歪んだ形となる.歪んだサイン波をフーリエ展開するとわかるように,多くの周波数が含まれる.逆にそれらの周波数がないと,信号がのった電波は再現できないのである.テレビジョン放送の場合,1チャンネルにつき6MHzの周波数の幅を要する.テレビ放送用に割り当てられたVHF帯に12チャンネルしかおけないのはこのためである(実際には,3チャンネルと4チャンネルの間に別の使用目的の周波数帯がある).高い周波数ほど多くの信号をのせることができる.例えば,1GHzから1.1GHzの間には,テレビ放送が $(0.1\times10^9)/(6\times10^6)=16$ 個しかのらないが,1THzから1.1THzの間には $(0.1\times10^{12})/(6\times10^6)=16000$ 以上の放送をのせることができる.光の周波数は非常に高いので,大容量の信号を送るには光通信が有用である.

光ファイバーは,光を電線と同じように引き回すことができるため,光通信の重要な役割を担っている.光ファイバーが曲げられても光を伝えることができるのは,その構造による.図5.50に光ファイバーの断面図を示す.(a)では,コアと呼ばれる屈折率の高い部分と,屈折率の低いクラッドからなる.入力光は常にファイバーと平行であるとは限らず,直進してコアとクラッドの境界部分にあたる.ここでは,屈折率の差により全反射されコアの内側へと反射される.ファイバーが多少曲げられても,この反射を繰り返し,光は前方へと伝えられる.同図(b)では,コアとクラッドの境界がぼやけている.光ファイバーの外に向かう光は屈折率の勾配によりファイバーの内側へと曲げられる.(a)と同様に,ファイバーが多少曲げられても,光は前方へと伝えられる.いずれの場合でも,この

(a) ステップ型光ファイバー

(b) 勾配型光ファイバー

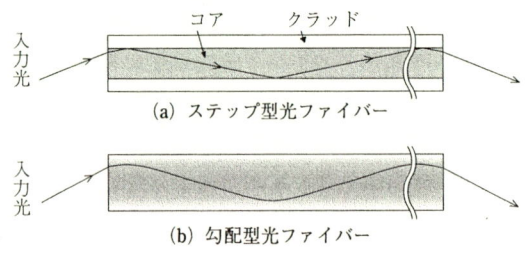

**図5.50** 光ファイバーの断面

外側に保護層がつけられる．また，いくつかのファイバーがまとめられたり，電線と組み合わされたりして使われることも多い．

一見透明な窓ガラスでも，側面からみると暗い緑色にみえる．これは，ガラスの中を光が1m程度伝わっただけでも吸収が結構大きいということである．何kmも伝送する必要のある光ファイバーには向かない．これに対して，純粋なシリカガラスは透明度が非常に高い．しかし，わずかな不純物が存在しても光の吸収は顕著に起こる．光ファイバーのためのシリカガラスは，塩化ケイ素，水素，酸素ガスを次のような反応により生成させる．

$$SiCl_4 + 2H_2 + O_2 \longrightarrow SiO_2 + 4HCl$$

この反応は燃焼反応であり，$SiO_2$ がすす状に生じる．図5.51に示すように，このすす状の生成物を回転しているロッドに析出させる．コアとクラッドの屈折率の調整のために，原料に $GeCl_4$ を適宜混合する．このロッドを加熱し，気泡を取り除いた後，ファイバー状に引き延ばす．

光ファイバーの光伝達や，電気信号増幅の際の信号の増減を表すのに，dBという単位を使うと便利である．ここで，この表し方について述べる．あるエネルギー量 $I_1$ が $I_2$ に増幅（または減衰）されたとき，増幅率（または減衰割合）は

$$I_2/I_1 \tag{5.114}$$

となる．この値は何々倍という言葉に対応する．一方，増幅率や減衰の割合には

$$10 \log(I_2/I_1) \tag{5.115}$$

で表される値が多く用いられる（これはエネルギーの比率に対しての式である．

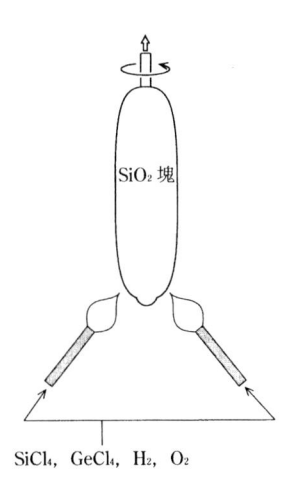

図5.51 光ファイバー用シリカガラスの製造法

```
1000 × 0.1 × 100 = 10000 倍
```

$I_1$ → ×1000 → ×0.1 → ×100 → $I_0$

10 log 1000 = 30 dB　　10 log 0.1 = −10 dB　　10 log 100 = 20 dB

30 − 10 + 20 = 40 dB = 10000 倍

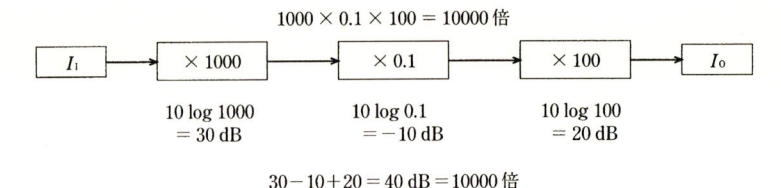

**図 5.52** 増幅，減衰の dB 表記

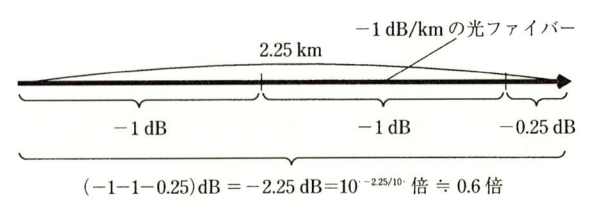

−1 dB/km の光ファイバー　　2.25 km

−1 dB　　−1 dB　　−0.25 dB

$(-1-1-0.25)\,\mathrm{dB} = -2.25\,\mathrm{dB} = 10^{-2.25/10}$ 倍 ≒ 0.6 倍

**図 5.53** 光ファイバーの減衰の計算

電圧や変位の比率に対しては 20 log（比率）となる．この値には dB（デシベル）という単位が与えられている．例えば図 5.52 のようにある量が 1000 倍されて，0.1 倍され，さらに 100 倍されたとき，全体ではその積として，1000×0.1×100=10000 倍となる．一方，dB で表した場合は，対数の性質から，倍率を和の形で表すことができる．

$$10 \log(1000 \times 0.1 \times 100)$$
$$= 10 \log 1000 + 10 \log 0.1 + 10 \log 100$$
$$= 30 - 10 + 20 = 40 \; [\mathrm{dB}] \quad (5.116)$$

電送線や光ファイバーの場合，距離による信号の減衰は式(5.112)から

$$I_2/I_1 = \exp(-\mu \cdot x)$$

で表される．一方，dB で表すと

$$10 \log(I_2/I_1) = -10\,\mu \cdot x \log(e) \quad (5.117)$$

となり，dB で表した減衰は距離に比例することになる．したがって，1 km 当たりの減衰量を dB で表すと，ここに距離を掛けることにより，任意の長さの減衰が簡単に割り出せる（図 5.53）．よって，一般的に光ファイバーの減衰の割合は dB km$^{-1}$ の単位で表される．

### 5.4.5 ルミネッセンス

物質が吸収したエネルギーの一部が光として放出される現象を，ルミネッセン

ス (luminescence) という．この発光が，エネルギーを吸収してからきわめて短い時間（$10^{-8}$ 秒以下）に起こる場合を蛍光 (fluorescence) と呼び，エネルギー照射の中止後も発光を持続するものを燐光 (phosphorescence)，または残光 (afterglow) と呼ぶ．与えるエネルギーは，電子線や放射線，波長の短い光などである．

物質にエネルギーが与えられ，高いエネルギー状態へと移った場合，そのままもとのエネルギー状態（基底状態）へと戻るとき，受け取ったエネルギーと同じ光が放出されるが，実際にはそうでない場合が多い．多くの場合，熱エネルギーに変わり，光は放出されない．また，ルミネッセンスが起こる場合には，受け取ったエネルギーの一部は熱エネルギーに変わり，低いエネルギーの光（長波長の光）が放出される．これらのエネルギーの変化について考えてみる．

図 5.54 は，イオンのエネルギーを，最近接イオンとの距離の関係として示したものである．$l_1$ は基底状態，$l_2$ は励起状態のエネルギーである．まず，ルミネッセンスを生じない場合を考える(A)．a にある電子に紫外線などのエネルギーが与えられると，b の状態へと励起される．電子の変化に比べて格子振動は桁違いに遅いから，電子が励起されても，原子核の距離は変化しない．これをフランク-コンドン (Frank-Condon) の原理という．b の状態のイオンは，熱としてエネルギーを発散しながら低いエネルギー状態へと下がっていく．$l_1$ と $l_2$ が重なっているところでエネルギーは $l_1$ 側に移り，さらに熱としてエネルギーを発散しつつ，最終的に a の状態へと戻り，ルミネッセンスは生じない．一方 (B) のように，エネルギーが散逸するようなルートがないときは，ルミネッセンスを生じる．p から q に励起された後，熱としてエネルギーを発散して $l_2$ の最もエ

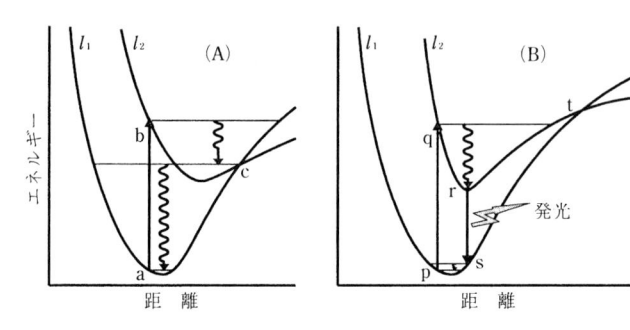

図 5.54 物質に与えられたエネルギーの変化
(A) 熱へと変化する場合，(B) ルミネッセンスを発する場合．

ネルギーの低い状態 r に至る. $l_1$ にエネルギーが移るには t の状態までエネルギーが上昇する必要があり, 実際には起こらない. t より下には, 熱としてエネルギーを散逸するルートはないので, ここから光としてエネルギーを放出して一気に s へと変化する. その後は, 再び熱エネルギーを散逸しつつ最初の状態 p へと戻る.

ルミネッセンスは, 母結晶 (host) にある種のイオン (付活剤：activator) を加えたとき生じる. 付活剤を多く加えすぎるとルミネッセンス強度は減じる. これを濃度消光 (concentration quenching) と呼ぶ. また, ある温度以上に加熱してもルミネッセンス強度は減少する. これを温度消光 (thermal quenching) という.

多くの場合, 与えられたエネルギーの一部が熱に変わり, 残りが光として放出されるので, 一般に, 与えられたエネルギーより低いエネルギーの光を放出する. しかし, いったんある励起状態に移った後, さらにエネルギーを吸収し, より高いエネルギー状態になった後に光を放出するようなものもあり, この場合には, 与えられたエネルギーより高いエネルギーの光を放出する. 図 5.55 にそのような機構を示す. $Yb^{3+}$ に与えられたエネルギーは $Er^{3+}$ に移動し, $Er^{3+}$ を励起状態にする ($^4I_{11/2}$). さらに, 別に $Yb^{3+}$ に与えられたエネルギーが, $Er^{3+}$ の励起状態をさらに上の励起状態 ($^4F_{3/2}$) へとポンピングする. この状態からは, 熱としてエネルギーを放出して少しエネルギーの低い状態 ($^4S_{3/2}$) になった後, 光を放出して基底状態へと戻る. これにより, 励起した光のエネルギーより高いエネルギーの光を放出する.

また, 可視光により励起されたエネルギー状態がそれよりわずかに低いエネル

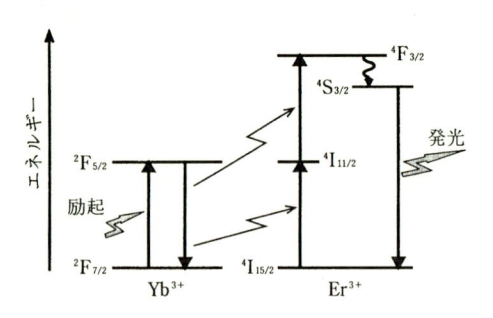

図 5.55 励起エネルギーより高いエネルギーの蛍光を発する機構

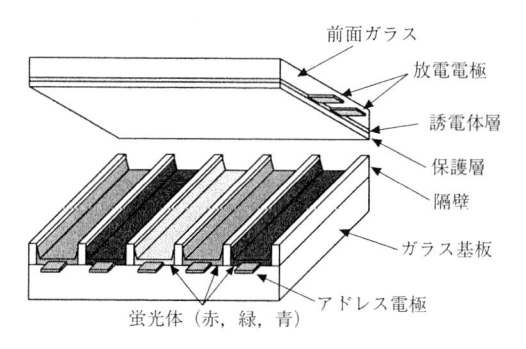

図 5.56 プラズマディスプレーの構造

ギー状態に移り，そこからはさらに低い状態へと移れない状態にある場合（トラップされるという），低いエネルギーの光（赤外線）をあてることにより，もとの励起状態に戻り，そこから基底状態に戻るとき光を発する．これは，可視光をため込み，赤外線を照射することによりそれを取り出す材料ということになる．$CaS:Eu^{3+}$, $Sm^{3+}$ でこのような作用が実現されている．赤外線をあてることにより可視光を発するので，赤外線検知器として用いられる．

カラーテレビのブラウン管の蛍光体としては，$YVO_4$ や $Y_2O_3$ の母結晶に $Eu^{3+}$ の付活剤を加えたもの（赤，$YVO_4:Eu^{3+}$，$Y_2O_3:Eu^{3+}$ と表示），ZnS に Cu, Au, Al などの付活剤を加えたもの（緑，$ZnS:Cu, Au, Al$），ZnS に Ag を付活剤を加えたもの（青，$ZnS:Ag$）などが用いられている．

最近プラズマディスプレーが，大型表示用のディスプレーとして多く市場に出回るようになった．プラズマディスプレーには種々の改良型が考案されているが，その基本的構造は図 5.56 のようなものである．上下の構造は一体となり，閉じ込められた空間に Ne-Xe あるいは He-Xe が封入されている．放電電極でのプラズマ放電は，それと直角に配置されたアドレス電極により制御される．この放電により生じた紫外線が蛍光体に照射され，赤，緑，青の光を発する．蛍光体としては，$Y_2O_3:Eu^{3+}$, $(Y,Gd)BO_3:Eu^{3+}$（赤），$Zn_2SiO_4:Mn$, $BaAl_{12}O_{19}:Mn$（緑），$BaMgAl_{14}O_{23}:Eu^{3+}$（青）などが使われる．この光は，上部の薄い MgO の保護層，誘電体層，全面ガラスを通して表示される．光は放電電極側を通ることになるので，放電電極は透明な ITO 膜が使われる．

### 5.4.6 レーザー

レーザー発振器もルミネッセンスを利用したデバイスである．固体レーザーは

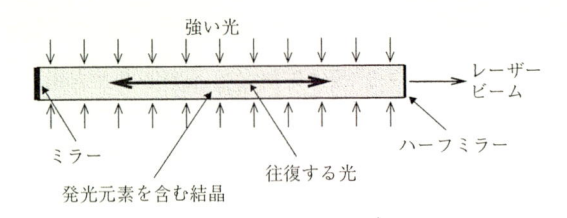

図 5.57 レーザー発振器の原理

図 5.57 に示すような構造をしている．付活剤を含む物質の一端にミラーが施され，もう一端にはハーフミラーが施されている．この対のミラーは精巧に平行が保たれている．物質の側面からは強い光が照射され，物質は励起されている．励起された状態の物質中に光が通過すると，その光と同じ波長，位相の光が誘導放出される．それにより，通過する光の振幅が大きくなり，光が増幅されたことになる．物質の両端の平行なミラーにより光は往復し，しだいに強度を増す．このうちの一部は，ハーフミラーを通して外部に送り出される．

レーザー材料の例としては，ルビー（コランダム $Al_2O_3$ 結晶に $Cr^{3+}$ が固溶していて，それが付活剤となる，694 nm）やネオジウムをドープした YAG（yttrium aluminium garnet, $Y_3Al_5O_{12}$, 1064 nm）などの単結晶があげられる．原理的には単結晶である必要はなく，ガラスや多結晶体を用いたレーザーも検討されている．

### 5.4.7 SHG

非対称性の結晶にレーザー光などの強い光を照射すると，その光の一部はその 2 倍の振動数（半分の波長）の光に変換される．もとの周波数の整数倍の波を高調波と呼び，2 倍の周波数を第二高調波と呼ぶ．2 倍の周波数の光に変換される現象を第二高調波発生（second harmonic generation：SHG）と呼ぶ．レーザー発振器と組み合わせて，レーザー発振器が苦手な波長のレーザー光をつくるのに利用されている（図 5.58）．

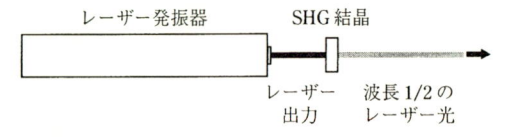

図 5.58 レーザー発振器と SHG 結晶を組み合わせて 1/2 の波長のレーザー光を得る方法

## 5.4 光学材料

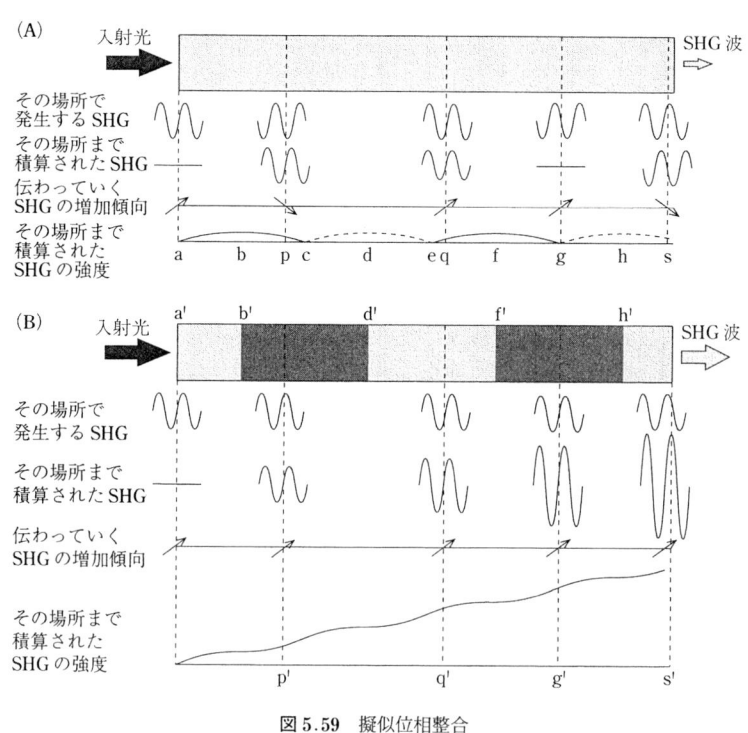

**図 5.59 擬似位相整合**
(A) 擬似位相整合がない場合，(B) 擬似位相整合が行われた場合．

ニオブ酸リチウム（$KNbO_3$），KTP（$KTiOPO_4$），KDP（$KH_2PO_4$），DKDP（$KD_2PO_4$），BBO（$\beta\text{-}BaB_2O_4$）などの結晶が，SHG材料として用いられている．KDP，DKDP，BBOなどは，第三高調波発生にも用いられる．

一般に結晶中での光の速度は，光の周波数に依存して異なる．このことが，SHG変換効率に重大な問題をもたらす．図5.59(A)でこの問題を考えてみる．左より入射した光によりSHGが発生する．進行するに従って，光速の差により，その場所まで積算されたSHGと，その場所まで伝わってきたもとの光により発生するSHGの間で位相がずれてくる．その位相差が90°を超えたところ（点b）からは，発生したSHGが積算されたSHGを弱めるように働く．点cに近い点pではほぼ180°の位相差があり，点cにおいて，積算されたSHGはゼロとなる．それより先では，新たに発生したSHGが加算されていくので，SHGは再び積算され強度を増す（c-d間）．点dを超えると，新たに積算されたSHGと発生するSHGとの位相関係が再び90°を超え，伝わってきたSHGを再

び弱めるように働く（d-e 間）．点 e で，積算された SHG の強度はゼロとなり，点 a と同じ状態になる．したがって，その先は a-e 間の繰返しとなる．結局，伝わっていく SHG の強度は山形の繰返しであり，SHG 素子の厚さを増しても，強い SHG を得ることはできない．

ここで，伝わっていく SHG と，その場で発生する SHG との位相とが，弱め合う関係になったところで，発生する SHG の正負が反転するような構造をつくると，弱め合う関係を強め合う関係に転じることができる．図 5.59(B) の b′-d′, f′-h′ 間はそのようにした部分である．それにより，伝わっていく SHG と発生する SHG とが常に強め合う関係にすることができ，図最下段に示したように，結晶中の通過距離が長くなるに従って SHG が増大するようにできる．p′, q′, g′, s′ はそれぞれの点における位相関係の例である．このような手法による SHG 素子の改良を，擬似位相整合（quasi-phase matching：QPM）と呼ぶ．強誘電体材料を用い，その分極の方向を周期的に変えることにより実現される．

DVD は記録密度が高いため，その読み書きに用いるレーザー光には，波長の短い青色レーザーが必要となる．直接青色を出力するレーザーも開発されている（例えば GaN 半導体レーザー）が，赤外レーザーの出力をニオブ酸リチウム導波路に入れることで，青色レーザーに変換することができる．擬似位相整合を用いたニオブ酸タンタルは，さらに高効率の変換を可能にしている．

## 5.5 構造材料

機械的性質は，材料を利用する場合の最も重要な性質の 1 つである．例えば，アルミナが絶縁材料として賞用されるのは，それが絶縁性に優れているということよりも，高強度で割れにくく機械的性質において優れているためである．絶縁性では，アルミナよりも優れた無機材料は多々存在すが，それらが機械的に問題があるために，特殊な用途以外にはほとんど利用されることはない．

本節では，無機材料のうち高靭性，超塑性，曲げ強度，クリープ材料を取り上げ，その基本的内容について述べる．

### 5.5.1 高靭性材料

単位面積当たりの力を応力と呼ぶ．応力には MPa（メガパスカル）という単位が用いられる．1 MPa は 1 N mm$^{-2}$（1 ニュートン/平方ミリ）であり，10.2 kgf cm$^{-2}$ の応力である．

## 5.5 構造材料

材料の破壊は，2つの表面を生成させるプロセスである．単位面積当たりの原子面を分離するための仕事は，2つの表面を生成させるときの表面エネルギーの増加に等しい．このような考えに加えて，原子面間の凝集力がサイン曲線で近似できるという仮定を導入することによって，理論強度（$\sigma_t$）の次式が導出される．

$$\sigma_t = \left(\frac{E\gamma}{a}\right)^{1/2} \tag{5.118}$$

ここで，$E$，$\gamma$，$a$ はそれぞれヤング率，表面エネルギー，原子間距離である．$\sigma_t$ はほぼ $E/10$ のオーダーであるが，実際の材料の強度はその 1/100 から 1/1000 であり，はるかに小さい．

Inglis は，理論強度と実際の材料の強度の差を，材料の表面や内部に存在する微細なき裂（長さ $2c$ の傷）に関係づけ，そこに発生する集中応力を考察した．この考えでは，材料に引張応力（$\sigma$）が加わると，き裂の先端（半径 $\rho$）に大きな応力集中が生じ，き裂が進展することになる．そのときのき裂の先端の集中応力（$\sigma_m$）は次式のようになる．

$$\sigma_m = 2\sigma\left(\frac{c}{\rho}\right)^{1/2} \tag{5.119}$$

式(5.119)において，次式を導入し，応力拡大係数 $K_I$ （stress intensity factor）として定義する．

$$K_I = \sigma Y \sqrt{c} \tag{5.120}$$

ここで，$Y$ は無次元の定数である．このように定義した $K_I$ には，き裂の進展速度（$V$）と密接な関係があり，図 5.60 に示すような関係がある．図から明らかなように，$V$ は $K_I$ の増大とともに速くなる．A の範囲では，$V$ は $K_I$ に比例

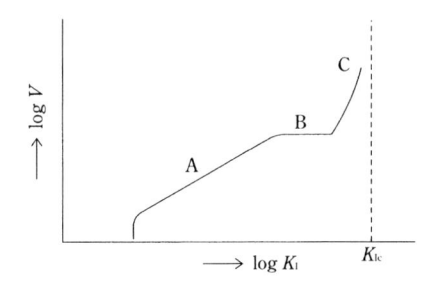

図 5.60 応力拡大係数（$K_I$），臨界応力拡大係数（$K_{Ic}$），き裂進展速度の関係

表 5.4 主な無機材料と金属の $K_{Ic}$ の値（佐多敏之：ファインセラミック工学, p.84, 朝倉書店, 1990）

| | | | |
|---|---|---|---|
| $Al_2O_3$ | 3〜7 | $MgAl_2O_4$ | 2 |
| $Al_2O_3$-16%$ZrO_2$ | 7〜17 | $TiB_2$ | 5〜6 |
| 安定化 $ZrO_2$ | 3 | $B_4C$ | 4〜9 |
| $ZrO_2$-2%$Y_2O_3$ | 6〜12 | SiC | 3〜6 |
| $ZrO_2$-4%$Y_2O_3$ | 10〜20 | AlN | 3 |
| $ZrO_2$-10%$Y_2O_3$ | 8〜10 | $Si_3N_4$ | 4〜7 |
| $ZrO_2$-10%CaO | 8〜10 | Sialon | 6〜7 |
| $ZrO_2$-8%MgO | 6〜12 | WC-Co | 6〜7 |
| 磁器 | 1.5 | 軟鋼 | 100〜150 |
| シリカガラス | 3 | 炭素鋼 | 235 |
| ソーダ石灰ガラス | 1 | アルミ合金 | 34 |
| $TiO_2$ | 3 | | |

して増大する．Bでは一定値（この一定値の理由は明確ではない）を示すが，その後，$K_I$ の増大とともにき裂の進展速度は急速に増大する．そして，$K_I$ が臨界値に達すると，き裂の進展速度は無限大となり，破壊に至る．

　$K_I$ の臨界値を臨界応力拡大係数（$K_{Ic}$, 破壊靭性値）という．$K_{Ic}$ が大きければ大きいほど，材料は靭性（ねばり）に富み，破壊しにくいことになる．したがって，$K_{Ic}$ は材料の割れにくさの尺度となる．高靭性材料とは，$K_{Ic}$ の大きな材料をいう．表5.4には，主な無機材料の $K_{Ic}$ の値を示した．

　表から明かなように，無機材料の $K_{Ic}$ は金属のそれより1桁ほど小さく，靭性が低く脆いことがわかる．無機材料の中でもジルコニア-イットリア系のいわゆる部分安定化ジルコニア系材料の $K_{Ic}$ が高い．これらの材料が高靭性であるのは，ジルコニア中に分散している微細な正方晶のジルコニア粒子が，応力のもとで単斜晶のジルコニア粒子に相転移し，そのときの体積膨張が周囲に圧縮応力を生じて，き裂の進展を阻止するためと推定される．

　$K_{Ic}$ は，所定のき裂を導入した材料に応力を加え，き裂の進展速度を計測することによって求められる．

### 5.5.2 超塑性材料

　超塑性は現象論的な概念で，脆性材料である多結晶セラミックスが，高温下での引張応力でだいたい100%以上の伸びを示す場合，延性材料である金属では200〜300%以上の場合にそう呼ばれる．超塑性の機構には，内部応力超塑性と微細結晶粒超塑性の2種類がある．高速超塑性合金は航空・自動車機械部品の精密

(a) Ashby-Verrall 個別粒子間粒界滑り

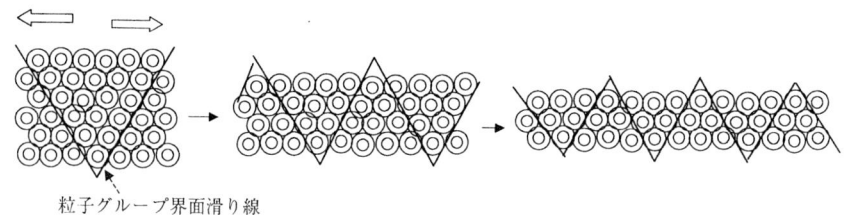

粒子グループ界面滑り線
(b) 協調粒界滑りの座金モデル

図5.61 超塑性変形における粒界滑り（武藤浩行，逆井基次：セラミックス，38, 128, 2003）
⇔：引張応力．

加工に実用化されている．

内部応力超塑性とは，ある温度で相転移する多結晶体（ジルコニア，酸化ビスマスなど），異方的な熱膨張係数をもつ多結晶体，熱膨張係数の異なる第二相を分散させたコンポジットに，温度サイクルを加えたときに生じる内部応力に促進されて変形が進行するタイプであり，粒径の大きな場合でも生じる．

微細結晶粒超塑性では，粒径が$1\mu m$程度以下のセラミックスで多く観察されており，図5.61に示す粒界滑りによる変形機構のモデルが提案されている．個別粒子間粒界滑りでは，外力によって粒子間は引き離されようとするが，高温では粒界や粒内での局所での応力勾配によって拡散が生じ，粒界に損傷を生じないように個々の粒子はわずかに形を変えながら滑り，相互の位置を入れ換える．協調粒界滑りでは，座金最密充填二次元多結晶体モデルで説明すると，正三角形の粒子グループが形成されて，その界面での粒界滑りによる変形である．粒子グループは，そのうちでの粒界滑りは起こらず，剛体として挙動する．

超塑性の特性を示したセラミックスには，表5.5および図5.62に示すような例がある．

### 5.5.3 曲げ強度材料

材料に応力を加え，それを増加していくと，弾性変形，塑性変形を経て破壊に至る．破壊するときの応力が，材料の破壊強度である．破壊強度は，単に強度な

表5.5 高速超塑性を示すセラミックス（平賀啓二郎, 目 義雄：セラミックス, **38**, 118, 2003）

| セラミックス | 温 度 (°C) | 歪み速度 ($s^{-1}$) | 破断伸び (%) |
|---|---|---|---|
| $SiO_2$ 添加 Y-TZP | 1400 | $1.3 \times 10^{-2}$ | 360 |
| $CaO-TiO_2$ 添加 Y-TZP | 1400 | $1.1 \times 10^{-2}$ | 400 |
| $Al_2O_3$ 添加 Y-TZP | 1450 | $1.2 \times 10^{-2}$ | 310 |
| $TiO_2-MgO$ 添加 Y-TZP | 1350 | $1.2 \times 10^{-2}$ | 310 |
| $ZrO_2-MgAl_2O_4-Al_2O_3$ | 1650 | $10^{-1} \sim 10^{0}$ | 390〜2510 |
| $MgAl_2O_4$ 分散 Y-TZP | 1550 | $(2 \sim 3) \times 10^{-1}$ | 310〜520 |

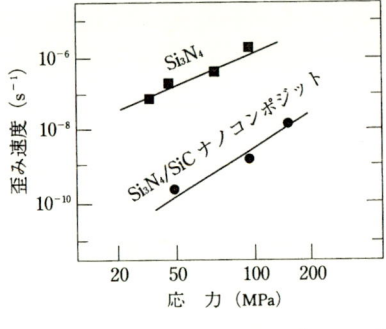

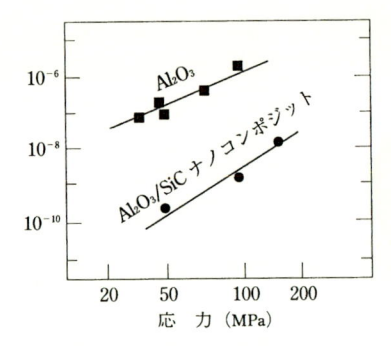

図5.62 引張クリープ速度

いし強さと呼ばれる．強度は MPa の単位で表される．

　材料の強度は，図5.63に示すように引張り，圧縮，曲げの3つの方法で主に測定される．これらの測定法に応じた破壊強度が引張強度，圧縮強度，曲げ強度である．

　引張強度は，材料表面の欠陥にたいへん敏感である．無機材料の場合，表面の欠陥の濃度を一定にするのはたいへん難しく，試験片ごとに表面の欠陥の濃度は異なっている．その結果，あまり再現性のよい測定結果は得られない．そのため，引張試験による強度の測定はあまり行われない．また，圧縮試験による強度はセメントに代表される建材などのように，比較的大きな試験片にその測定の対象が限られる．そのため，必ずしも一般的に広く行われている強度測定法とはいい難い．このようなことから，無機材料に広く用いられる強度の測定法と強度の評価法は，曲げ強度が主体である．この測定のための試料の作成法，荷重のかけ方などは JIS により規格化されている．表5.6には，種々の無機材料の曲げ強度の測定値を示した．

## 5.5 構造材料

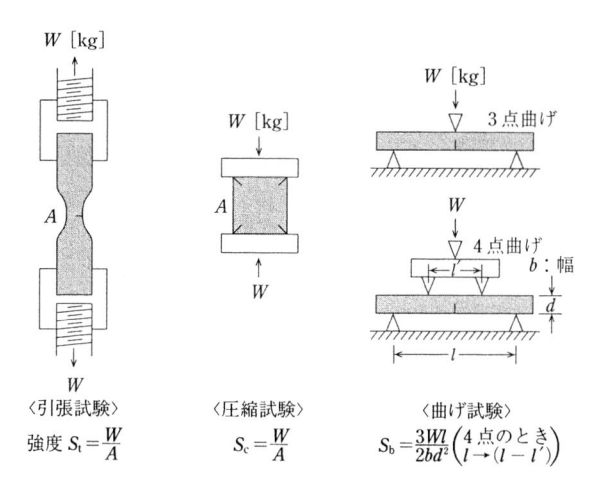

〈引張試験〉 強度 $S_t = \dfrac{W}{A}$

〈圧縮試験〉 $S_c = \dfrac{W}{A}$

〈曲げ試験〉 $S_b = \dfrac{3Wl}{2bd^2}\begin{pmatrix}4\text{点のとき}\\l \to (l-l')\end{pmatrix}$

図 5.63　材料の強度試験

表 5.6　無機材料の常温の曲げ強度 (MPa)（佐多敏之：ファインセラミック工学，p.84，朝倉書店，1990）

| | | | | | |
|---|---|---|---|---|---|
| Al$_2$O$_3$ (0〜2%P) | 350〜800 | TiB$_2$ | 700〜1000 | Si$_3$N$_4$ (HP) | 620〜1200 |
| Al$_2$O$_3$ (5%P) | 200〜350 | ZrB$_2$ | 100〜950 | AlN | 450〜900 |
| アルミナ磁器 | 280〜350 | 黒鉛 | 30〜50 | サイアロン | 900〜1200 |
| ムライト (＜5%P) | 70〜400 | パイログラファイト | 100〜180 | サイアロン-BN | 120 |
| 石英ガラス | 50〜120 | ガラスカーボン | 100〜180 | | |
| パイコール | 70 | B$_4$C (＜5%P) | 310〜360 | 以下ファイバー (引張強さ) | |
| ガラスセラミックス | 80〜400 | SiC (HP) | 620〜830 | チタン酸カリ | 7000 |
| マシーナブルセラミックス | 20〜100 | 焼結 SiC | 400〜1000 | アルミナ | 1670〜2450 |
| BeO (＜3.5%P) | 180〜270 | RBSiC | 240〜550 | サファイア | 2350 |
| MgO (＜5%P) | 100〜270 | SiC/C | 130 | 石英ガラス | 5880 |
| スピネル (＜5%P) | 80〜220 | SiC (CVD) | 600〜1280 | ホウ素 | 3140〜3920 |
| CaO | 100 | TiC (HP) | 280〜750 | SiC | 3430 |
| ZrO$_2$ (＜5%P) | 140〜240 | WC | 800 | カーボン | 1370〜2740 |
| PSZ | 1000〜2400 | WC-Co | 750〜3300 | SiC ウィスカー | 206000 |
| Al$_2$O$_3$-ZrO$_2$ | 100〜350 | h-BN | 30〜80 | SiC ウィスカー | 137000 |

P：気孔率, PSZ：部分安定化ジルコニア, RB：反応焼結.

　式 (5.119) からわかるように，無機材料の破壊はき裂から始まる．き裂の濃度は，同一の材料でも試料ごとに異なるので，材料の破壊強度は統計的な意味合いが強い．すなわち，破壊はき裂の存在確率に依存するといってよい．材料の強度がその面積と体積によって変わるのはそのためである．

　ワイブル (Weibull) は，このような無機材料の強度が統計的な特性を有すること注目し，破壊の危険率 $R$ を導入して，破壊の確率 $f(\sigma)$ と体積 $V$ の関数と

してそれを表した．

$$R=\int_V f(\sigma)\mathrm{d}V \tag{5.121}$$

$f(\sigma)$ としては次式を提案した．

$$f(\sigma)=\left(\frac{\sigma}{\sigma_0}\right)^m \tag{5.122}$$

式(5.122)において，$\sigma_0$ は破壊強度であり，$\sigma$ は材料に加えられる応力である．$m$ はワイブル係数といわれる定数である．

　式(5.122)において，$m$ が非常に大きければ，$\sigma_0 > \sigma$ で破壊の確率 $f(\sigma)$ は常にゼロである．$f(\sigma)$ が1になるのは $\sigma_0 = \sigma$ のときだけである．破壊強度以下の応力であれば，破壊の心配は全くない．安心して材料を使用することができる．逆に，$m$ が非常に小さくゼロに近い値であれば，$f(\sigma)$ は1に近い値になる．この場合は，いかなる $\sigma$ に対しても材料の破壊の可能性が存在する．このような材料では，破壊の可能性が常に存在し，安心して利用することはできない．したがって，構造材料として材料を選択する場合には，ワイブル係数 $m$ の大きな材料を使用することが肝要である．このように，ワイブル係数は材料の利用において重要である．

　多結晶の場合，き裂の大きさは結晶粒子の大きさで制限される．結晶粒子が小さくなるほど，材料の強度は増加する．これは次の Orowan の式

$$\sigma_f = k_2 d^{1/2} \tag{5.123}$$

として知られている．ここで，$\sigma_f$ は破壊強度，$k_2$ は定数，$d$ は結晶粒子の大きさで粒径である．

【参考文献】
1) W.D.キンガリー，他著，小松和蔵，佐多敏之，守吉佑介，北澤宏一，植松敬三共訳：セラミックス材料科学入門，p.754，内田老鶴圃，1980．

### 5.5.4　クリープ材料

　セラミックスを強度材料，特に高温構造材料として用いる場合に関わる最も大きな物性に変形がある．変形の種類を大別すると，

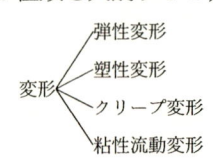

$$\text{変形} \begin{cases} \text{弾性変形} \\ \text{塑性変形} \\ \text{クリープ変形} \\ \text{粘性流動変形} \end{cases}$$

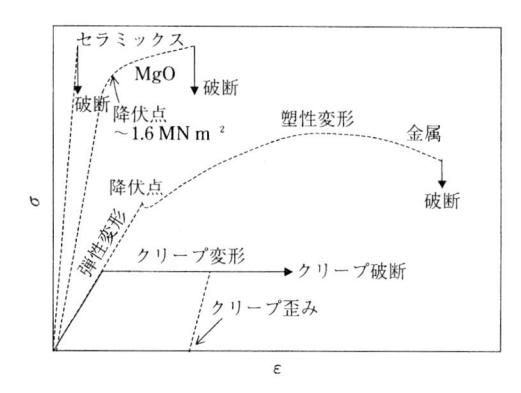

図 5.64 応力($\sigma$)-歪み($\varepsilon$)曲線の模式図

のようになる．図 5.64 に示す応力($\sigma$)-歪み($\varepsilon$)曲線において，セラミックスのような脆性材料でも金属のような延性材料でも，$\sigma=E\varepsilon$ の比例関係で弾性変形する領域があり，応力を除けば $\varepsilon=0$ となってもとの状態に戻る．比例定数 $E$ は弾性率である．ファインセラミックスでは，$E=100\sim400\,\mathrm{GPa}$，引張応力方向の縦の伸び歪みに対する横方向の縮み歪みの割合（ポアソン比，$\nu$）は 0.2 前後である．塑性変形領域は，弾性変形領域から降伏点を越えた領域であり，応力を除いてももとに戻らず永久変形を残す．降伏点は，硬い金属では明瞭であるが，はっきりしないようなセラミックスでは，しばしば，0.05％の永久変形を生じる応力の点をとる．弾性変形領域での破断では，降伏点はない．弾性領域のあるところの一定応力のもとで長期間保持すると，徐々に歪み変形が進む．これがクリープ変形で，歪み($\varepsilon$)-時間($t$)曲線がクリープ曲線である．クリープ曲線は温度や応力の増加によって図 5.65 のように変わってくる．変形には，巨視的なものとして粒径，気孔率，相の分布などが，微視的には結晶構造，点欠陥，転位，格子空孔などが関わる複雑なものである．クリープの性状は，耐火物やエネルギー変換装置における高温で使用するセラミックスにおいて重要だけでなく，HP，HIP，焼結といったセラミックスの製造プロセスにおいても重要である．クリープ変形の機構には，変形の担体が粒内の転位である転位クリープと，点欠陥（空格子点）である拡散クリープがある．

転位クリープでは，転位の滑りと上昇が関与し，粒径依存性はなく，歪み速度は $\sigma$ のべきに比例する（累乗則クリープ）．巨視的には，滑りの起こる特定の面

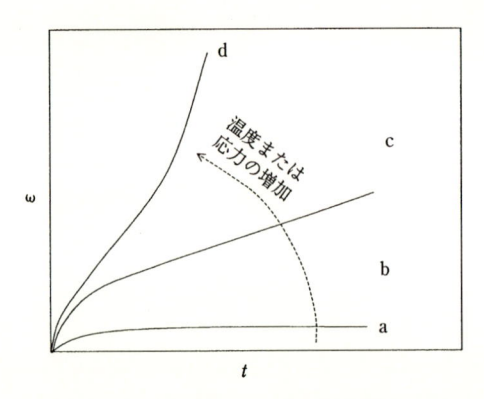

**図5.65** クリープ曲線（ひずみ($\varepsilon$)-時間($t$)曲線）に対する温度と応力の影響

（図中：温度または応力の増加）

や方向は結晶学的に考察できる．例えば，NaCl構造のNaCl(fcc)やMgO(fcc)といったイオン結晶では，(110)面で$\langle 1\bar{1}0 \rangle$方向に滑りやすい．$Al_2O_3$(hcp)やAlN(hcp)では，(0001)面と$\langle 11\bar{2}0 \rangle$方向が基本滑り系である．単結晶のクリープでは，転位滑りが基本であるが，多結晶セラミックスでは粒界は転位滑りの障害として作用する．また，結晶粒は応力軸に対して一般には配向していない

**表5.7** 酸化物セラミックスの高温低応力下でのねじれクリープ速度

| セラミックス | 1300°C, 1.24 MN m$^{-2}$ でのクリープ速度/(in/in)h$^{-1}$ |
|---|---|
| 多結晶 $Al_2O_3$ | $0.13 \times 10^{-5}$ |
| 多結晶 MgO（泥しょう成形） | $33 \times 10^{-5}$ |
| 多結晶 MgO（静水圧成形） | $3.3 \times 10^{-5}$ |
| 多結晶 $ZrO_2$（安定化） | $3 \times 10^{-5}$ |
| 多結晶 $MgAl_2O_4$（2〜5 $\mu$m） | $26.3 \times 10^{-5}$ |
| 多結晶 $MgAl_2O_4$（1〜3 mm） | $0.1 \times 10^{-5}$ |
| シリカガラス | $20\,000 \times 10^{-5}$ |
| 軟質ガラス | $1.9 \times 10^9 \times 10^{-5}$ |
| 絶縁ガラス | $100\,000 \times 10^{-5}$ |

| セラミックス | 1300°C, 6.9 kN m$^{-2}$ でのクリープ速度/(in/in)h$^{-1}$ |
|---|---|
| シリカガラス | 0.001 |
| 軟質ガラス | 8 |
| 絶縁ガラス | 0.005 |
| クロムマグネシアレンガ | 0.0005 |
| マグネシアレンガ | 0.00002 |

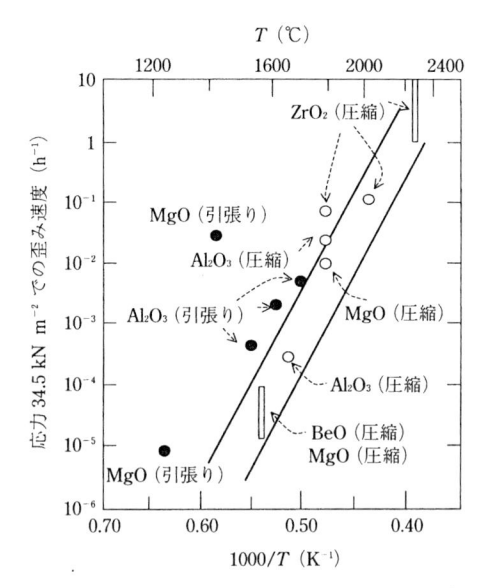

図5.66 種々の酸化物セラミックスのクリープ速度

ので,粒界は粒子の滑りに対して障害となり,全体としては延性を示さない.

拡散クリープでは,粒界に圧縮応力の作用する粒界と引張応力の作用する粒界が生じ,これらの間での空格子点の濃度差を推進力として拡散が生じる(応力誘起拡散).変形には粒界の移動を伴う.高温では,結晶粒間の滑り運動(粒界滑り)によるクリープも現れる(5.5.2項参照).

表5.7および図5.66に,一定応力下での種々のセラミックスのクリープ速度を示す.結晶質より非晶質のガラスの方が,粒径が小さくなるほど,また高温になるほど,それぞれクリープ速度は著しく大きくなる.

## 5.6 表面利用材料

固体の表面では,原子の連続的な結合が切断されており,表面原子の結合は不飽和な状態である.そのうえ構造的欠陥も存在し,表面は固体内部に比べエネルギー的に不均質かつ高い状態にある.そのため,固体表面での活性は高く,固体内部ではみることができない表面特有の性質が生まれる.

表面を機能発現の場とする材料の代表的なものには,吸着材や触媒などがある.吸着材や触媒は,できるだけ表面積をかせぐ目的で通常多孔体として使われ

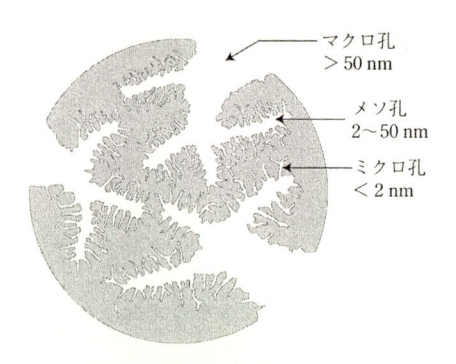

図5.67 表面利用材料として使われる材料の概略的な構造図

（マクロ孔 >50 nm／メソ孔 2～50 nm／ミクロ孔 <2 nm）

る．多孔体は図5.67に示すように様々な細孔を有し，表面特性は細孔の大きさや分布に大きく支配される．

ここでは，典型的な表面現象である気体分子の吸着および触媒反応を概観しながら，それらの応用に関して実用材料を交えながら説明する．また，吸着現象を応用して多孔体構造を評価する技法についても触れることにする．

### 5.6.1 吸着現象

固体表面では，表面の過剰なエネルギーを下げるために分子やイオンの吸着が起こる．つまり，吸着とは表面があれば必ず起こる現象である．このため，吸着によるギブスの自由エネルギー変化 $\Delta G$ は，

$$\Delta G = \mathrm{d}H - T\mathrm{d}S < 0 \tag{5.124}$$

となる．分子やイオンが固体表面上に吸着するということは，分子やイオンの自由度が減少することを意味する．したがって，$\mathrm{d}S$ は負となる．このため，$\mathrm{d}H$ は負である必要があり，かつ $|\mathrm{d}H|$ は $|T\mathrm{d}S|$ より大きいことが条件となる．これより，吸着は発熱を伴った反応であることがわかる．

固体表面への気体分子の吸着は複雑な現象であるが，吸着力の性質に応じて「化学吸着（chemisorption）」と「物理吸着（physisorption）」に大別される．化学吸着とは，吸着される物質（吸着質：adsorbate）と吸着する側の物質（吸着材：adsorbent）との間で電子移行が起こり，化学的な結合が形成される吸着を指す．これに対して物理吸着では，吸着分子はファンデルワールス結合などの弱い結合力によって吸着材表面に吸着する．化学吸着は単分子吸着であるが，物理吸着では単分子吸着も多分子吸着も起こりうる．表5.8に，化学吸着と物理吸

表5.8 化学吸着と物理吸着の比較

|  | 化学吸着 | 物理吸着 |
|---|---|---|
| 吸着力 | 化学結合力 | ファンデルワールス力 |
| 吸着熱 | 凝縮熱のオーダー | 反応熱のオーダー |
| 活性化エネルギー | 必要 | 不要 |
| 吸着速度 | 遅い | 速い |
| 吸着層 | 単分子層 | 多分子層にもなりうる |
| 選択性 | 有 | 無 |
| 可逆性 | 無 | 有 |

着の特徴を比較する．

### 5.6.2 吸着等温線

気体分子が固体表面に吸着する挙動は，吸着等温線（adsorption isotherm）を調べることによって知ることができる．吸着等温線は，温度一定のもとで吸着材単位質量当たりに吸着した気体分子の量を縦軸に，平衡圧を横軸として描かれる．横軸に関しては，測定温度における気体分子の飽和蒸気圧を用いて相対圧として表す場合もある．

吸着等温線は，実験から得られるものである．固体と吸着分子との組合せによって様々な吸着等温線が得られるが，通常図5.68に示す6つのタイプのどれかに分類される．吸着等温線のタイプがわかると，固体表面の幾何学的な様子や吸着分子の状態などを知ることができる．吸着等温線を調べることは，吸着を理論的側面から検討する場合にも，実用的側面から検討する場合にも，きわめて重要である．

一般に，窒素を吸着質として用いるとII型の吸着等温線が得られる．その窒素の吸着等温線から，固体の表面積を知ることができる．その手順は，最初に各相対圧での吸着分子量を Brunauer, Emmett, Teller により理論的に導かれた BET 式（式(5.125)）に適用し，単分子層吸着量を求める．単分子層吸着量とは，固体表面に単分子層を形成させるために必要となる気体分子の量である．

$$\frac{P}{v(P_0-P)} = \frac{1}{v_m C} + \frac{C-1}{v_m C} \cdot \frac{P}{P_0} \quad (5.125)$$

ここで，$P$ は平衡圧，$P_0$ は飽和蒸気圧，$v$ は吸着量，$v_m$ は単分子層吸着量，$C$ は定数である．単分子層吸着量 $v_m$ は，$P/P_0$ を横軸に，$P/v(P_0-P)$ を縦軸とした BET プロット（図5.69）の切片と傾きから得られる．ただし，BET プロ

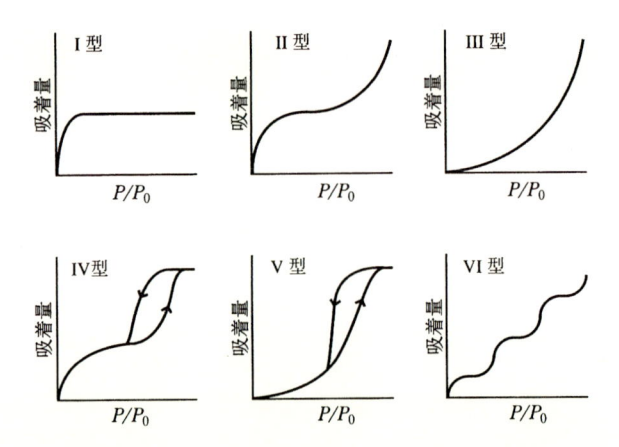

**図 5.68** 様々なタイプの吸着等温線（$P$：平衡圧，$P_0$：飽和蒸気圧）

I型：吸着分子は単分子層のみを形成する．ただし，吸着材に多数のミクロ孔が存在する場合にも観測される．
II型：吸着は多分子層吸着である．飽和蒸気圧での吸着量は無限大を意味する．
III型：吸着はII型同様に多分子層吸着であるが，II型と違って，吸質分子の吸着力が弱い場合に得られる．
IV型：メソ孔の存在を意味する．等温線の高圧部でみられる履歴（圧力増加時と，減少時で違う値をとること）がメソ孔への吸着・脱着による．吸着は多分子層吸着である．
V型：IV型同様にメソ孔の存在によって履歴が現れる．IV型との違いは，吸質分子の吸着力が弱いことである．
VI型：吸着分子の再配列を伴った吸着相の相転移などが起こる場合に観測される．

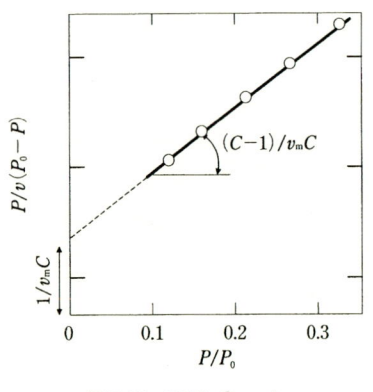

**図 5.69** BETプロット

ットが成立する相対圧はおおよそ 0.05〜0.35 のときである．この BET プロットから求まる $v_m$ を次式に代入すると，固体の表面積 $S$ が求まる．単分子層吸着量 $v_m$ の単位が $g/g$ であれば，$S$ は

$$S = \frac{v_{\mathrm{m}}}{M} \cdot s \cdot N \tag{5.126}$$

となる．ここで，$M$ は窒素の分子量，$s$ は窒素分子1個の分子占有断面積（1個の分子が固体表面で占める面積），$N$ はアボガドロ定数である．ここで求まる固体の表面積は，単位質量当たりの表面積で，比表面積（specific surface area）と呼ばれる．

このほかに，吸着等温線から多孔体の細孔径や細孔径分布の見積もりも可能である．評価法は細孔の大きさによって異なる．一例として，IV型の吸着等温線からメソ孔の細孔径と細孔径分布を求める方法を概説する．IV型でみられる履歴は，吸着分子がメソ孔内で毛細管凝縮によって液化した結果現れる．この履歴部分に，毛細管内の液体の状態を表すケルビンの式

$$\ln \frac{P}{P_0} = -\frac{2\gamma V}{rRT} \cos\theta \tag{5.127}$$

を適用する．ここで，$\gamma$ は液体の表面張力，$V$ は液体のモル体積，$r$ は毛細管の半径，$\theta$ は接触角，$R$ は気体定数，$T$ は温度である．いま，検討対象とする吸着等温線が，測定温度 77 K（$-196°C$）で窒素を用いた吸着実験から求められたものとすると，式(5.127)は次のように整理される．

$$r = \frac{-0.953}{\ln(P/P_0)} \quad [\mathrm{nm}] \tag{5.128}$$

ここで求まる $r$ は，ある相対圧のもとで毛細管凝縮が起こる細孔半径を示す．ある相対圧（$P_i/P_0$）から求まる $r$ を $r_i$ とすると，半径 $r_i$ より小さな細孔では毛細管凝縮が起こるが，半径 $r_i$ より大きな細孔では窒素分子の吸着は多分子層吸着となる．一方，凝縮が起こる前を考えてみると，窒素分子はある厚さで細孔内表面に吸着していたはずである．その吸着層の厚さを $t$ とすると，実際の細孔半径は

$$r_{\mathrm{p}} = r + t \tag{5.129}$$

となる．窒素吸着によってつくられる単分子層の厚さは 0.354 nm であるので，その厚さ $t$ は

$$t = 0.354(v/v_{\mathrm{m}}) \quad [\mathrm{nm}] \tag{5.130}$$

で求まる．ここで，$v$ は各相対圧での吸着量，$v_{\mathrm{m}}$ は単分子層吸着量である．より実際的には，式(5.130)は Frenkel-Halsey-Hill の吸着理論によって次のよう

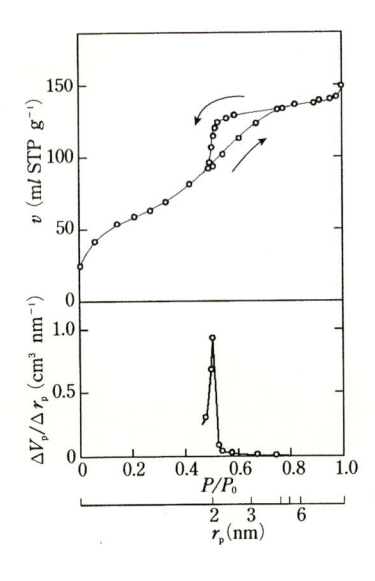

図5.70 メソ孔をもつ多孔質シリカガラスに対する窒素吸脱着等温線と細孔径分布曲線

に整理される．

$$t = 0.43\left\{\frac{-5}{\ln(P/P_0)}\right\}^{1/3} \quad [\text{nm}] \quad (5.131)$$

これによってメソ孔の細孔半径 $r_p$ は，式(5.128), (5.129)および式(5.131)から相対圧の関数として表される．

$$r_p = \frac{-0.953}{\ln(P/P_0)} + 0.43\left\{\frac{-5}{\ln(P/P_0)}\right\}^{1/3} \quad (5.132)$$

図5.70に，メソ孔をもつ多孔質シリカガラスに対する窒素吸脱着等温線を示す．履歴が現れている相対圧0.5〜0.8に対応する細孔半径は，式(5.132)より2.20〜5.48 nmとなる（表5.9）．細孔径分布の算出には様々な方法が提案されているが，円筒形細孔モデルを仮定したDollimore-Healの方法[*1]によって，脱着等温線から細孔径分布を見積もると，図5.70に示すような細孔径分布曲線が得られる．

### 5.6.3 吸着材

吸着現象は，私たちの生活や産業界で広く応用されている．身近なところでは，脱臭材，除湿材，乾燥材などがある．工業的には，特定成分の回収，分離，精製などといった単位操作でも多用されている．近年，環境浄化の分野への応用

---

[*1] D. Dollimore, G. R. Heal : *J. Appl. Chem.*, **14**, 109, 1964.

表5.9 種々の相対圧における毛管凝縮半径 ($r$), 吸着層の厚み ($t$), 細孔半径 ($r_p$)

| $P/P_0$ | $r$ (nm) | $t$ (nm) | $r_p$ (nm) |
|---|---|---|---|
| 0.50 | 1.37 | 0.83 | 2.20 |
| 0.55 | 1.59 | 0.87 | 2.46 |
| 0.60 | 1.87 | 0.92 | 2.79 |
| 0.65 | 2.21 | 0.97 | 3.18 |
| 0.70 | 2.67 | 1.04 | 3.71 |
| 0.75 | 3.31 | 1.11 | 4.42 |
| 0.80 | 4.27 | 1.21 | 5.48 |

表5.10 代表的なセラミックス系吸着材とその主な用途

| | 特　徴 | 主 な 用 途 |
|---|---|---|
| 活性炭 | 疎水性が強いために水溶液系からの吸着に適する<br>バラエティに富む製品製造が可能 | 有機溶剤の回収<br>空気浄化と脱臭<br>上水処理<br>放射性物質の除去など |
| ゼオライト | 分子ふるいによる高い選択的吸着特性が得られる | 空気の分離<br>天然ガスの精製<br>気体の乾燥など |
| シリカゲル | 極性分子に対して強い吸着作用がある<br>表面積や細孔径分布が広範囲に可変である | 各種乾燥剤<br>クロマト分離用カラムなど |

も盛んである．

すべての物質はものを吸着する能力をもつが，実用に供される吸着材の条件としては，①被吸着質の濃度が低くても吸着量が大きいこと，②吸着質に対する選択性が高いこと，③長期間の使用に耐えうること，④吸脱着が容易に行えること，⑤物理的・化学的に安定なことなどがあげられる．代表的なセラミックス系吸着材には活性炭，シリカゲル，ゼオライトなどがある．それらの特徴と主な用途を表5.10に示す．活性炭は炭素を主成分とし，数％程度の酸素を含む材料である．製造は木材や石炭など様々な炭素質物質を原料とし，それらを賦活（ふかつ）と呼ばれる細孔構造形成処理を介して行われる．シリカゲルはコロイド状無定型シリカ（$SiO_2$）の集合体で，一般にケイ酸ナトリウムと硫酸の反応から得られるヒドロゲル（$Si(OH)_4$）の脱水縮合反応を制御することによって製造される．シリカゲルは多様な多孔構造をもち，安定性が高いという特徴をもつ．ゼオ

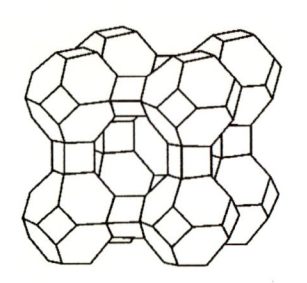

**図 5.71** ゼオライトの構造
(A 型ゼオライト)

**表 5.11** 市販ゼオライトと吸着分子

| 種　類 | 細孔径 (nm) | 吸着分子 | 吸着分子径 |
|---|---|---|---|
| ゼオライト 3A<br>($K^+$ 導入 A 型ゼオライト) | 0.3 | He, $H_2O$, $NH_3$ など | |
| ゼオライト 4A<br>($Na^+$ 導入 A 型ゼオライト) | 0.4 | $CO_2$, $C_2H_6$, EtOH など | ↓ |
| ゼオライト 5A<br>($Ca^{2+}$ 導入 A 型ゼオライト) | 0.5 | $n$-BuOH, $n$-パラフィン,<br>$n$-オレフィンなど | |
| ゼオライト 13X<br>($Na^+$ 導入 X 型ゼオライト) | 1 | $n$-$Bu_2$NH, $iso$-パラフィン,<br>$iso$-オレフィンなど | 大 |

ライトは，アルミノケイ酸塩化合物 ($M_{x/n}[(AlO_2)_x(SiO_2)_y] \cdot mH_2O$, $y \geqq x$, M は価数 $n$ の陽イオン) である．その製造は，構成元素成分を含むゲルをアルカリ条件下で水熱処理することによって行われる．ゼオライトの大きな特徴は，活性炭やシリカゲルと違って，結晶構造に由来する分子オーダーサイズの均一細孔をもつことである．このため，ゼオライトはきわめて優れた吸着選択性を示し，別名「分子ふるい」とも呼ばれる．図 5.71 に，代表的なゼオライトの構造を示す．細孔の大きさや性質は製造条件や $SiO_2/AlO_2$ 比などによって異なる．表 5.11 に，いくつかの市販ゼオライトの細孔径と吸着分子を示す．一般に，$SiO_2/AlO_2$ 比が小さいゼオライトは親水性を示し，その比が大きくなると，性質は疎水性となる．

### 5.6.4 触媒反応

反応物 $R_1$ と $R_2$ から生成物 P が得られる場合，その化学反応式は

$$R_1 + R_2 \longrightarrow P$$

となる．この系にある物質 C を少量加えると，その反応は次の一連の式のもとで速やかに進行する．

$$R_1 + C \longrightarrow I$$
$$I + R_2 \longrightarrow P + C$$

Iは反応物 $R_1$ と物質 C から生成する反応中間体である．この一連の反応では，物質 C は消費と再生を繰り返しながら，$R_1+R_2\rightarrow P$ の反応を進行させる．このような形式で進行する反応を触媒反応といい，触媒反応をもたらす物質を触媒（catalyst）と呼ぶ．この場合では，物質 C が触媒にあたる．触媒は，反応の活性化エネルギーを低下させ，反応速度を高める働きをする．

固体表面で起こる触媒反応は，反応物質が固体表面に吸着し，活性な状態に移行することによって反応が進行する．2種類の反応分子による固体触媒反応では，次の2つの反応機構が考えられる．1つは，反応物質が互いに固体表面上に吸着し，吸着質どうしの反応によって生成物を与える機構である．もう1つは，どちらか一方の反応物質が選択的に吸着し，残りの反応物はその吸着質と反応することによって生成物を与える機構である．それらの機構はそれぞれ，Langmuir-Hinshelwood 機構と Eley-Rideal 機構と呼ばれている．

セラミックスの触媒反応の多くは，固体表面の化学的性質，特に酸・塩基の影響を強く受ける．反応物質にプロトンを供与したり（ブレンステッド酸），あるいは反応物質から電子対を受容する（ルイス酸）といった「酸」の性質を示す物質を固体酸と呼び，反応物質からプロトンを受容したり（ブレンステッド塩基），あるいは反応物質へ電子対を供与する（ルイス塩基）物質を固体塩基と呼ぶ．一般に，金属酸化物の表面は水酸基で覆われている．金属イオンの電気陰性度が大きければ，化学結合した表面水酸基の酸素原子中の電子対は金属イオン側に強く引きつけられる．この結果，O-H 間の結合が弱められ，$H^+$ の解離が起こりやすくなり，酸として作用する．これに対して金属イオンの電気陰性度が小さい場合には，金属イオンによる酸素原子の電子対の引きつけ力が弱いため，表面水酸基は $OH^-$ として解離し，塩基として作用する．これらの様子を図 5.72 に示す．一方，逆反応では，[I] の $O^-$ は塩基点として，[II] の表面金属イオンは酸点として作用する．固体触媒反応ではそれらの部位が反応活性サイトとして有効に働く．例えば，キシレンの異性化反応はブレンステッド酸点上で図 5.73 に示すように進行する．固体酸および固体塩基の性質は酸・塩基点の強度，数，そのタイプによって特徴づけられる．

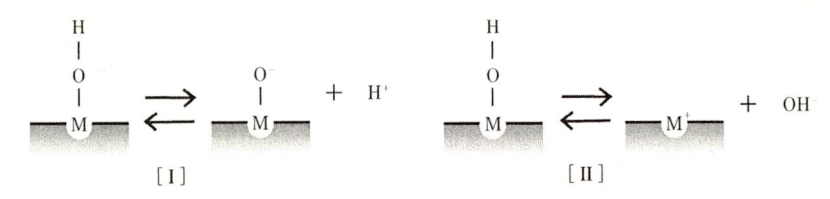

図5.72 金属酸化物表面の性質

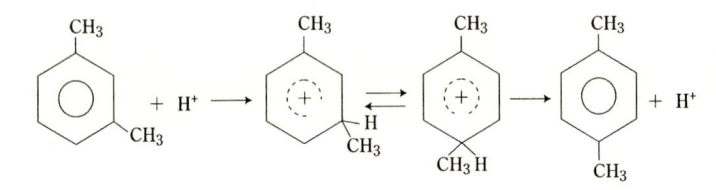

図5.73 キシレンの異性化反応

### 5.6.5 固体触媒材料

セラミックスにおける触媒には酸化物系,硫化物系,塩化物系などがある.実用には酸化物系が最も多い.表5.12に代表的な酸化物系固体触媒とその用途を示す.

固体触媒の中でも固体酸は,炭化水素のクラッキング,重合,異性化,アルキル化など,化学工業においてきわめて有用な触媒材料である.代表的な固体酸触媒は,分子ふるいとして知られるゼオライトや$SiO_2$-$Al_2O_3$の複合酸化物などである.ゼオライトは,1960年代に石油精製プロセスで用いられて以来,工業的に広く利用されている.

固体触媒において重要な機能は,高触媒活性のほかに,高選択性があげられ

表5.12 いくつかのセラミックス系固体触媒とその主な用途

| 物 質 | 用 途 |
|---|---|
| ゼオライト | 炭化水素のクラッキング,キシレンの異性化,メタノールのガソリンへの転化 |
| $SiO_2$-$Al_2O_3$ | アルキル芳香族の不均化<br>炭化水素のクラッキング |
| $NiO$-$CaO$-$Al_2O_3$ | メタンの水蒸気改質 |
| $Fe_3O_4$-$K_2O$-$Al_2O_3$ | アンモニア合成 |
| $Cr_2O_3$-$Al_2O_3$ | 芳香族炭化水素の水素化脱アルキル |
| $V_2O_5$-$TiO_2$ | $NO_x$還元 |
| $MnO_2$ | CO酸化 |
| $Bi_2O_3$-$MoO_3$ | プロピレンのアンモ酸化 |

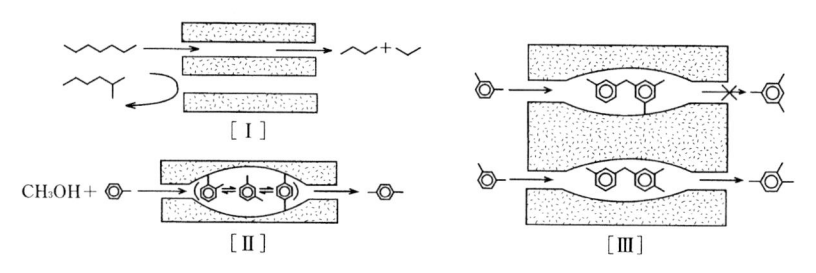

図5.74 ゼオライトの形状選択性 (S. M. Csicsery : *Zeolites*, **4**, 202, 1984)

る．前出のゼオライトは，細孔構造に由来して高い選択性を示す．ゼオライトの選択性は形状選択性（shape selectivity）と呼ばれ，発現機構の違いから，図5.74に示すように［Ⅰ］反応物選択性，［Ⅱ］生成物選択性，［Ⅲ］遷移状態選択性に分けられる．反応物選択性は，複数の分子が存在しても，細孔径より小さな分子だけで反応が進行することによって起こる．反応物選択性の典型例には，ヘプタンと3-メチルヘキサン混合系におけるZSM-5型ゼオライトを用いたヘプタンの選択的クラッキングがある．生成物選択性は，細孔内で生成した分子の大きさや形状などの違いから生じる，生成物の細孔内での拡散挙動の相違によって発現する．メタノールとトルエンをZSM-5型ゼオライトの細孔内で反応させると，$p$-キシレンが選択的に生成する現象は，この生成物選択性による．遷移状態選択性は，反応の遷移状態時に細孔より大きな空間を必要とする反応は立体障害によって抑制され，より小さな遷移状態を経る反応が起こることによって得られる選択性である．ZSM-5型ゼオライトを用いたメタノールの炭化水素への転化反応では，遷移状態選択性の影響で$C_5$〜$C_{10}$の脂肪族や芳香族炭化水素が主に生成する．

### 5.6.6 光触媒

光を受けると触媒作用を示す物質がある．そのような物質は光触媒（photocatalyst）と呼ばれる．

$TiO_2$をはじめとする半導体物質は，バンドギャップ以上のエネルギーをもつ光を吸収すると，価電子帯の電子が伝導帯に励起される．この光励起の結果，伝導帯に電子が，価電子帯に正孔が生じる．この光励起によって生成した電子と正孔は，半導体表面で液相や気相中の成分をそれぞれ還元および酸化し，反応を進行させる．この全体の反応では，図5.75に示すように，液相あるいは気相中の

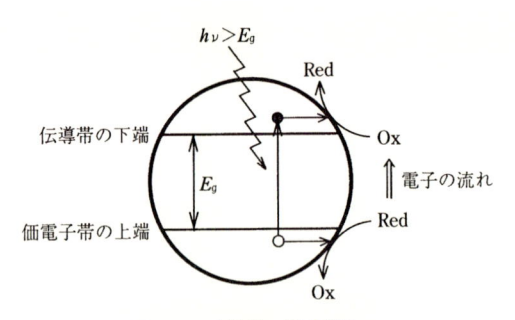

**図 5.75** 光触媒の反応機構
Red : reductant, Ox : oxidant.

ある成分に渡された電子は正孔と反応する他の成分から供給されたことになり，反応前後で半導体自身は全く変化しない．

光触媒の用途には，水の完全分解，抗菌，防汚，脱臭，$NO_x$ や $SO_x$ の除去などがある．なかでも水の分解は，次世代燃料である水素が水から製造できるという点から現在注目されている．エネルギーギャップが水の理論分解電圧（1.23 V）よりも大きく，さらに伝導帯の下端が水からの水素発生電位よりマイナス側に，価電子帯の上端は酸素発生電位よりプラス側に位置する半導体にエネルギーギャップ以上のエネルギーをもつ光を照射すると，酸素と水素を発生させることができる．図 5.76 に，水の酸化還元電位に対する種々の半導体の伝導帯および価電子帯の位置を示す．それらの条件を満足する物質には，$TiO_2$，$SrTiO_3$，CdS，CdSe などがある．現在地球環境保全の立場から，光触媒の研究開発は非常に盛んである．

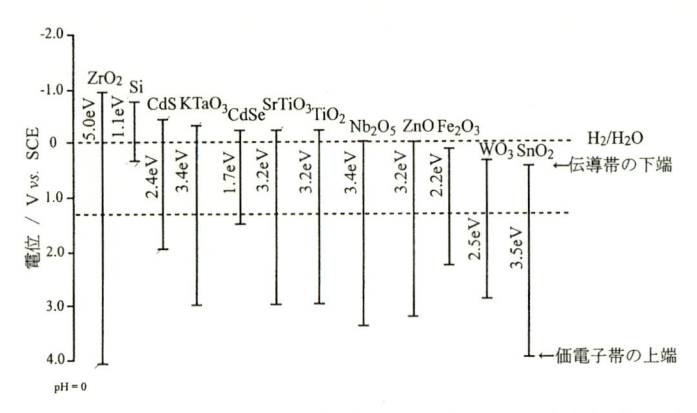

**図 5.76** 水の酸化還元電位と種々の半導体のエネルギーギャップの関係（pH＝0）

## 5.7 生体材料

### 5.7.1 生体材料の歴史

歯骨用の生体材料として，良好な耐食性をもち力学的にも優れた材料として，1930年前後からオーステナイト系ステンレス（SUS 316, SUS 316 L），バイタリウム（Co-Cr-Mo合金）といった金属が使われ始め，1940年代には整形外科での人工関節や骨折の内固定材として普及した．1946年にはポリメチルメタレート（PMMA）骨頭，1951年にPMMA骨セメント，1963年にはCharnleyのHDP（High Density Polyethylene）製ソケット（骨頭受け皿）/金属骨頭/金属ステムからなる人工関節をPMMA骨セメントで固定する方式が開発された．一方，セラミックスにおいては，1892年のセッコウプラスター（$CaSO_4 \cdot 0.5H_2O$）の骨補填材としての応用が始まり，組織反応を起こさないことから，生体内吸収型バイオセラミックスとして1965年頃まで盛んに利用されてきたが，本格的な出現は1970年頃からである．1969年カーボン（C）製人工弁およびアルミナ（$Al_2O_3$）製スクリュー型人工歯根，1970年アルミナ人工関節が開発された．1971年の$CaO$-$Na_2O$-$SiO_2$-$P_2O_5$系ガラス（Henchの「バイオガラス」）はその後のバイオセラミックス研究における画期的な成果であった．図5.77は，その生体内での界面構造のモデルである．特定の成分の溶出によって安定なシリカリッチ層を生成し，$Ca^{2+}$と$PO_4^{3+}$の溶出反応を含み，新生骨をインプラント表面に生成する．1972年 $\beta$-リン酸三カルシウム（$\beta$-$Ca_3(PO_4)_2$, $\beta$-TCP）セラミックス（西ドイツ）とハイドロキシアパタイト（$Ca_{10}(PO_4)_6(OH)_2$, HAp）

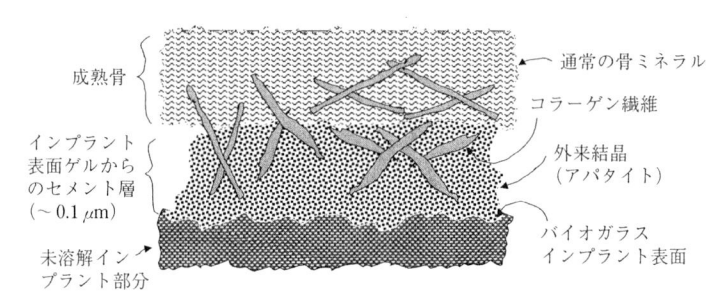

図5.77 骨とバイオガラス（$Na_2O$-$CaO$-$SiO_2$-$P_2O_5$ガラス）との接合界面付近の構造モデル（L. L. Hench : Surface and Interface of Glass and Ceramics, p. 279, Plenum, New York, 1974）

セラミックス（米国，日本）の開発，1976年 CaO-Na$_2$O-SiO$_2$-P$_2$O$_5$-CaF$_2$系結晶化ガラス（Ceravital），1977年アルミナ人工歯根（西ドイツ，日本），1982年 CaO-MgO-P$_2$O$_5$-SiO$_2$-CaF$_2$系結晶化ガラス（A-W結晶化ガラス），1983年 HAp人工歯根（日本），そして1983〜1985年アパタイトセメント（日本，米国）といった材料開発が進んで現在に至っている．

### 5.7.2 バイオセラミックスに必要とされる一般的性質

生体はいかなる異物（抗原）に対しても，細胞レベルあるいは抗原抗体レベルの異物反応を起こすので，バイオセラミックスには生体適合性のよい素材が選ばれる．応用部位は，図5.78に示すように，硬組織修復が大部分である．

生体内という厳しい化学的腐食環境で主には骨格系の機能を支援したり代替あるいは代行させようとするためには，繰返し負荷のもとでも十分な強度を保ち，化学的耐久性あるいは成分イオンの溶出があっても，化学的安全性の高い材料である必要がある．その要素は次のようにまとめられる．

①生化学的安全性：発がん性，細胞毒性，刺激，溶血といった害がない．

②生体組織親和性：異物膜（異物周囲に生じる繊維性タンパク質の膜）が薄いあるいは生じない，生体組織となじみがよい．

③生体力学的調和性：生体組織と生体材料との間に力学的な不整合性がない．

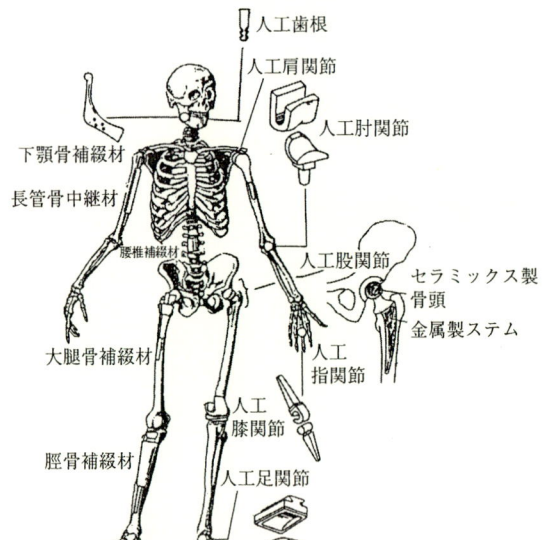

図5.78 バイオセラミックスの応用部位

④生体不活性：激しい化学的腐食環境である生体内において化学的に安定で，イオン溶出や強度低下を起こさない．

⑤生体活性：生体組織と直接結合する．生体内での新生骨増生あるいはアパタイト析出を促進する．

⑥生体内崩壊性：生体内で溶解性あるいは崩壊性を有する．インプラントされた周囲に新生骨が生成しやすい状況をつくる．

ここで，④と⑤および⑥とは相反する性質であるが，応用部位に応じて使い分けられる．①，②，③は同時に具備されるべきであるが，単一素材では一般には困難であり，いくつかの素材を複合化させる．現段階では，修復する生体部位に応じて優先すべき性質を考え，数多くあるセラミックスの中から最適の単一材料，あるいは複合材料を選択している．人工心臓弁には炭素が，骨格系支持構造体である歯骨の治療にはアルミナとアパタイトおよび結晶化ガラスが，おのおの主たるバイオセラミックスである．アルミナは生体不活性素材であり，生体組織と結合する必要のない関節骨頭などに向いている．一方，生体組織と直接結合が望まれる骨充填などには，生体活性素材であるリン酸カルシウム質，特にアパタイトが多用される．

### 5.7.3 腐食と崩壊

インプラントされた生体材料表面には，直ちに血清タンパク質（アルブミン，フィブリノーゲンや$\gamma$-グロブリンなど）の吸着が生じる．その後，生体材料は種々の陰イオン，陽イオン，生体高分子によってきわめて厳しい化学的腐食環境にさらされる．生体金属の腐食はよく知られている．化学的に安定な金とか白金，TiやCrであっても不働態層を通して，ゆっくり溶出して周辺組織中に累積して有意な量を検出する．腐食によって機械的破断も生じる．生体ポリマー材料は，腐食に対しては金属より有利な面もあるが，いろいろな機構で生じる低分子化（劣化）による強度低下の問題がある．セラミックスやガラスおよびガラスセラミックスの場合は，アルミナ（$Al_2O_3$）で代表される生体不活性，Henchのバイオガラスや HAp で代表される生体活性材料，$\beta$-TCPのような溶解性または崩壊性をもつ材料のように幅広いスペクトルをもつ．

### 5.7.4 骨欠損部の治癒過程

図5.79に骨欠損部の治癒過程を示す．骨欠損が小さい場合には，(a)のように骨欠損部内に血液充満，好中球，赤血球，フィブリンネット形成で血餅化し

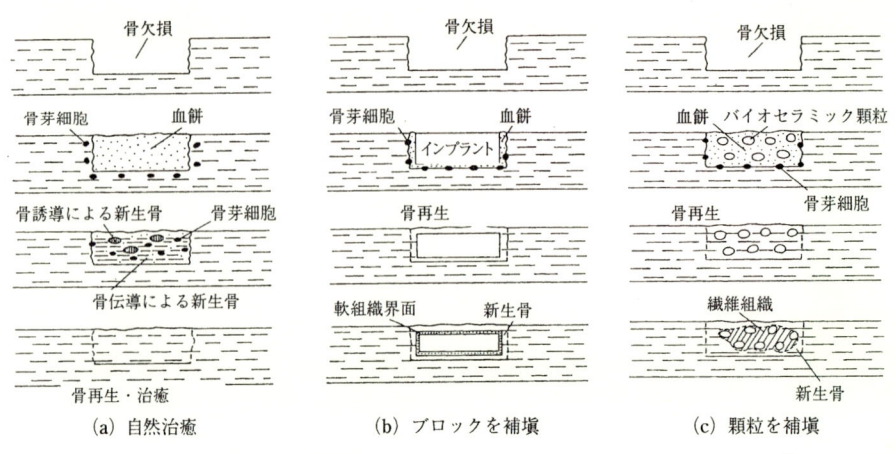

(a) 自然治癒　　　　　(b) ブロックを補填　　　　(c) 顆粒を補填

図 5.79　骨欠損部の治癒過程（D. F. Williams：*J. Mater. Sci.*, **2**, 3421-3445, 1987）

て，新生骨が発生して自然に治癒する．自然治癒が不可能なほど骨欠損部が大きい場合には骨補填材を使用し，(b)，(c)のような過程で骨再生して治癒する．インプラント表面に沿っての新生骨生成（骨誘導），あるいは離れたところから成長因子である骨芽細胞の出現と新生骨の生成（骨伝導），コラーゲン膜によっていわゆるカプセリング状態で治癒する．

### 5.7.5　バイオセラミックスの評価法

**a．物理化学的試験**

ⅰ）機械的性質：　表5.13に，生体材料に用いられる各種セラミックスの機械的強度を示す．生体材料と生体骨との機械的性質は互いに調和させる必要があり，一方が強すぎても弱すぎても，生体材料としての機能が果たせない（生体力学的調和性）．強度では生体骨の3倍程度，ヤング率では同じ程度が望ましいといわれているが，単一材料でそのような力学的性能を得るのは難しい．炭素材料の場合は（5.7.6-g項参照），熱分解炭素，ガラス状炭素，繊維状炭素などの素材があり，これらを複合して幅広い物性の複合体（C/Cコンポジット）がつくられている．なお，炭素材料表面は疎水性であり，これは親水性表面をもつ酸化物系バイオセラミックスとは異質であり，心臓弁のような抗血栓性を必要とする応用部位に向いている．

ⅱ）溶解性：　バイオセラミックスに対する溶解性の規定はないが，一般には，生体温度の37℃における溶液に浸漬し，一定時間後の重量変化や溶出成分

表5.13 バイオセラミックスの圧縮強度と破壊靱性値

| 種 類 | 圧縮強度 (MPa) | 破壊靱性値 (MPa m$^{1/2}$) |
|---|---|---|
| 生体骨 | | |
| 　緻密骨 | 90〜165 | 2〜5 |
| 　エナメル質 | 392 | — |
| 生体活性 | | |
| 　$\beta$-リン酸三カルシウム（$\beta$-TCP） | 460〜700 | 1.14〜1.3 |
| 　ハイドロキシアパタイト（HAp） | 500〜900 | 0.7〜1.16 |
| 　A-W結晶化ガラス | 1100 | 2.0 |
| 　$\beta$-メタリン酸カルシウム結晶化ガラス | — | 2.0〜2.7 |
| 生体不活性 | | |
| 　アルミナ | 1300〜4000 | 3.0〜4.5 |
| 　ジルコニア | 3000〜3200 | 3.6〜10 |
| 　窒化ケイ素 | 1700〜5000 | 5.0〜8.5 |
| 　炭化ケイ素 | 1800〜4200 | 3.0〜5.5 |

の濃度から，溶解性を評価する．溶液としては，生理食塩水（0.9%），緩衝溶液，生体無機成分を模擬した擬似体液，血清などが用いられる．

　iii) 擬似体液試験： 生体材料が体内にインプラントされると，その表面は前述したように生体成分・組織からいろいろな作用を受ける．骨組織を修復する材料においては，異物反応を起こさずに新生骨が生体材料表面に異物膜なしに接して生成される性質が望まれる．特に，積極的に新生骨の生成を促す骨伝導性をもつ生体活性が望まれる．生体活性を生体外で評価する方法として，Kokuboらの方法が普及している．それは，体液中の無機成分だけを試薬を用いて調合した擬似体液中における表面アパタイトの形成能で評価するものである．擬似体液と血漿の無機イオン濃度を表5.14に示す．pHは36.5℃で，7.25あるいは7.4に緩衝液で調整される．アパタイトに関して過飽和溶液になっている．生体活性材料では，1週間以内に骨類似組成のアパタイト層で覆われる．生体不活性ではアパタイト層は生成しない．

　iv) 耐摩耗性試験： 人工関節の骨頭では，ソケットとの耐摩擦摩耗性能が要求される．摩擦摩耗は荷重，摺動，表面平滑性，温度，周囲の媒体組成など多くの因子がからむ．材料の摩擦摩耗試験には多くの方法があるが，単純で小型低コストであることから，pin-on-diskおよびpin-on-plate方式が一般的である．所定サイズの一方のテストピースを他方の円盤，あるいはプレート状のテストピース上に荷重をかけて，回転摺動，あるいは往復摺動させて重量減少を評価する．潤滑液としては，水や生理的食塩水がよく使われるが，牛血清の方がよいデ

表5.14 擬似体液とヒト血漿の無機イオン成分濃度 (mol m$^{-3}$)

| イオン種 | 擬似体液* | ヒト血漿 |
| --- | --- | --- |
| $Na^+$ | 142.0 | 142.0 |
| $K^+$ | 5.0 | 5.0 |
| $Mg^{2+}$ | 1.5 | 1.5 |
| $Ca^{2+}$ | 2.5 | 2.5 |
| $Cl^-$ | 147.8 | 103.0 |
| $HCO_3^-$ | 4.2 | 27.0 |
| $HPO_4^{2-}$ | 1.0 | 1.0 |
| $SO_4^{2-}$ | 0.5 | 0.5 |

*C. Ohtsuki, T. Kokubo, K. Takatsuka, T. Yamamuro: *J. Ceram. Soc. Japan*, **99**, 1-6, 1991.

ータを与えるので推奨される．

v) 骨セメントの硬化時間： PMMA系骨セメントの硬化時間は，規格化されている．硬化時間は，熱電対で初期温度と最高到達温度の差を2で割った温度に達した時間を硬化時間としている．歯科用セメントでは，強度の面から測定される．練和したセメントペーストを所定の条件下に保持し，一定の時間ごとにペースト表面に針を静かに落とし，針跡がつかなくなった時間を硬化時間とする．アパタイトセメントについては，特に規定されていないので，歯科用セメントの硬化時間測定法に準拠している．

vi) 骨セメントの崩壊性： 経時的に崩壊すると，虫歯発生，補綴物の脱離や炎症反応につながる．セメント硬化体を所定の温度浸漬条件で蒸留水の入った容器中に吊るしたのち，容器中の水を蒸発乾固して残った残留物の質量から崩壊率を求める．アパタイト系セメントについては，特に規定されていないが，一般には，崩れずに硬化した質量から崩壊率を求めている．

**b．生物学的試験** 生体材料，すなわち生体にとっては異物が生体に入ると，細胞レベルおよび抗原・抗体レベルでの様々な生体防御反応が起こる．細胞や実験動物を用いた生物学的安全試験項目を表5.15に示す．最終的にはヒトでの臨床評価がなされるが，実験動物による前臨床試験による安全性の評価が必要である．安全性評価の体系は一般毒性試験(a)～(c)と特殊毒性試験(d)～(l)を基本としている．

表5.15　生物学的安全性試験項目

| | |
|---|---|
| (a) 急性毒性試験 | (g) 抗原性 |
| (b) 亜急性毒性試験 | (h) 移植 |
| (c) 慢性毒性試験 | (i) 皮膚，粘膜刺激試験 |
| (d) 発ガン性試験 | (j) 溶血性試験 |
| (e) 変異原性試験 | (k) 発熱性物質試験 |
| (f) 催奇形性試験 | (l) 細胞毒性試験 |

### 5.7.6　代表的なバイオセラミックス

**a．ハイドロキシアパタイト（HAp）**　HApは，生体骨歯の70〜98％を占める無機質にきわめて近い．生体組織に対して害はなく，硬組織代替材料の中では最も優れた生体活性を示す材料の代表である．HApセラミックスは骨組織内に埋入されると，直ちにアルブミンや血液細胞等の吸着・皮膜が形成される．極性表面をもつアルミナのような不活性材料でも同様と考えられるが，HApの場合は比較的短期間に新生骨に覆われ，新生骨と直接に結合する．HApは軟組織との親和性も良好である．図5.80は焼結体の微構造である．多孔質焼結体は，新生組織が侵入しやすいので望まれる形態である．

**b．リン酸三カルシウム（TCP）**　1180℃以下での安定相である$\beta$-TCPセラミックスは，生体内崩壊型の生体活性材料である．$\alpha$-TCPは1180℃以上での安定相を急冷して得られる材料であり，これは水和反応によって容易にアパタイトに転化するので，バイオセメント粉材として利用される．

**c．ケイ酸リン酸カルシウム系ガラスおよびガラスセラミックス**　生体活性ガラスとして登場した$CaO$-$Na_2O$-$P_2O_5$-$SiO_2$系ガラス（バイオガラス）は，強度が十分でないので（曲げ強度〜100 MPa，破壊靭性値（$K_{Ic}$）＝0.5 MPa m$^{1/2}$），

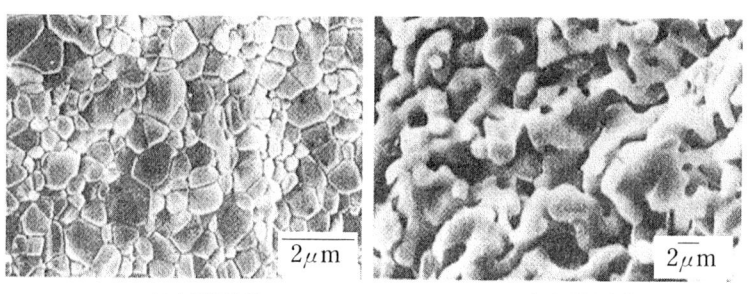

HAp緻密質焼結体　　　　　　HAp多孔質焼結体

図5.80　HApセラミックスの微構造

金属芯材に被覆して生体活性表面にした人工歯根として利用される．その後，高強度と生体活性を兼ね備えた種々の結晶化ガラスが多数開発されている．CaO-MgO-$P_2O_5$-$SiO_2$-$CaF_2$系結晶化ガラス（A-W結晶化ガラス）は，アパタイト（A）と針状のワラストナイト（W）が分散複合した構造体である．これの骨との結合性はアルミナの6〜7倍，HApの1.2倍ほどを示し，長骨など高負荷に耐えられる人工骨として期待されている．$\beta$-Ca$(PO_3)_2$系結晶化ガラスの場合は，ガラス転移温度（$T_g$〜500°C）付近で$\beta$-Ca$(PO_3)_2$繊維を一方向結晶化させる．さらにこの表層をHAp化処理することで，骨結合性はよくなる．その他，$Na_2O(K_2O)$-MgO-$Al_2O_3$-$SiO_2$-CaO-$P_2O_5$系ガラスからの雲母-アパタイト結晶化ガラス，人工関節骨頭用のアルミノケイ酸塩（MgO-$TiO_2$-$Al_2O_3$-$SiO_2$-$CaF_2$）系結晶化ガラスが開発されている．

**d．アパタイト系複合材料**　　HAp単一相の焼結体では強度が十分に得られないことから，種々の複合強化が試みられている．分散複合強化では，CaO-$P_2O_5$成分系でのHAp-TCP複合による1.3〜1.5倍強度増，CaO/$P_2O_5$フリット複合による曲げ強度200 MPa，HApの一部を分解させて複合焼結させるHAp-TCP複合焼結体がある．高強度セラミックス粉末，あるいは繊維による分散複合では，$Al_2O_3$，ZrO，$Si_3N_4$，SiC，C繊維などの効果が検討されている．$\alpha$-TCPの水和活性を利用すれば，$\alpha$-TCP焼結体表面にHAp層を形成させた複合材料が作製できる．この複合体は，HAp単一相のセラミックスと同様に，新生骨増生作用に優れた生体活性を示す．キチンや乳酸ポリマーといった，生体安全性の高いポリマーとの複合材料も開発されている．

　生体不活性の高強度芯材に，リン酸カルシウムを被覆して生体活性にする表面改質複合化が高い関心を集めている．主にHApの優れた生体組織親和性に着目して，これを機械的性質に優れた金属およびセラミックス表面へコーティングするものである．コーティング法には，プラズマ溶射，スパッタリング，電気泳動，電解液中でのスパーク放電，溶液からの自然沈着，塗布熱分解，噴霧熱分解などが適用されている．最も研究が進んでいるのはプラズマ溶射法であるが，5000〜20000°Cの高い温度にさらされるため，HApの分解やガラス化が一部生じ，生体適合性の低下が指摘されている．

**e．アルミナ（$Al_2O_3$）**　　溶融法による単結晶体（サファイヤ）と多結晶焼結体がある．化学的安定性の高い親水性表面をもつ生体不活性材料の代表である．

工業材料として広く利用され,材料技術的に確立した材料である.機械的強度および耐摩耗性に優れ,生体内で溶解したり反応したりしない.生体組織との直接結合はしないが生体組織親和性に優れ,硬組織代替材料として実用化されているものの中では,最も長期の実績を有する.

**f. ジルコニア（$ZrO_2$）** 高強度,高靭性であり,機械的性質では突出した性質を示す.バイオセラミックスとしての実用性の詳しい評価は十分ではないようであるが,生体不活性で,アルミナ同様の高い生体親和性が期待されている.人工歯根,骨頭ボールおよび骨補填材として使用される.バイオセラミックスとして検討されているものの多くは,$Y_2O_3$ を 3～4 mol％ 添加固溶させた部分安定化 $ZrO_2$ で,微細な正方晶系の粒子からなる焼結体である.これは,セラミックス中では最も高い破壊靭性値を示す.その理由は,主に,「正方晶系→単斜晶系」への応力転移による破壊エネルギーの吸収にある.人工歯根,人工関節骨頭としての研究が進んでいる.アルミナ同様の高い生体親和性が期待されているが,多くの研究者によって水分による劣化が指摘されている.

**g. カーボン（C）** カーボンは疎水性表面をもつ生体不活性材料であり,生体内で反応も溶解もせず,生体親和性は良好である.抗血栓性,耐摩耗性,潤滑性にも優れ,人工心臓弁,人工歯根,人工骨,人工腱,人工靭帯などが開発されている.機械的性質の制御技術は,セラミックスの中では最も進んでいる.炭素（C）には種々の種類があるが,生体材料として利用されているのはガラス状炭素（GC）,炭素繊維（CF）,熱分解炭素（PC）および C/C コンポジットである.熱分解炭素には,700～1500℃ で析出させる低温熱分解炭素（LTPC），1500～2000℃ で析出させる熱分解炭素（PC），2000℃ 以上で析出させる熱分解黒鉛（PG）の 3 種がある.特に組織が等方的な低温等方性熱分解炭素（LTI カーボン）は,人工心臓弁として実績を上げている.

**h. リン酸カルシウムセメント（CP セメント）** セメントタイプの生体材料（バイオセメント）としては,従来から整形外科分野で人工関節の生体への固定用に,いわゆる骨セメントが多用されている.この骨セメントは,ポリメチルメタクレートとメチルメタクレートモノマーとの混合物を重合硬化させるもので,使用実績も長く,優れた材料である.しかし,重合時の発熱（60～100℃）による生体組織へのダメージ,残留モノマーの毒性,長期間使用におけるルーズニングなどの問題が指摘されている.歯科用セメントにおいても,ZnO やアル

ミノケイ酸塩ガラスを粉材としたものが使われているが，より生体に害の少ない生体類似成分からなるセメントの開発が要望されてきた．CPセメントの特徴として，①水でも酸でも硬化するリン酸カルシウム（$CaO-P_2O_5$）系の新しい材料形態である，②生体活性であるアパタイトを主に生じて凝結・硬化する，③その組成はこれまでの焼結HApよりさらに生物アパタイトに近い，④生体内崩壊性に分類される，などがあげられる．代表的セメント組成には，$\alpha$-TCP系とリン酸四カルシウム（$Ca_4(PO_4)_2O$, TeCP）系があり，それらに種々の副成分が組み合わされている．CPセメントは，骨補填材としてのアパタイト多孔体作製，生体活性骨セメント，歯科治療材，骨粗しょう症用骨内充填ペースト，薬剤徐放担体（ドラックデリバリーシステム（DDS）担体）などとしての利用がある．CPセメントは，初期の2週間くらいまでは炎症性細胞の浸潤のみられる場合もあるが，その後，一般には，ゆっくり吸収されるとともに新生骨が生じ，半年くらいで骨組織によって置き換えられる．生体親和性は良好で，炎症性および異物反応はほとんどないという報告が多い．吸収性のほとんどない焼結HApとの大きな違いである．

【参考文献】
1) 金澤孝文，門間英毅：資源と素材，**110**(4)，199-204，1995．
2) 日本セラミックス協会編：セラミックス ハンドブック［応用編］，pp.1489-1498，技報堂出版，2002．

# 付　表

### 表1　基礎物理定数

| 物　理　量 | | 記号 | 数　値 | 単　位 |
|---|---|---|---|---|
| 真空中の光速度 | speed of light in vacuum | $c$ | 299 792 458 | $m\,s^{-1}$ |
| 真空の誘電率 | permittivity of vacuum | $\varepsilon_0$ | $8.854\,187\,816 \times 10^{-12}$ | $F\,m^{-1}$ |
| 真空の透磁率 | permeability of vacuum | $\mu_0$ | $4\pi \times 10^{-7}$ | $N\,A^{-2}$ |
| リュードベリ定数 | Rydberg constant | $R_\infty$ | $10\,973\,731.534(13)$ | $m^{-1}$ |
| プランク定数 | Planck constant | $h$ | $6.626\,0755(40) \times 10^{-34}$ | $J\,s$ |
| アボガドロ定数 | Avogadro constant | $N_A$ | $6.022\,1367(36) \times 10^{23}$ | $mol^{-1}$ |
| ボルツマン定数 | Boltzmann constant | $k$ | $1.380\,658(12) \times 10^{-23}$ | $J\,K^{-1}$ |
| ファラデー定数 | Faraday constant | $F$ | $9.648\,5309(29) \times 10^4$ | $C\,mol^{-1}$ |
| 気体定数 | gas constant | $R$ | $8.314\,510(70)$ | $J\,K^{-1}\,mol^{-1}$ |
| ボーア半径 | Bohr radius | $a_0$ | $5.291\,772\,49(24) \times 10^{-11}$ | $m$ |
| 電気素量 | elementary charge | $e$ | $1.602\,177\,33(49) \times 10^{-19}$ | $C$ |
| 電子の静止質量 | rest mass of electron | $m_e$ | $9.109\,3897(54) \times 10^{-31}$ | $kg$ |
| 陽子の静止質量 | rest mass of proton | $m_p$ | $1.672\,6231(10) \times 10^{-27}$ | $kg$ |
| 中性子の静止質量 | rest mass of neutron | $m_n$ | $1.674\,928\,6(10) \times 10^{-27}$ | $kg$ |
| 水の三重点 | triple point of water | $T_{tp}(H_2O)$ | $273.16$ | $K$ |
| セルシウス温度目盛のゼロ点 | zero of Celsius scale | $T(0°C)$ | $273.15$ | $K$ |
| 理想気体のモル体積 (273.15 K, 101325 Pa) | molar volume of ideal gas | $V_m$ | $22.414\,10(19) \times 10^{-3}$ | $m^3\,mol^{-1}$ |

(　)の中は標準誤差で，例えば(13)の場合，数値の最後の2桁が±13の範囲にあることを意味する．

### 表2　10の整数倍を表す接頭語

| 倍数 | 接　頭　語 | 記号 | 倍数 | 接　頭　語 | 記号 |
|---|---|---|---|---|---|
| $10^{-24}$ | yocto (ヨクト) | y | $10$ | deca (デカ) | da |
| $10^{-21}$ | zepto (ゼプト) | z | $10^2$ | hecto (ヘクト) | h |
| $10^{-18}$ | atto (アト) | a | $10^3$ | kilo (キロ) | k |
| $10^{-15}$ | femto (フェムト) | f | $10^6$ | mega (メガ) | M |
| $10^{-12}$ | pico (ピコ) | p | $10^9$ | giga (ギガ) | G |
| $10^{-9}$ | nano (ナノ) | n | $10^{12}$ | tera (テラ) | T |
| $10^{-6}$ | micro (マイクロ) | $\mu$ | $10^{15}$ | peta (ペタ) | P |
| $10^{-3}$ | milli (ミリ) | m | $10^{18}$ | exa (エクサ) | E |
| $10^{-2}$ | centi (センチ) | c | $10^{21}$ | zetta (ゼタ) | Z |
| $10^{-1}$ | deci (デシ) | d | $10^{24}$ | yotta (ヨタ) | Y |

表3 単位換算

[長さ]

|       | m              | cm        | μm              | nm              | Å               | in.              |
|-------|----------------|-----------|-----------------|-----------------|-----------------|------------------|
| 1 m   | 1              | $10^2$    | $10^6$          | $10^9$          | $10^{10}$       | 39.37            |
| 1 cm  | $10^{-2}$      | 1         | $10^4$          | $10^7$          | $10^8$          | 0.3937           |
| 1 μm  | $10^{-6}$      | $10^{-4}$ | 1               | $10^3$          | $10^4$          | $3.937\times10^{-5}$ |
| 1 nm  | $10^{-9}$      | $10^{-7}$ | $10^{-3}$       | 1               | 10              | $3.97\times10^{-8}$  |
| 1 Å   | $10^{-10}$     | $10^{-8}$ | $10^{-4}$       | $10^{-1}$       | 1               | $3.937\times10^{-9}$ |
| 1 in. | $2.54\times10^{-2}$ | 2.54 | $2.54\times10^4$ | $2.54\times10^7$ | $2.54\times10^8$ | 1                |

[質量]

|      | kg      | lb      | oz    |
|------|---------|---------|-------|
| 1 kg | 1       | 2.205   | 35.27 |
| 1 lb | 0.4536  | 1       | 16    |
| 1 oz | 0.02835 | 0.06250 | 1     |

[圧力]

|          | MPa                  | kgf cm$^{-2}$         | psi                  | atm                   | Torr                 |
|----------|----------------------|-----------------------|----------------------|-----------------------|----------------------|
| 1 MPa    | 1                    | 10.20                 | 145.0                | 9.869                 | 7501                 |
| 1 kgf cm$^{-2}$ | 9.807         | 1                     | 1422                 | 96.78                 | $7.356\times10^4$    |
| 1 psi    | $6.895\times10^{-3}$ | $7.031\times10^{-2}$  | 1                    | $6.805\times10^{-2}$  | 51.71                |
| 1 atm    | 0.1013               | 1.033                 | 14.70                | 1                     | 760.0                |
| 1 Torr   | $1.333\times10^{-4}$ | $1.360\times10^{-3}$  | $1.934\times10^{-2}$ | $1.316\times10^{-3}$  | 1                    |

[エネルギー]

|       | J                     | kW h                  | cal                   | eV                    |
|-------|-----------------------|-----------------------|-----------------------|-----------------------|
| 1 J   | 1                     | $2.778\times10^{-7}$  | 0.2390                | $6.241\times10^{18}$  |
| 1 kW h| 3600000               | 1                     | $8.604\times10^5$     | $2.247\times10^{25}$  |
| 1 cal | 4.184                 | $1.162\times10^{-6}$  | 1                     | $2.611\times10^{19}$  |
| 1 eV  | $1.602\times10^{-19}$ | $4.451\times10^{-26}$ | $3.829\times10^{-20}$ | 1                     |

# 索　引

## 欧　文

A-W 結晶化ガラス　206,209,212
BET 式　195
$B$-$H$ 曲線　166
BL コンデンサー　128
C/C コンポジット　208
CIP　51
CVD 法　30
CVD 法薄膜　37
$D$-$E$ 曲線　132
DLVO 理論　87
extrinsic 領域　109
FRM　45
FRP　45
HAp　207,209,211
HIP　52,53,119
HP　51,53,119
IC 基板　18
intrinsic 領域　109
Kröger-Vink 記号　98,148
MBE　31,43
n 型半導体　144
NASICON　154
p 型半導体　145
PLZT　174
PTC　13
PTCR　149
PVD 薄膜　42
PVD 法　31
PZT　138
SHG　171,182
TCP　207,209,211

## ア　行

アイソトープ　100
アクセプター準位　145
アグリゲート　84
アグロメレート　84
アスペクト比　46
アスベスト　47
圧電性　126,137
圧電体　137
圧電定数　138
圧力鋳込成形法　50
アドミッタンス　135
アパタイト系複合材料　212
アパタイトセメント　206,210
アボガドロ定数　101
アルコキシド　36
アルコキシド加水分解法　28
$\alpha$ 石英　57
アルミナ　209
アルミナウィスカー　47
アルミナ人工歯根　206
アレニウス式　32
アレニウスプロット　33
安定化ジルコニア　97,153

イオン強度　86
イオン注入　42
イオン伝導　111
イオンプレーティング　42,44
イオン分極　130
鋳込成形法　49,91
異常成長粒子　15
一軸性　171
一次再配列　122
一次粒子　83,115
一次粒子径　83
移動度　101,112,119
インピーダンス　134

ウィスカー　37,46

永久磁石　167
永久変形　191
液相焼結　52,112,121,123
液相線　59
液相法　36
エッチング面　19
エネルギーバンド　142
エルンスト-アインシュタインの式　112
遠心鋳込成形法　50
エンタルピー　103
エンタルピー変化　104
エントロピー　94
エントロピー効果　87
エントロピー変化　95

凹型表面　79
応力　16
応力集中　16
応力-歪み曲線　191
小沢の式　36
押出成形法　50
温度消光　180

## カ　行

加圧焼結　53,112
外因性欠陥　94
解膠剤　48
界面　14
界面エネルギー　15
界面張力　73,76
界面動電位（ζ電位）　37
回路基板　144
ガウス分布　100
化学拡散　105
化学吸着　194
化学的機能　7
化学ポテンシャル　102
拡散　99
拡散クリープ　193
拡散係数　99,101,118
　――の頻度因子　116
拡散電気二重層　86
カー効果　175

# 索引

かさ密度 22
加水分解 28
ガスセンサー 155
加成性 45
活性化エネルギー 99
活性炭 199
カップリングコンデンサー 127
価電子帯 142
ガーネット型フェライト 168
ガーネット構造 169
過飽和状態 24,37
ガラスセラミックス 207,211
ガラス繊維 45
ガラス相 10,11
顆粒 91
乾式加圧成形法 51,91
乾式成形法 91
感度 141
カーンの理論 40
緩和時間 137
緩和周波数 137

気孔 9,10,10
気孔率 21
擬似位相整合 185
擬似体液 209
擬似体液試験 209
傷 16
キセロゲル 27
気相反応 29
気相法 37
キッシンジャーの式 36
軌道角運動量 157
軌道角運動量量子数 157
ギブスの表面自由エネルギー 75
ギブスの方法 70
キャパシター 126
キャリア濃度 147
吸光係数 175
吸収係数 175
吸着 194
吸着等温線 195
キュリー温度 56,133,162
キュリー定数 162
キュリーの法則 162
キュリー-ワイスの法則 133,162
強磁性体 159,162

凝集体 84
共晶 63
共振モード 139
共析晶 65
協調粒界滑り 187
共沈法 27
共融点 64
強誘電相 56
強誘電体 56,132
曲面 77
巨大粒子 15
き裂 11
均一核生成 38
均一沈殿法 27
禁制帯 142
金属の酸化反応 110

空間電荷分極 130
空孔 98
空孔機構 103,153
クチンスキーの式 115
屈折率 171
屈折率楕円体 171
駆動力 101
クラッド 176
グラファイト 55
クリープ曲線 191
クリープ現象 110
クリープ材料 190
クリープ速度 188,192
クリープ変形 190

蛍光 179
形状選択性 203
欠陥生成エネルギー 94
欠陥濃度 96
欠陥の分布確率 95
結合軌道 141
結合剤 48
結晶化ガラス 206,212
結晶粒 10,11
欠損型欠陥 97
ケルビンの式 79,114,197
原子間結合 16
研磨面 19,20
原料粉体 83

コア 176
高温型石英 55
光学材料 170

光学的機能 7
交換エネルギー 164
交換積分 164
格子拡散 109
格子拡散係数 109
格子間拡散係数 106
格子間型欠陥 97
格子間機構 103
格子欠陥 93
抗磁界 166
高周波熱プラズマ 40,41
高周波プラズマ 40
高靭性材料 184
構造材料 184
構造鈍感な特性 15
構造敏感な特性 15
構造部材 8
抗磁界 133
硬度 2
高熱伝導性セラミックス 18
降伏応力 89
高密度焼結体 117
固形鋳込成形法 49
固形泥しょう 50
誤差関数 100
固相焼結 52
固相線 59
固相反応 31
固相反応法 32
固体塩基 201
固体酸 201
固体酸触媒 202
固体電解質型燃料電池 98,150,156
コーディエライト触媒担体 51
コーブルのクリープ速度式 111
固溶限界 62
固溶阻害 119
固溶体 58
コール-コールプロット 137
コロイド粒子 27
混合直接沈殿法 25
コンダクタンス 135
コンデンサー 126

## サ 行

細孔径分布 198
再編成型転移 55

索　引

錯体形成能　25
サセプタンス　135
酸化ケイ素　55
酸化チタン　131
酸化物イオン伝導体　152
残光　179
3成分系　70
酸素ガスセンサー　155
酸素分圧　148
残留磁化　165
残留分極　132

磁化　157,161
　　のヒステリシス曲線
　　166
磁化率　161
　　の温度変化　163
磁器　4
磁気モーメント　157
磁区　165
自己拡散　105
自己拡散係数　105,151
自己制御型ヒータ　150
磁束密度　160
湿式加圧法　51
湿式成形法　91
自発分極　56,132
射出成形法　51
ジャンプ頻度　102
自由エネルギー差　24
自由エネルギー変化　29
自由電荷　129
周波数定数　140
準格子間機構　103
準粘性流動　89
常圧焼結　53
蒸気圧　79
焼結　52
　　の駆動力　52,113
　　のメカニズム　112
焼結助剤　14
焼結体の加工　53
焼結法　53
常磁性体　159
状態図　56
状態密度　146
蒸着法　42
焦電係数　140
焦電性　126
焦電体　141

焦電流　140
蒸発-凝縮機構　114
蒸発-凝縮法　31
常誘電相　56
初期焼結　114
除去加工　54
触媒　201
触媒反応　201
初速度法　34
ショットキー欠陥　94,98,108
初透磁率　167
シリカゲル　199
ジルコニア　153
真空鋳込成形法　50
真空蒸着　42
真空中の透磁率　157
真空の誘電率　127
人工関節　205
親水性　81
真性半導体　143
真性領域　109
真密度　22
神力-久保の式　33

水銀圧入法　21
スターリングの式　95
スターン層　86
スパッタリング　42
スピネル型フェライト　167
スピノーダル　70
スピノーダル分解　68
スピン角運動量　159
スピン磁気モーメント　158
滑り系　192

生化学的安全性　206
成形　48,83
成形助剤　48
成形体構造　91
正孔　145
　　のキャリア濃度　147
静水圧焼結　119
脆性　3
生体活性　207
生体関連機能　7
生体金属　207
生体骨　209
生体材料　205
生体組織親和性　206
生体適合性　206

生体内崩壊性　207
生体不活性　207
生体ポリマー材料　207
生体力学的調和性　206
生物学的安全性試験　212
ゼオライト　199,202
石英　55
赤外センサー　140
析出物阻害　119
積層型コンデンサー　129
ζ電位（界面動電位）　37,87
絶縁材料　144
絶縁性セラミックス　144
接合・付着加工　54
接触角　80
絶対誘電率　127
セラミックス加工法　53
セラミックファイバー　46
繊維　45
繊維強化金属　45
繊維強化複合体　45
繊維プラスチック　45
全気孔率　22
せん断応力　89
せん断速度　89
全率固溶体　59

双極子分極　130
相互拡散　105
双晶　12
相対密度　22
速度変化法　35
束縛電荷　129
疎水性　81
塑性変形　190
ソフト磁性材料　167
ゾル・ゲル法　27,36

タ　行

耐火断熱材　8
対数正規分布　84
体積分率　20
第二高調波発生　182
耐熱性　3,10
耐磨耗性　2
耐摩耗性試験　209
ダイヤモンド　40,55
ダイヤモンド状炭素　44
ダイラタント流動　48,89

楕円偏光　172
ターゲット　44
多孔体　193
単結晶　36
弾性コンプライアンス　139
弾性変形　190
弾性率　19
炭素繊維　46
断熱性　10
単分散微粒子　29
単分子層吸着量　195

チキソトロピー　48
チクソトロピー　90
蓄熱性　3
チタン酸鉛　56
チタン酸ジルコン酸鉛　137
超高圧焼結　53
超交換作用　164
超交換相互作用　163
超塑性　186
超微粒子　29
沈殿生成　26
沈殿反応　24

粒成長　15,117,124

低温型石英　55
抵抗率　135
泥しょう鋳込成形法　49
てこの規則　60
デシベル　178
デバイパラメータ　87
テープ成形法　52
転移　55
転位滑り　192
電界　129
電気泳動法　37
電気光学効果　174
電気的二重層　86
電気変位　129
電気容量　127
電極　127
点欠陥濃度　113
電磁気的機能　7
電子のキャリア濃度　147
電子分極　130
伝導帯　142

等温線　71

等温線断面図　71
陶器　4
凍結乾燥　29
透光性アルミナ　9
透磁率　158,161
等電点　85
透電率　130
透明焼結体　118
透明性　9
透明発光管　8
ドクターブレード成形法　52,91
凸型表面　79
ドナー準位　145
塗布熱分解法　36
ドメイン　15
トモグラフィー法　23
トラップ　181
トリジマイト　55
トレーサー拡散係数　106

ナ 行

内因性欠陥　94
流込成形法　49
ナシコン　154
ナトリウム-イオウ電池　155
ナバロ-ハーリングのクリープ速度式　111

二次再配列　122
二次相　14
二次電池　155
二次粒子　84,116
二面角　81
ニュートン流動　48,89

濡れ　80,121
濡れ現象　79

熱間静水圧　52,53
ネック成長　52
熱CVD法　38
熱的機能　7
熱伝導性　10
ネットワーク構造　90
熱プラズマ　39
熱分解反応　35
熱分解法　35
熱膨張　19

ネール温度　163
ネルンスト-アインシュタインの式　111
粘性流動変形　190
粘度　89
燃料電池　155

濃度勾配　99
濃度消光　180

ハ 行

配位数　103
バイオガラス　205,207,211
バイオセメント　213
バイオセラミックス　205,211
　——の評価法　208
配向分極　130
排出鋳込成形法　49,50
排泥鋳込成形法　49
はい土　50
ハイドロキシアパタイト　205,209,211
バイパスコンデンサー　126
パイロクロア構造　98
破壊強度　16,187
破壊源　16
破壊靱性値　186,211
薄膜　37
パーコレーション理論　17
ハード磁性材料　167
バリスタ　13
バリスタ素子　150
パワーモジュール基板　18
反強磁性体　160
反結合軌道　141
反磁性　160
反射率　177
バンドギャップ　142
反応解析　32
反応時間法　35
反応焼結　53
反発力　87

光軸　171
光触媒　203
光の減衰　175
光ファイバー　170,176
非結合軌道　141
微構造　10

## 索 引

——の評価法 19
微構造観察 21
非酸化物超微粒子 29
比重 19
ヒステリシス曲線 166
比透磁率 161
非ニュートン流動 48,89
比熱 19
比表面積 197
微分気孔径 22
微粉砕機 92
非平衡物質 40
非平衡プラズマ 39
比誘電率 128
標準自由エネルギー変化 30
表面 14
表面応力 113
表面拡散 109
表面拡散係数 109
表面自由エネルギー 36,75
表面水酸基 84
表面張力 73,74
ビンガム流動 48,89
頻度因子 99

ファンデルワールス力 84
フィックの第一法則 99
フィックの第二法則 99
フェライト 167
フェリ磁性体 160,162
フェルミ準位 145
フェルミの分布関数 145
付活剤 180
複合酸化物 26
複合則 45
複素誘電率 135
不混和域 69
不純物 13
不純物領域 109,147
物理吸着 194
不定比化合物 96
ブラウンミラライト構造 98
プラズマCVD法 38
プラズマディスプレー 181
プラズマ溶射法 212
フラックス 99
フランク-コンドンの原理 179
フリーマン-キャロルの式 36
フレンケル欠陥 94,98
ブレンステッド塩基 201

ブレンステッド酸 201
プロトン伝導体 154
ブロンズ構造 97
分域 132
雰囲気焼結 53
分域反転 132
分解溶融 68
分極 129
分極処理 132
粉砕 92
粉砕効率 92
分散剤 88
分散作用 88
分子線蒸着法 43
分子ふるい 200
粉体間反応 33
噴霧乾燥 29
噴霧熱分解 29

平滑コンデンサー 126
閉気孔 12
平均2乗変位 102
平均粒径 21
平衡状態 31
平衡組織 81
平衡定数 30,31
平衡濃度 25,26
$\beta$石英 57
ペロブスカイト 131
ペロブスカイト構造 97
変位型転移 55
変形加工 54
偏光顕微鏡 173

ボーア磁子 157
ポアソン比 191
方位量子数 157
包晶 66
包晶点 68
放物線則 33
飽和磁化 165
保温器 150
補強素材 47
蛍石構造 97
ポッケルス効果 175
ホットプレス 51,53,119
ポテンシャルエネルギー 87
骨欠損部の治癒過程 209
骨セメント 205,210,213
——の硬化時間 210

——の崩壊性 210
ポリアクリル酸 88
ポリシング 54
ボルツマン定数 102
ボルツマンの原理 95
ボルツマン分布則 104
ボールミル 92

マ 行

膜合成 36
マグネシウムフェライト 33
マグネタイト 156
マグネトプランバイト 170
マグネトプランバイト構造 167
マクロ孔 194
曲げ強度材料 187
摩擦ミル 92
マトリックス 14

見かけ気孔率 22
見かけ粘度 89
見かけ密度 12,22
ミクロ孔 194

無機材料 186

メソ孔 194
面積分率 20

毛管現象 79
毛管力 87

ヤ 行

ヤングの式 80
ヤング率 45
ヤンダーの式 33,110
有効状態密度 146
有効電荷 98
誘電緩和 137
誘電材料 126
誘電損率 136
誘電体 128
誘電率 127
誘導結合型プラズマ 40

陽イオン伝導体 153

溶解-析出プロセス　121,123
溶解度曲線　24
溶解平衡　24
揺変性流動　48

### ラ 行

ラッセル-サンダー結合　159
ラッピング　54
ランダムウォーク理論　102
ランデの因子　159

リアクタンス　135
力学的機能　7
粒界　12
　――の移動速度　119
　――のポテンシャル　149
粒界エネルギー　15
粒界拡散　109
粒界拡散係数　109
粒界滑り　187
粒界層　17
粒径　12
粒径分布　12
粒子再配列　121
流動特性　89
理論強度　185
臨界応力拡大係数　186
燐光　179
リン酸カルシウムセメント　213
リン酸三カルシウム　205,209,211

ルイス塩基　201
ルイス酸　201
累積気孔径分布　22
ルミネッセンス　178

冷間等方圧プレス　51
レオペキシー　48
レオロジー　83
レーザー　181
レターデーション　172
連結線　72
レントゲン写真法　23

ロジン-ラムラー分布　84
ロール法　52

# MEMO

**MEMO**

# MEMO

## 著者略歴

**掛川 一幸**（かけがわ かずゆき）
- 1948 年　長野県に生まれる
- 1973 年　千葉大学大学院工学研究科修士課程修了
- 現　在　千葉大学工学部共生応用化学科教授
　　　　　工学博士

**守吉 佑介**（もりよし ゆうすけ）
- 1937 年　東京都に生まれる
- 1965 年　東京工業大学大学院理工学研究科修士課程修了
- 現　在　法政大学工学部物質化学科教授
　　　　　工学博士

**植松 敬三**（うえまつ けいぞう）
- 1947 年　東京都に生まれる
- 1976 年　マサチューセッツ工科大学大学院工学研究科博士課程修了
- 現　在　長岡技術科学大学工学部化学系材料開発工学教授
　　　　　Ph.D.

**山村 博**（やまむら ひろし）
- 1942 年　石川県に生まれる
- 1971 年　大阪大学大学院理学研究科博士課程修了
- 現　在　神奈川大学工学部応用化学科教授
　　　　　理学博士

**門間 英毅**（もんま ひでき）
- 1942 年　神奈川県に生まれる
- 1967 年　東京都立大学工学部工業化学科卒業
- 現　在　工学院大学工学部マテリアル科学科教授
　　　　　工学博士

**松田 元秀**（まつだ もとひで）
- 1962 年　兵庫県に生まれる
- 1991 年　長岡技術科学大学大学院工学研究科博士課程修了
- 現　在　熊本大学工学部マテリアル工学科教授
　　　　　工学博士

---

応用化学シリーズ 5
## 機能性セラミックス化学

定価はカバーに表示

2004 年 12 月 5 日　初版第 1 刷
2018 年 4 月 25 日　　　第 9 刷

|  |  |
|---|---|
| 著　者 | 掛　川　一　幸 |
|  | 山　村　　　博 |
|  | 守　吉　佑　介 |
|  | 門　間　英　毅 |
|  | 植　松　敬　三 |
|  | 松　田　元　秀 |
| 発行者 | 朝　倉　誠　造 |
| 発行所 | 株式会社　朝　倉　書　店 |

東京都新宿区新小川町 6-29
郵便番号　162-8707
電　話　03(3260)0141
FAX　03(3260)0180
http://www.asakura.co.jp

〈検印省略〉

ⓒ 2004〈無断複写・転載を禁ず〉　　　新日本印刷・渡辺製本

ISBN 978-4-254-25585-0　C 3358　　　Printed in Japan

**JCOPY**　<（社）出版者著作権管理機構　委託出版物>

本書の無断複写は著作権法上での例外を除き禁じられています．複写される場合は，そのつど事前に，（社）出版者著作権管理機構（電話 03-3513-6969，FAX 03-3513-6979，e-mail: info@jcopy.or.jp）の許諾を得てください．

## 好評の事典・辞典・ハンドブック

| | |
|---|---|
| 物理データ事典 | 日本物理学会 編<br>B5判 600頁 |
| 現代物理学ハンドブック | 鈴木増雄ほか 訳<br>A5判 448頁 |
| 物理学大事典 | 鈴木増雄ほか 編<br>B5判 896頁 |
| 統計物理学ハンドブック | 鈴木増雄ほか 訳<br>A5判 608頁 |
| 素粒子物理学ハンドブック | 山田作衛ほか 編<br>A5判 688頁 |
| 超伝導ハンドブック | 福山秀敏ほか 編<br>A5判 328頁 |
| 化学測定の事典 | 梅澤喜夫 編<br>A5判 352頁 |
| 炭素の事典 | 伊与田正彦ほか 編<br>A5判 660頁 |
| 元素大百科事典 | 渡辺 正 監訳<br>B5判 712頁 |
| ガラスの百科事典 | 作花済夫ほか 編<br>A5判 696頁 |
| セラミックスの事典 | 山村 博ほか 監修<br>A5判 496頁 |
| 高分子分析ハンドブック | 高分子分析研究懇談会 編<br>B5判 1268頁 |
| エネルギーの事典 | 日本エネルギー学会 編<br>B5判 768頁 |
| モータの事典 | 曽根 悟ほか 編<br>B5判 520頁 |
| 電子物性・材料の事典 | 森泉豊栄ほか 編<br>A5判 696頁 |
| 電子材料ハンドブック | 木村忠正ほか 編<br>B5判 1012頁 |
| 計算力学ハンドブック | 矢川元基ほか 編<br>B5判 680頁 |
| コンクリート工学ハンドブック | 小柳 洽ほか 編<br>B5判 1536頁 |
| 測量工学ハンドブック | 村井俊治 編<br>B5判 544頁 |
| 建築設備ハンドブック | 紀谷文樹ほか 編<br>B5判 948頁 |
| 建築大百科事典 | 長澤 泰ほか 編<br>B5判 720頁 |

価格・概要等は小社ホームページをご覧ください．

# 主 な 元 素

| 元 素 名 | 英 語 名 | 元素記号 | 原子番号 | 原子量 |
|---|---|---|---|---|
| 亜 鉛 | zinc | Zn | 30 | 65.39 |
| アルゴン | argon | Ar | 18 | 39.95 |
| アルミニウム | aluminium | Al | 13 | 26.98 |
| アンチモン | antimony | Sb | 51 | 121.76 |
| 硫 黄 | sulfur | S | 16 | 32.07 |
| イットリウム | yttrium | Y | 39 | 88.91 |
| イリジウム | iridium | Ir | 77 | 192.2 |
| インジウム | indium | In | 49 | 114.8 |
| ウラン | uranium | U | 92 | 238.0 |
| 塩 素 | chlorine | Cl | 17 | 35.45 |
| オスミウム | osmium | Os | 76 | 190.2 |
| カドミウム | cadmium | Cd | 48 | 112.4 |
| カリウム | potassium | K | 19 | 39.10 |
| ガリウム | gallium | Ga | 31 | 69.72 |
| カルシウム | calcium | Ca | 20 | 40.08 |
| キセノン | xenon | Xe | 54 | 131.3 |
| 金 | gold | Au | 79 | 197.0 |
| 銀 | silver | Ag | 47 | 107.9 |
| クリプトン | krypton | Kr | 36 | 83.80 |
| クロム | chromium | Cr | 24 | 52.00 |
| ケイ素 | silicon | Si | 14 | 28.09 |
| ゲルマニウム | germanium | Ge | 32 | 72.61 |
| コバルト | cobalt | Co | 27 | 58.93 |
| サマリウム | samarium | Sm | 62 | 150.4 |
| 酸 素 | oxygen | O | 8 | 15.999 |
| 臭 素 | bromine | Br | 35 | 79.90 |
| ジルコニウム | zirconium | Zr | 40 | 91.22 |
| 水 銀 | mercury | Hg | 80 | 200.6 |
| 水 素 | hydrogen | H | 1 | 1.0079 |
| スカンジウム | scandium | Sc | 21 | 44.96 |
| スズ | tin | Sn | 50 | 118.7 |
| ストロンチウム | strontium | Sr | 38 | 87.62 |
| セシウム | caesium | Cs | 55 | 132.9 |
| セリウム | cerium | Ce | 58 | 140.1 |
| セレン | selenium | Se | 34 | 78.96 |
| タングステン | tungsten | W | 74 | 183.8 |

IUPAC原子量委員会で承認された原子量をもとに作成.